Flora Virginica: Exhibens Plantas

Johannes Clayton

FLORA
VIRGINICA

exhibens

PLANTAS,

quas

NOBILISSIMUS VIR

D. D. JOHANNES CLAYTONUS,

MED. DOCT. ETC. ETC.

in Virginia crescentes

observavit, collegit & obtulit

D. JOH. FRED. GRONOVIO,

cujus studio & opera descriptae & in ordinem
sexualem systematicum redactae sistuntur.

LUGDUNI BATAVORUM,

CIƆIƆCCLXII.

NOBILISSIMO ET CONSULTISSIMO
V I R O
D. D. JOHANNI CLAYTONO

M. D. ET BOTANICO EXIMIO, ETC. ETC.

S. P. D.

LAUR. THEOD. GRONOVIUS.

Postquam Parens meus alteram Florae Virginicae partem erudito orbi communicaverat, ante sexdecim fere annos spe tenebatur, ut insequentibus annis non minus fertilis a Te congesta in Virginia Plantarum messis transmitteretur, quam avide non ille solum exspectavit, verum & omnes, quibus notitia Herbarum modo quidquam cordi est, adhuc dum exspectant: Tandem, fateor, parvulus advenit fasciculus; verum, eheu! plurimi postea a Te tam benevole transmissi, flagrante Bello, truculentas Piratarum manus, ne studiis quidem nostris parcentes, effugere potuerunt, immo ad interitum redacti sunt.

Jam quartus agitur annus, quo optimus Parens ex donis tuis exoptatissimis ac pretiosissimis tertiam Florae Virginicae partem paraverat, cui & appendicem addiderat sistentem aliorum Botanicorum, qui post editionem primi & secundi voluminis vigere inceperant, videlicet Coldenii, Mitchelii, Kalmii, Osbeckii aliorumque observata in plantas, quae in primis duobus Florae Virginicae voluminibus exhibentur, contexta.

In ordinem sic redactis omnibus, ut prelo subjici possent, ab omni Botanophilo incitabatur, ut novam Florae Virginicae editio-

nem

nem omnino in lucem proferret; & eo magis, quoniam primi voluminis nulla exemplaria jam comparanda exstabant.

Verum enimvero annis jam provectior Parens, aliisque negotiis occupatus haud potuit facile huic petitioni consentire, attamen mihi petenti, ut hujus editionis in lucem mittendae curam in me susciperem, benigne consentit & praeparavit hancce editionem, quam nunc, Generosissime Vir, ad pedes tuos humillime Ejus maxime nomine depono, grates agens pro humanitate atque benevolentia, qua nos semper persecutus es, & adhuc persequeris. Reperies, Vir Praestantissime, eandem methodum observatam in hac editione fuisse, quae in priori editione habita fuit, praeterquam quod Denominationes Specificae singularum Plantarum italico Charactere, quem vulgo Cursivum vocant, sint expressae, quae, si nulla Auctoris citatio eis adnectetur, supponi debent, a Patre meo esse constitutas. Porro singulis Speciebus adjectas deteges proprias tuas Observationes, nec non Operis fronti praemissam Mappam Virginiae Geographicam, quam Tibi etiam deberi ingenue agnoscimus.

Praemissis hisce nihil restat, quam ut enixe Te rogem, ut amicitiae tuae ac favori me commendatum habeas, & Summum Numen venerer, ut diu in incrementum Notitiae Rei Herbariae salvus atque incolumis vivas, valeasque.

Dabam Lugduni Batavorum ex museo.
d. I. Januarii MDCCLXII.

CITA.

CITATIONES
AUCTORUM
EXPLICATAE.

Act. bonon. De Bononienfi Scientiarum & artium inftituto atque Academia commentarii. Bonon. 1731. 4°.

Act. gall. & *Act. parif.* Monumenta Academiae Regiae Scientiarum in Galliis. 4°.

Act. phil. Monumenta Regiae Societatis Londinenfis in Anglia. Londini. 4°.

Ald. farn. Defcriptio rariorum Plantarum horti Farnefiani Tobiae Aldini. Romae 1652. fol.

Alp. aegypt. Profperi Alpini de Plantis Aegypti liber. Patav. 1640. 4°.

Ambrof. phyt. Hyacinthi Ambrofini Phytologiae partis primae tomus primus. Bonon. 1666. fol.

Amm. char. Ammanni Character Plantarum. Lipf. 1685. 8°.

Banift. virg. Catalogus Plantarum in Virginia obfervatarum a Johanne Banifter occurrit in Raji hiftoria plantarum p. 1927.

Barrel. ic. & *obf.* Plantae per Galliam, Hifpaniam & Italiam obfervatae a Jacobo Barreliero. Parifiis 1744. fol.

Bartr. journ. John Bartram's travels from Penfilvania to Canada. Lond. 1751. 8°.

Bauh. pin. Cafpari Bauhini pinax Theatri Botanici. Bafileae 1623, 1671. 4°.

- - - - *prodr.* Ejusdem prodromus Theatri Botanici. Bafileae 1671. 4°.

- - - - *theat.* Ejusdem Theatri Botanici liber primus. Bafil. 1663. fol.

- - - - *hift.* Joannis Bauhini Hiftoria Plantarum univerfalis, tribus voluminibus. Ebroduni 1650. fol.

Beft. muf. Gazophylacium Rerum Naturalium Michaëlis Ruperti Befleri. Norimb. 1613. fol.

Bocc. ficc. Icones & defcriptiones Plantarum Siciliae Auctore Paulo Boccone. Oxon. 1674. 4°.

Boerh. ind. alt. Index alter Plantarum, quae in horto Academico Lugduno Batavo coluntur, confcriptus, ab Hermanno Boerhaave. Lugd. Bat. 1727. 4°.

CITATIONES AUCTORUM.

Bradl. impr. Improvements of planting aud gardening of plants. London. 1726. 8°.

Breyn. cent. Jacobi Breynii exoticarum Stirpium centuria prima. Gedani 1678. fol.

- - - - *prodr.* 1. Ejusdem Prodromus Fasciculi, rariorum plantarum primus. Gedani 1680. & 1739. 4°.

- - - - *prodr.* 2. Ejusdem Prodromus Fasciculi rariorum plantarum secundus. Gedani 1689 & 1739. 4°.

- - - - *ginz.* Johannis Philippi Breynii differtatio de radice Genfem feu Ninzi. Gedani 1739. 4°.

Catesb. car. The natural hiftory of Carolina, Florida aud the Bahama islands by Marc. Catesby. London. 1731. fol.

Clayt. n. Numeri Plantarum, quibus D. Clayton Specimina transmifit. vid. Flor. Virg.

Cluf. hift. Caroli Clufii rariorum Plantarum hiftoria. Antverp. 1601. fol.

Cold. noveb. Plantarum in Coldinghamia Americae provincia a Cadwalladar Colden, Confiliario Regio & Geometra generali collectarum catalogus reperitur in Actis Societatis Regiae Scientiarum Upfalienfis. Ann. 1743 & 1744. 4°.

Col. ecphr. Fabii Columnae Stirpium Ἐκφρασις, pars prima. Romae 1610. 4°.

- - - *phyt.* Ejusdem Phytobafanos. Neapoli 1592. 4°.

Collinf. adv. & phyt. Petrus Collinfon Societatis Regiae Londinenfis Socius Plantas Penfilvanicas induftria diligentiffimi Johannis Bartram reficcatas mihi accommodavit.

Comm. malab. Flora Malabarica feu Horti Malabarici catalogus, auctore Cafparo Commelino. Lugd. Batav. 1696. 8°.

- - - - *bort. amft.* Horti Medici Amftelaedamenfis Rariorum Plantarum hiftoria auctore Joanne Commelino Tomus I. 1697. & Tomus II. 1701. auctore Cafparo Commelino. fol.

- - - - *prael.* Ejusdem Praeludia Botanica. Lugd. Batav. 1703. 4°.

Corn. can. Jacobi Cornuti Plantarum Canadenfium hiftoria. Parif. 1635. 4°.

Dalech. hift. Hiftoria Plantarum generalis a Dalechampio elaborata. Lugd. 1586. fol.

Dill. elth. Hortus Elthamenfis auctore Johanne Jacobo Dillenio. Londini 1732. fol.

- - - *giff.* Catalogus Plantarum circa Giffam nafcentium, cum appendice.

pendiae eodem auctore. Francof. ad Moen. 1719. 8°.

Dill. musc. Ejusdem historia Muscorum. Oxonii 1741. 4°.

Dodart. act. vid. *Act. gall.*

Dod. pempt. Remberti Dodonaei Pemptades sex. Antverp. 1616. fol.

Dudl. everg. A description of the Evergreens of New - England by Paul Dudley. Mf. munere Petri Collinson.

Ehret. pl. rar. Georgius Dionysius Ehret plantas rariores depingit florumque characteres delineat. Lond. 1748. fol. reg.

Eichr. carls. Catalogus horti Bado - Durlacensis Carlsruhae, auctore Eichrodtio. Carlsruhae 1733. 4°:

Revill. peruv. Journal des Observations Physiques par Louis Feuillée. a Parif. 1714. 4°.

Fl. virg. Flora Virginica exhibens Plantas a Johanne Claytono in Virginia observatas. Lugd. Batav. Pars prima 1739. Pars secunda 1743. 8°.

Frank. spec. Johannis Frankenii Speculum Botanicum renovatum. Upsaliae 1659. 4°.

Fuchs. hist. De Historia Stirpium commentarii insignes auctore Leonardo Fuchsio. Basil. 1542. fol.

Geoffr. mat. Stephani Francisci Geoffroy Materia Medica. Parif. 1741. 8°.

Gerard. emend. Joannis Gerardi Historia Plantarum emaculata. Lond. 1597. fol.

Hall. fol. Alberti Haller Stirpes Helveticae. Gotting. 1742. fol.

- - - *helv.* Ejusdem Iter Helveticum & Hercynicum. Gotting. 1740. 4°.

Hasselq. vir. pl. Fredericus Hasselquist de viribus Plantarum : in Linnaei Amoenit. Academ. vol. 1.

Herm. parad. Paradisus Batavus Pauli Hermanni. Lugd. Batav. 1698. 4°.

- - - - *lugdb.* Hortus Academicus Lugduno - Batavus eodem auctore. Lugd. Bat. 1687. 8°.

- - - - *zeyl.* Museum Zeylanicum eodem auctore. Lugd. Batav. 1717. 8°.

- - - - *fl. lugdb. fl.* Ejusdem Florae Lugduno - Batavae Flores. Lugd. Batav. 1690. 8°.

- - - - *fl. lugdb. fl. 2.* Ejusdem Flora non edita. 8°. definit in pag. 120.

- - - - *prodr.* Paradisii Batavi prodromus eodem auctore, conjunctum cum Tournefortii Schola Botanica 1699. 8°.   *Hern.*

CITATIONES AUCTORUM.

Hern. mex. Rerum Medicarum Novae Hiſpaniae theſaurus, ex relationibus Franciſci Hernandez. Romae 1620. fol.

Hoſm. fl. Florilegium Altdorffinum auctore Mauritio Hoffmanno. Altdorff. 1676. 4°.

Hort. amſt. vid. *Comm. bort. amſt.*

Hort. angl. Philippi Miller Catalogus Arborum in hortis Angliae. Lond. 1730. fol.

Houſt. mſſ. Wilhelmus Houſton, Scotus; cui nova debemus Plantarum Americanarum genera.

Jonq. pariſ. Dionyſii Jonquet hortus. Pariſ. 1659. 4°.

Joſſelin. rar. nov. angl. Johannis Joſſelin rariora Novae Angliae. Lond. 1672. 12°. angl.

Isn. act. gall. Isnard in actis gallicis.

Kaempf. amoen. Engelberti Kaempferi Amoenitatum exoticarum faſciculi quinque. Lemnogoviae 1712. 4°.

Kiernand. rad. ſenec. Jonas Kiernander de radice Senega, in Linnaei Amoenit. Acad. vol. 1.

Kigg. beaum. Horti Beaumontiani exoticarum Plantarum catalogus, auctore Franciſco Kiggelario. Hagae—Comit. 1690. 8°.

Laet. amer. Johannis de Laet Novus Orbis ſive deſcriptio Indiae Occidentalis. Lugd. Bat. 1633. fol.

Lafitau ginz. Joſephii Franciſci Lafitau commentarius de planta Ginſeng. Pariſ. 1718. 8°.

Lind. wiks. Flora Wiksbergenſis auctore Johanne Linder. Stockholm. 1716. 8°.

Linn. act. upſ. Acta Societatis Regiae Scientiarum Upſalienſis Stockholmiae 1744. 4°.

- - - *amoen.* Amoenitates Academicae auctore Carolo Linnaeo. Holmiae 1751. 8°.

- - - *charact.* Generum Plantarum editio ſecunda. Lugd. Bat. 1742. 8°.

- - - *fl. lapp.* Flora Lapponica exhibens plantas per Lapponiam obſervatas eodem auctore. Amſtelaed. 1737. 8°.

- - - *fl. ſuec.* Flora Suecica. Eodem auctore. Holmiae 1745. 8°.

- - - *fl. zeyl.* Flora Zeylanica. Eodem auctore. Holmiae 1747. 8°.

- - - *bort. cliff.* Hortus Cliffortianus. Amſtel. 1737. fol.

- - - *lort. upſ.* Hortus Upſalienſis. Stockholmiae 1748. 8°.

- - - *it. oland.* Iter Oelandicum. Eodem Auctore. Holmiae 1745. 8°.

- - - *it. ſcanic.* Ejuſdem Iter Scanicum. Holmiae 1751. 8°.

Linn.

Linn. mat. med. Ejusdem Materiae Medicae liber primus. Holmiae 1749. 8°.

- - - *orat. de Tell.* Ejusdem Oratio de Telluris inhabitabilis incremento. L. B. 1744. 8°.

- - - *fpec.* Ejusdem Species Plantarum exhibentes Plantas rite cognitas ad Genera delatas. Holmiae 1753. 8°.

- - - *vir.* Viridarium Cliffortianum. Amftel. 1737. 8°.

Lob. adv. Stripium adverfaria nova auctoribus Petro Pena & Matthia de Lobel. Antverp. 1576. fol.

- - - *hift.* Plantarum feu Stirpium hiftoria auctore Matthia de Lobel Antverp. 1576. fol.

- - - *ic.* Ejusdem Icones Stirpium. Antverp. 1587. fol. long.

Lofling. gemm. arb. Petri Lofling differtatio de Gemmis Arborum in Linnaei Amoen. Academ.

Ludw. defin. Chriftiani Gottlieb Ludwig Definitiones Generum Plantarum. Lipfiae 1760. 8°.

Marckgr. braf. Georgii Marckgravii hiftoria rerum naturalium Brafiliae. Lugd. Batav. 1648. fol.

Mart. fpitz. Frederici Martens Itinerarium Spitzbergenfe & Gronlandicum. Amft. 1685. 4°. belgice.

Mart. cent. Joannis Martyn centuria Plantarum rariorum. Lond. 1728. fol.

Mentz. pug. Chriftiani Mentzelii Pugillus rariorum Plantarum. Berolini. 1682. fol.

Mer. fur. Verandering der Surinaamfche Infecten door Maria Sibilla Merian. Amft. 1730. fol.

Mich. gen. Nova Plantarum Genera auctore Petro Antonio Michelio. Florentiae 1729. fol.

Miller. cat. arb. vide *Hort. angl.*

Mitch. nov. pl. gen. Joannis Mitchell Nova Genera Plantarum Virginienfium exftant in act. phyf. med. acad. caef. Leopold. vol. 8.

Morif. hift. Plantarum hiftoria univerfalis auctore Roberto Morifono. Oxon. 1679. fol.

- - - - *bles. & prael.* Ejusdem Hortus Regius Blefenfis auctus. Lond. 1669. 8°.

Munt. hift. Abrahami Muntingii Phytographia curiofa. Amft. 1711. fol.

Naucler. defc. hort. upf. Naucleri defcriptio Horti Upfalienfis in Linnaei Amoen. Academ. vol. 1.

Park. theat. Theatrum Botanicum Johannis Parkinfonii. Lond. 1640. fol.

** **

Petit.

Petit. gen. Petri Petiti cenfura ad Chryfofplenium Tournefortii &
    Plantarum nova Genera. Namurci. 1710. 4°.

Petiv. act. phil. vide *Act. phil.*

- - - - *fil.* Pterigraphia Americana auctore Jacobo Petiver. Lond.
    1706. fol.

- - - - *gazoph.* Ejusdem Gazophylacii Naturae & Artis decades de-
    cem. Lond. 1702. fol.

- - - - *muf.* Mufei Petiveriani centuriae decem. Lond. 1695. 8°.

- - - - *ficc.* Ejusdem Catalogus Plantarum in Hortis Siccis defcrip-
    tarum fubjunctus Dendrologiae Doctiffimi Raji.

Pifon. braf. Gulielini Pifonis hiftoria naturalis Brafiliae. Lugd. Ba-
    tav. 1648. fol.

Pluckn. alm. Leonardi Plucknetii Almageftum Botanicum. Lond.
    1696. 4°.

- - - - *amalth.* Ejusdem Amaltheum Botanicum. Lond. 1705. 4°.

- - - - *mant.* Ejusdem Amalthei Botanici mantiffa. Lond. 1700. 4°.

Plum. gen. cat. fpec. Nova Plantarum Americanarum Genera, auc-
    tore Carolo Plumier. Parif. 1703. 4°.

- - - - *fil.* Ejusdem tractatus de Filicibus Americanis. Parif. 1705. fol.

Ponted. anth. Julii Pontederae Anthologiae, five de Floris Natura
    libri tres. Patav. 1720. 4°.

Raj. hift. Johannis Raji hiftoriae Plantarum tomi duo. Lond. 1686. fol.

- - - *fuppl.* Ejusdem Hiftoriae Plantarum tomus tertius, qui eft Sup-
    plementum. Lond. 1704. fol.

- - - *dendr.* Dendrologiam hanc componit liber Ejus vigefimus
    quartus in Supplemento.

- - - *app.* vid. *fuppl.*

- - - *fyn.* Ejusdem Synopfis Methodica Stirpium Britannicarum. Lond.
    1724. 8°.

Rheede mal. Hortus Malabaricus XII voluminibus in folio. Amft.

Riv. mon. Ordo Plantarum flore irregulari monopetalo auctore Au-
    gufto Quirino Rivino. Lipfiae. 1690. fol.

- - - *pent.* Ordo Plantarum flore irregulari pentapetalo eodem auc-
    tore. Lipfiae. 1699. fol.

Roy. prodr. Florae Leidenfis prodromus auctore Adriano van Royen.
    Lugd. Batav. 1740. 8°.

Rudb. it. & lapp. Olai Rudbeck Lapponia illuftrata. Upfaliae. 1701.
    4°. & Index praecipuarum Plantarum in itinere Lapponico. Upfa-
    liae 1720. in Act. Litt. Suec. p. 95.

Rupp.

CITATIONES AUCTORUM.

Rupp. jen. Flora Jenenfis auctore Henrico Bernhardo Ruppio. Francof. 1726. 8°.

Scheuch. gram. Johannis Scheuchzeri Agroftographia, five Graminum, Juncorum, Cyperorum, Cyperoidum iisque affinium hiftoria. Tiguri. 1719. 4°.

Seb. thef. Thefaurus Rerum Naturalium auctore Alberto Seba. Amftel. 1734. fol.

Sloan. hift. Voyage to Madera, Barbados, Nieves, ft. Chriftophor's and Jamaica with the natural hiftory by Hans Sloane. Lond. 1707. fol.

`- - - - jam.` Catalogus Plantarnm, quae in infula Jamaica fponte proveniunt auctore Hans Sloane. Lond. 1696. 8°.

Stap. th. Theophrafti hiftoriae Plantarum cum commentariis Joannis Bodaei a Stapel. Amftelod. 1644. fol.

Sterb. citr. Sterbeckii Citri cultura. 4°.

Tabern. ic. Jacobi Theodori Tabernæmontani icones Plantarum. Françof. 1590. fol.

`- - - - - hift.` Ejusdem Hiftoria Plantarum germanice fcripta. Francof. 1613. fol.

Till. ab. Catalogus Plantarum prope Aboam auctore Elia Tillands. Aboae 1673. 8°.

Till. pis. Catalogus Plantarum horti Pifani auctore Michaele Angelo Tillo. Florentiae 1723. fol.

Tourn. act. vid. *Act. gall.*

`- - - - inft.` Jofephi Pitton Tournefort Inftitutiones Rei Herbariae. Parif. 1700. 3 vol. 4°.

`- - - - cor.` Ejusdem Corollarium ad Inftitutiones Rei Herbariae. Parif. 1700. 4°.

`- - - - fchol.` Ejusdem Schola Botanica. Amftel. 1691. 8°.

Trag. 4. Hieronymi Tragi de Stirpibus libri tres. Argentor. 1552. 4°.

Vaill. act. vid. *Act. parif.*

`- - - parif.` Botanicon Parifienfe auctore Sebaftiano Vaillant. Lugd. Batav. 1727. fol.

`- - - ferm.` Ejusdem fermo de Structura Florum. Lugd. Bat. 1718. 4°.

Wachend. ultr. Horti Ultrajectini Index auctore Evers. Jac. van Wachendorff. Ultrajecti ad Rhenum. 1747. 8°.

Walth. hort. Defignatio Plantarum Horti Augufti Frederici Waltheri. Lipfiae. 1735. 8°.

Zanon. hift. Hiftoria Botanica di Giacomo Zanoni. en Bologna. 1675. fol.

** 2   E X-

EXPLICATIO

MAPPAE GEOGRAPHICAE

VIRGINIAE.

1 Mare Virginiense.
2 Sinus Chesapeack.
3 Montes humiliores.
4 Promontorium Caroli.
5 Smiths insulae.
6 Promontorium Henrici.
7 Promontorium solatii.
8 Northantonia.
9 Accomack.
10 Comitatus principis Annae.
11 Comit. Norfolciae.
12 Comit. Nancemondiae.
13 Comit. Insulae Vectae.
14 Comit. Southriae.
15 Comit. Principis Georgii.
16 Comit. Brunsvicensis.
17 Comit. Ameliae.
18 Comit. Elisabethae.
19 Comit. Eborae.
20 Comit. Warwici.
21 Comit. Jacobi.
22 Comit. Caroli.
23 Comit. Henrici.
24, 24, 24 Comit. Goochlandiae.
25 Comit. Glocestriae.
26 Comit. Regis & Reginae.
27, 27 Comit. Hanoverae.
28 Comit. Regis Guilielmi.
29, 29 Comit. Orange.

30 Comitatus Middelsexiae.
31 Comit. Essexiae.
32 Comit. Carolinae.
33 Comit. Spotsylvaniae.
34 Comit. Lancastriae.
35 Comit. Northumbriae.
36 Comit. Westmoriae.
37 Comit. Richemondiae.
38 Comit. Staffordiae.
39 Comit. Regis Georgii.
40 Comit. Principis Guilielmi.
41, 41 Pars Marilandiae.
42 Flumen Jacobi.
43 Flumen Eborae.
44 Flumen Piankilank.
45 Flumen Rappahanook.
46 Flumen Potomack.
47, 47 Flumen Nancemond.
48, 48 Flumen Nottoway.
49 Nigra aqua.
50, 50, 50 Flumen Appamatox.
51, 51 Flumen Chichahaminy.
52 Cataractae in flumine Henrici.
53, 53 Flumen Henrici.
54 Flumen Pamunkey.
55 Cataractae in flumine Rappahanock.
56 Flumen Mattapony.
57 Comitatus Novi Cantii.

FLORA

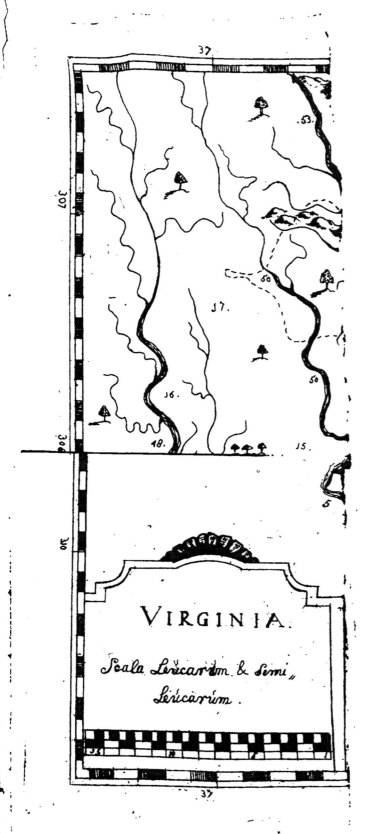

VIRGINIA.

Scala Leucarum & semi
Leucarum.

FLORA VIRGINICA.

Flora America Septentrionalis cont. an Enumeration of the Known Herbs Shrubs and Trees, many of w.ch are but lately discovered. together w. their English name, the Place where they grow, their different uses, and the Authors who had described and fig. them by John Reinhold Forster Lond. 1771. 8°. maj. pag. 5

Classis I.

MONANDRIA.

MONOGYNIA.

Linn. name. English N. Place. Auth. and Ot.
CANNA glauca. Indian Shot. Carolina D.V.E. f
CINNA arundinac. Canada Grass. Canada.
SALICORNIA Virg. Kelp or jointed glasswort. Virgin.
CALLITRICHE vena. Stargrass. N. Gen. Fl.

SALICORNIA articulis apice compreſſis emarginatis bifidis. *Linn.* ſpec. 4.
Salicornia caulium ramorumque articulis apice bicornibus. *Fl. virg.* 129.
Salicornia erecta ramoſa, caule ad imum nudo, plerumque rubente. *Clayt.* n. 572. & 667.

Classis II.

DIANDRIA.

MONOGYNIA.

OLEA Americ. Americ. olive Cat. 1. 61. plebeied bay.

Ch. Virgin.   *N. amer. Cat. 1. 68.*

CHIONANTHUS pedunculis trifidis trifloris. *Linn.* ſpec. 8.
Chionanthus. *Linn. hort. cliff.* 17.
Amelanchier virginiana lauroceraſi folio. *Petiv. ſicc.* 241. *Catesb. car.* 1. t. 68.
Arbor zeylanica, cotini foliis ſubtus lanugine villoſis; floribus albis cuculi modo laciniatis. *Pluckn. alm.* 44. t. 241. f. 4.
Thymelæae affinis arbor floribus albis odoratis, ad unguem in quatuor longa anguſta ſegmenta diviſis, racematim dispoſitis, pendulis, aſpectu plumis ſimilibus: foliis amplis oblongis ſubtus quaſi incanis; baccis magnis purpuraſcentibus Oleæ Hiſpanicæ fructui ſimilibus, officulum durum ſtriatum continentibus. Fringe-tree. *Clayt.* n. 46.

A   CIR-

C. canadens.

CIRCÆA *caule erecto, racemis pluribus.* Linn. spec. 9.
Circæa canadensis latifolia, flore albo. *Tourn. inst.* 301.
Circæa floribus albis, foliis adversis crenatis latis, in acumen desinentibus.
　Clayt. n. 763.

V. Virg. Vadrall. vis

VERONICA *spicis terminalibus, foliis quaternis quinisve.* Linn. spec. 9.
Veronica foliis quaternis quinisve. *Linn. hort. cliff.* 7. *Cold. noveb.* 3.
Anonymos foliis quatuor serratis, ad genicula cruciatim positis, floribus
　albis spicatis. *Clayt. n.* 428.

V. serpillif.

VERONICA *racemo terminali subspicato, foliis ovatis glabris crenatis.* Linn.
　spec. 12.
Veronica foliis inferioribus oppositis ovatis, superioribus alternis lanceo-
　latis, floribus solitariis. *Linn. hort. cliff.* 9. *Cold. noveb.* 1.
Veronica pratensis serpyllifolia. *Bauh. pin.* 247.
Veronica erecta, flore parvo albo caduco, foliis glabris oblongis. *Clayt.*
　n. 367.

V. becabunga

VERONICA *racemis lateralibus, foliis ovatis planis, caule repente.* Linn.
　fl. suec. 11.
Veronica foliis oppositis lævibus crenatis, floribus laxe spicatis ex alis.
　Linn. hort. cliff. 8.
Veronica aquatica major, folio oblongo. *Moris. hist.* III. p. 323.
Veronica aquatica floribus rotatis in summitate caulium, & ex foliorum
　alis spicatim dispositis. *Clayt. n.* 161.

V. arvensi

VERONICA *floribus solitariis, foliis cordatis incisis pedunculo longioribus.*
　Linn. fl. suec. 16.
Veronica foliis oppositis cordatis crenatis, floribus solitariis sessilibus. *Linn.*
　hort. cliff. 9.
Veronica flosculis singularibus, cauliculis adhærentibus. *Raj. syn.* 3. p.
　279.
Veronica supina flore minimo cœruleo, foliis hirsutis crenatis, caulibus
　atro-rubentibus. *Clayt. n.* 368.

V. marilandica

VERONICA *floribus solitariis sessilibus, foliis linearibus, caulibus diffusis.*
　Linn. spec. 14.
Veronica caulibus procumbentibus, foliis linearibus, floribus sessilibus la-
　teralibus. *Fl. virg.* 4.
Veronica humilis flore minimo albo rotato caduco, foliis angustis glabris
　rigidis, caulibus pusillis procumbentibus. *Clayt. n.* 226.
　　Ad hanc speciem refero Polygonum erectum lignosum Rorismarini foliis Virgi-
　nianum D. Banister. Pluckn. alm. 302. *& Linulum Carolinianum humistratum,*
　Knawel facie. Petiv. gazoph. t. 5. *f.* 6. *quod aliis est synonymum Polypremi.*

　　　　　　　　　　　　　　　　　　　　　UTRI-

UTRICULARIA nectario gibbofo. Linn. fpec. 18.

Utricularia florum nectario gibbofo, fcapo nunc unifloro, nunc bifloro. *Fl. virg.* 122.

Utriculariæ affinis. *Clayt. n.* 515. 517.

UTRICULARIA nectario conico. Linn. fl. lapp. 14: fl. zeyl. 22: fpec. 18.

Fucoides viride non ramofum, folia ad genicula diverfa tenuiffima fericea oppofita veficulis nonnihil compreffis, lentibus fimilibus, colore antimonii (quæ lente auctæ rudimenta cujusdam pifcis teftacei vel cruftacei effe videntur) obfita gerens. Initio Junii in aquis falfis cœnofis ftagnantibus inveniendum. *Clayt. n.* 759.

UTRICULARIA nectario fubulato.

Pyrola floribus albis fpicatis, caule aphyllo, folio rotundo ferrato, pediculo longiffimo infidenti. *Clayt. n.* 31.

GRATIOLA floribus pedunculatis, foliis ovatis crenatis.

Ruellia pedunculis folitariis unifloris, longitudine foliorum. *Fl. virg.* 73.

Lyfimachia galericulata f. Gratiola pufilla aquatica, flore pallide cœruleo tubulato, ad oram in duo labia fere fibi mutuo conjuncta divifo, galea bifida, labio tripartito, e foliorum alis unico, petiolo longo tenui pendulo infidente, egreffo; calyce in quinque acuta fegmenta ad unguem fere fiffo; foliis parvis leviter crenatis Anagallidis fimilibus, pediculis carentibus, ex adverfo binis: vafculo oblongo, per maturitatem in duas partes ab apice ad imum fponte dehifcente, femina multa minutiffima placentæ mediæ adhærentia continente: caulem habet glabrum quadratum fragilem, nonnunquam ramofum & flagella emittentem. Julio & Augufto floret. *Clayt. n.* 164.

GRATIOLA foliis lanceolatis obtufis fubdentatis.

Anonymos aquatica flore tubulato, tubo angulato & velut quadrato, exterius purpureis lineis notato, limbo quadripartito, lacinia fuperiore bifida alba non reflexa, reliquis albis bifidis æqualibus, filamentis paucis albis crifpis intus pubefcentibus; calyce perfiftente, in quinque acuta fegmenta divifo, involucro lineari, diphyllo, fuperne coronato, capfula ovata nonnihil acuminata. *Clayt. n.* 379.

GRATIOLA quæ Lyfimachia flore pallide cœruleo, e fingulis foliorum alis fingulo, abfque pediculo egreffo, tubulato, ad oram quinqueparti-to, galea & labio a fegmentis lateralibus non facile difcernendis; calyce in quinque acuta fegmenta ad unguem fiffo; foliis fubrotundis crenatis auriculatis adverfis; caule fimplici infirmo; vafculo acuminato duro bicapfulari. *Clayt. n.* 169.

4

VERBENA tetrandra, spicis capitato—conicis, foliis serratis, caule repente. Linn. fl. zeyl. 399. spec. 20.

Verbena foliis verticaliter ovatis, spicis globosis. *Linn. hort. cliff.* 11.

Verbena foliis verticaliter ovatis, spicis solitariis ovatis. *Roy. prodr.* 327.

Verbena caule repente, foliis oblongis superne crenatis, pedunculis solitariis. *Fl. virg.* 7.

Verbena nodiflora. *Bauh. pin.* 269. *prodr.* 125.

Anonymos maritima repens, foliis angustis serratis rigidis acuminatis ex adverso binis, in summo caule & ex alis foliorum florens, floribus albicantibus e capitulis squamosis purpureis egressis, quæ pediculis longis sustinentur. Semen unicum pilis coronatum instar Scabiosæ inter squamas reconditum unicuique flosculo succedit. *Clayt. n.* 448. *Datur Hujus singularis varietas, cujus folia lanceolata oblonga, duos pollices transversos longa, acute serrata & acuminata.*

VERBENA tetrandra, spicis longis acuminatis, foliis hastatis. Linn. hort. ups. 8.

Verbena foliis lanceolatis serratis, spicis filiformibus paniculatis. *Roy. prodr.* 327.

Verbena americana altissima, spica multiplici, urticæ foliis angustis, floribus coeruleis. *Raj. app.* 286. *Herm. parad.* 242. *t.* 242.

Verbena caule triangulo striato, spica nuda longissima multiplici: floribus saturate violaceis: foliis oblongis lanceolatis, acute serratis, superne virentibus, subtus nonnihil pallidioribus, levissime pilosis. Augusti initio florentem ad margines agri palustris solo fertili invenit *Clayt. n.* 932.

VERBENA tetrandra, spicis filiformibus paniculatis, foliis indivisis serratis petiolatis. Linn. hort. ups. 9.

Verbena foliis ovatis, caule erecto, spicis filiformibus. *Linn. hort. cliff.* 11.

Verbena urticæ folio canadensis. *Tourn. inst.* 200. *Raj. hist.* 536. *Zanon. hist.* 203.

Verbena recta canadensis, s. virginiana maxima urticæ foliis. *Morif. hist.* III. p. 418. t. 25. f. 3.

Verbena peregrina foliis urticæ. *Dod. pempt.* 125.

Verbena Lamii folio. *Barrel. rar.* 30. t. 1146.

Verbena alta foliis urticæ, floribus dilute coeruleis spicatim in summis caulibus congestis. *Clayt. n.* 431.

VERBENA tetrandra, spicis filiformibus, foliis multifido laciniatis, caulibus numerosis. Linn. hort. ups. 8.

Verbena urticæ folio canadensis, foliis incisis, flore majore. *Tourn. inst.* 200. *Hall. got.* 174.

Verbena humilior foliis incisis. *Clayt. n.* 8.

LX.

LYCOPUS foliis æqualiter ferratis. Linn. fpec. 21.   *L. Virginic. Water horehound Virg.*

Lycopus foliis lanceolatis tenuiffime ferratis. *Fl. virg.* 8.

Lycopus flore albo, foliis virentibus longis anguftis gramineis. *Clayt. n.* 185.

Ab hac verticillis magis approximatis, & foliis profundius ferratis differt Lycopus Canadenfis glaber foliis integris dentatis D. Sherard, quæ fpecies nomine Lycopi flore minimo albo, foliis purpureis glabris acuminatis ferratis, odore remiffo n. 181. infcripta.

MARRUBIUM aquaticum marilandicum majus latifolium verticillis minimis. Raj. fuppl. 288.

DIANTHERA.

Anonymos an Ruelliæ fpecies? *Clayt. n.* 408.   *D. americ. Bastard hedge hyssop. Pluk. 423.5.*

Planta eft herbacea erecta foliis lanceolatis oppofitis, integris, glabris, feffilibus, Afclepiadis caule erecto fimplici, foliis lanceolatis, umbellis alternis erectis Hort. cliff. p. 78. n. 6. folia referentibus. Pedunculi foliis longiores, ex alis foliorum egreffi plane nudi in fpicam terminantur floriferam; hique nunquam ex utraque ala, fed alterna ferie ex oppofita parte prognafcuntur.

DIANTHERA vocari meretur ob duas Antheras in uno Filamento. In Salviis quidem fimile quid occurrere videtur, fed in iis Filamenta fibi incumbunt.

SALVIA labio corollæ fuperiori breviore, fauce patente.   *S. lyrata.*

Horminum Virginianum caule aphyllo tubulofo longo flore. *Morif. hift.* III. p. 395. t. 13. f. 27.

Dracocephalon flore longo coeruleo, caule quadrato erecto, foliis amplis finuatis finuatis rugofis ferrugineis ad finem rotundis, in caule paucis. *Clayt. n.* 19. & 391.

SALVIA foliis ovato-oblongis duplicato-ferratis, calycibus trifidis, lacinia fuprema tridentata.   *S. urticifolia.*

Horminum virginianum erectum, urticæ foliis, flore minore. *Morif. hift.* III. p. 395. t. 13. f. 31. *Raj. fuppl.* 293.

Horminum fylveftre odoratum, flore ex violaceo & albo variegato, galea parva, foliis rugofis acuminatis crenatis. *Clayt. n.* 292.

SALVIA foliis ferratis finuatis, corollis calyce anguftioribus. Linn. vir. n. 3.   *S. Verbenaca.*

Salvia foliis pinnatim incifis glabris. *Linn. hort. cliff.* 12.

Horminum virginianum latioribus foliis diffectis, floribus purpureis. *Pluckn. mant.* 103. *Raj. fuppl.* 294.

Horminum fylveftre flore violaceo, foliis finuatis ferratis caulibus fupinis. *Clayt. n.* 272.

M. punctata (margin handwritten)

MONARDA floribus verticillatis, corollis punčtatis. Linn. hort. upf. 12.
Monarda floribus verticillatis. *Linn. hort. cliff.* 495.
Clinopodium virginianum anguftifolium, flore luteo. *Herm. lugdb.* 161.
Clinopodium virginianum anguftifolium, floribus amplis luteis purpuro
   maculatis, cujus caules, fub quovis verticillo, decem vel duodecim
   foliolis rubentibus eft circumcinčtus D. Banifter. *Pluck. alm.* 3. *t.* 24.
   f. 1. *Raj. fuppl.* 300. *Clayt. n.* 140.

M. Clinopodia (margin handwritten)

MONARDA floribus capitatis, foliis lævibus ferratis. Linn. fpec. 22.
Monarda foliis ovato—lanceolatis, verticillis lateralibus dichotomis corymbofis, foliolis inæqualiter ferratis. *Fl. virg.* 9.
Clinopodium foliis oblongis rugofis ferratis, fupremis fuperne canitie tečtis,
   floribus Menthae in coronis vel corymbis incanis caules terminantibus
   denfe ftipatis, floribus foliisque odore grato præditis. *Clayt. n.* 212.

M. ciliata (margin handwritten)

MONARDA floribus verticillatis, corollis involucro longioribus. Linn.
   fpec. 23.
Monarda fpica interrupta, involucris longitudine verticillorum lanceolatis.
   Fl. virg. 9.
Clinopodium anguftifolium non ramofum, flore cœruleo, labio trifido atro-
   purpureis maculis notato. *Pluckn. alm.* 110. *t.* 164. *f.* 3.
Clinopodium non ramofum flore cœruleo, labio trifido atro-purpureis maculis notato. *Morif. bift.* 111. *p.* 374. *t.* 8. *f.* 6.
Clinopodium flore cœruleo. *Clayt. n.* 412.
   *Spicam terminant duo tresve verticilli, cinčti involucro multiplici, flofculis
   vix longiori, quod conftat foliolis coloratis nitidis ciliatis, exterioribus ovato-
   lanceolatis, interioribus lineari—lanceolatis. Calyces pilofi feu bifpidi, parum
   inæquales. Corolla minima, hirfuta. Folia lanceolata, obfolete ftriata. Reliqua ex defcriptione Bobarti apud Raj. fuppl. 299. petenda.*

M. fiftulosa.
*C. canadensis. Horsewed
Kaln. 1.197. It strong
scented, used as a cool
for rheumatism, by an
Indian against the bite
of the Rattle Snake.* (margin handwritten)

COLLINSONIA. Linn. hort. cliff. 14. t. 5. Cold. noveb. 8.
Collinfonia floribus pallide luteis: foliis ovato—oblongis acute ferratis. *Clayt.*
   n. 894.

Classis III.

TRIANDRIA.

MONOGYNIA.

VALERIANA *caule dichotomo, capitulis terminatricibus involucro cinc-*   *V. Locusta var. ε*
tis.
Valerianæ floribus triandris, caule dichotomo, foliis linearibus *Linn. fl.*
suec. 32. *varietas* ε. *spec.* 34.
Valerianella marilandica, foliis oblongis obtusis. *Raj. suppl.* 244.
Valerianella præcox, floribus albis, semine compresso. *Clayt. n.* 43.

MELOTHRIA. *Linn. hort. cliff.* 490. hort. upf. 15.   *M. pendula. Small creeping Cu-cumber*
Bryonia canadensis folio angulato, fructu nigro. *Tourn. inst.* 102.
Cucumis minima, fructu ovali nigro lævi. *Sloan. hist.* 1. *p.* 227. *t.* 142.
f. 1.
Cucumis parva repens virginiana, fructu minimo. *Pluckn. alm.* 123. *t.* 85. *f.* 5.
Cucumis fructu minimo viridi ad maturitatem producto nigricante. *Banist.*
Virg.
Bryoniæ albæ affinis floribus flavis, foliis parvis vitigineis, fructu cylin-
draceo, ad maturitatem producto nigricante, e pedicillo longo tenuissi-
mo pendente. *Clayt. n.* 134.

IRIS *radice fibrosa, caule unifloro, foliis breviore, corolla imberbi.*   *Iris verna. Flower de Luce*
Iris virginiana pumila f. Chamæiris verna angustifolia, flore purpuro-
cœruleo odorato D. Banister. *Pluckn. alm.* 198. *t.* 196. *f.* 6.
Chamæiris repens verna, flore ex violaceo & aureo variegato, odorato,
cujus etiam datur Varietas flore albo. Florum Syrupus viribus cum Vio-
larum Syrupo convenit. *Clayt. add. n.* 253.

IRIS *corolla imberbi nutante, pedunculo stipulis obsito, caule singulari nudo,*   *I. versicolor*
foliis subulatis.
Xiphium flore coeruleo variegato, pedunculo stipulis obsito, caule plerumque singulari erecto, foliis linearibus. Ad finem Maji floret. *Clayt. n.*
713.

IRIS *corollis imberbibus, germine trigono, caule ancipiti.*   *I. Virginica*
Iris aquatica Majo florens angustifolia, flore ex pallide cœruleo & nigro
variegato, radice reptatrice. Vi cathartica insigniter pollet. *Clayt. n.* 259.

COM-

COMMELINA corollis inæqualibus, foliis ovato—lanceolatis, caule erecto scabro simpliciſſimo. Linn. hort. upſ. 18. ſpec. 41.

Commelina foliis ovato—lanceolatis, caule erectiuſculo ſcabro, petalis duobus majoribus. *Linn. hort. cliff. 495.*

Commelina erecta, ampliore ſubcœruleo flore. *Dill. elth. 94. t. 77. f. 88.*

Commelina flore cœruleo tripetalo, cito etiam marceſcente, caulibus foliiſque majoribus. *Clayt. n. 727.*

COMMELINA corollis inæqualibus, foliis ovato—lanceolatis, caule procumbente glabro, petalis duobus majoribus. Linn. hort. upſ. 18.

Commelina foliis ovato—lanceolatis, caule procumbente glabro, petalis duobus majoribus. *Linn. hort. cliff. 21.*

Commelina procumbens annua ſaponariæ folio. *Dill. elth. 93. t. 78. f. 89.*

Commelina graminea latifolia, flore cœruleo. *Plum. gen. 48.*

Ephemerum africanum annuum, flore bipetalo. *Herm. lugdb. 231.*

Ephemerum braſilianum ramoſum procumbens bipetalon, foliis mollioribus. *Herm. parad. 145.*

Ephemerum phalangoides dipetalon africanum annuum, flore dipetalo. *Moriſ. hiſt. 111. p. 606. t. 2. f. 3.*

Dipetalos braſiliana, foliis gentianæ aut plantaginis. *Raj. hiſt. 1332.*

Planta innominata prima. *Marckgr. braſ. 8. Sloan. hiſt. 1. p. 187.*

Commelina flore cœruleo dipetalo cito marceſcente, caule nodoſo, foliis anguſtis acuminatis Ephemero nonnihil ſimilibus. Paluſtribus gaudet. *Clayt. n. 93.*

X. Indica. Raj. h. 2. 1318. *XYRIS foliis gladiatis.*

Gladiolus luteus tripetalos, floribus pluribus minimis ex uno capitulo ſquamoſo erumpentibus. *Baniſt. virg.*

Gladiolo lacuſtri accedens malabarica, e capitulo botryoide florifera. *Pluckn. alm. 170. t. 416. f. 4.*

Gramen junceum braſilianum capite ovali ſquamoſo florido. *Moriſ. hiſt. III. p. 29. ſ. 8. t. 9. f. 28.*

Gramen florens capitulo ſquamoſo, Jupicai Braſilienſibus Piſon. *Raj. hiſt. 2. p. 1318.*

Gladiolus indicus, flore tripetalo. *Rudb. elyſ. 2. p. 17. f. 8. Linn. fl. zeyl. 35.*

Gramen indicum capitulis oblongis, floribus aureis ſquamatis. *Burm. zeyl. 109.*

Gramen florens capitulo ſquamoſo. *Raj. hiſt. 1313. Comm. mal. 34.*

Kotſjiletti—pullu. *Rheed. mal. 9. p. 139. t. 7.*

Ranmotha. *Herm. zeyl. 41.*

Xyris caule nudo ſimplici gramineo junceo, floribus luteis monopetalis uſque ad imum in tres partes ſectis, fugacibus ante meridiem, e capitulis parvis ſquamoſis exeuntibus, capitulo in uno caule unico: foliis a

radi-

radice longis gramineis: capfula inter fquamas recondita membranacea indivifa trifariam dehifcente, feminibus parvis rotundis luteis repleta. In pafcuis madidis viget. *Clayt. n.* 219.

Succus contufae plantae ad Impetiginem curandam laudatur a Pifone.

SCHOENUS *culmo triquetro foliofo, floribus fafciculatis, foliis planis, pedunculis lateralibus geminis.* Linn. fpec. 44.

Schoenus culmo triquetro, pedunculis geminis lateralibus, floribus conglomeratis. *Fl. virg.* 131.

Cyperus capitulis fufcis e decem vel pluribus locuftis acuminatis compofitis, ad genicula petiolis longis erectis infidentibus egreffis: culmo geniculato triquetro foliofo. *Clayt. n.* 585.

CYPERUS *culmo nudo triquetro acuminato, capfulis confertis feffilibus fub apice.*

Juncus acutus maritimus, caule triquetro maximo molli, & procerior noftras. *Pluckn. alm.* 200.

Scirpus caule triquetro rigido, apice mucronato. *Clayt. n.* 398.

CYPERUS *culmo triquetro nudo, umbella decompofita fimpliciter foliofa, pedicillis diftiche fpicatis.* Linn. fpec. 46.

Cyperus culmo triquetro nudo, umbella duplicata foliofa, pedunculis propriis diftiche fpicatis. *Roy. prodr.* 50.

Cyperus longus odoratus, panicula fparfa, fpicis ftrigofioribus, viridibus. *Sloan. jam.* 35. *hift.* 1. 116. *t.* 74. *f.* 1.

Gramen cyperoides aquaticum. *Clayt. n.* 509.

CYPERUS *culmo triquetro nudo, umbella triphylla, pedunculis fimplicibus, fpicis alterno-digitatis lanceolatis diftichis.* Linn. fpec. 46.

Cyperus culmo triquetro nudo, panicula foliofa, pedunculis fimplicibus, fpicis alternis fubulatis diftichis. *Roy. prodr.* 51.

Cyperus rotundus gramineus fere inodorus, panicula fparfa compreffa viridi. *Sloan. jam.* 35. *Hift.* 1. *p.* 117. *t.* 76. *f.* 1. *Raj. fuppl.* 623.

Cyperus humilis, caulibus ex una radice multis, undique procumbentibus: capitulis lucidis ovatis tenuibus compreffis, in uno culmo plurimis, feminibus nigro—fufcis foetis. *Clayt. n.* 598.

CYPERUS *culmo tereti foliofo articulato, racemis lateralibus, fpicis alternis patentibus.* Linn. fpec. 44.

Cyperus racemis fimplicibus lateralibus folitariis diftichis, fpicis alternis patentibus. *Fl. virg.* 131.

Gramen fluviatile geniculatum panicula foliacea, locuftis tenuibus oblongis, virginianum. *Morif. hift.* 111. *p.* 183. *t.* 3.

Gramen junceum elatius, caule articulato, virginianum, cyperi paniculis inter folia prope fummitatem prodeuntibus. *Pluckn. alm.* 179. *t.* 301. *f.* 1.

Cyperus aquaticus polyftachios, foliis & caule Arundinis, fpicis e foliorum

B   alis

: alis exeuntibus. *Clayt. n. 562.*

  Ex fingula folii ala prodit racemus erectus fimplex, longitudine folii, continens fpicas feptem, octo, novem, vel decem fubulatas alternas, diftiche pofitas, feffiles, patentes.

Cyperus ftrigofus.

S. fpadiceus.

SCIRPUS *culmo triquetro nudo, umbella fubnuda, fpicis oblongis feffilibus terminalibusque.* Linn. fpec. 51.

Scirpus culmo triquetro nudo, panicula laxa, fpicis alternis fubfeffilibus, pedunculis longis terminalibus. *Fl. virg.* 132.

Gramen cyperoides majus aquaticum, paniculis plurimis junceis fparfis, fpicis ex oblongo rotundis fpadiceis. *Sloan. jam. 36. Hift. 1. p. 118. t. 76.*

Scirpus *Clayt. n. 456.*

  Nonnulli pediculi funt proliferi. Panicula parvis foliolis inftruitur.

S. echinatus.

SCIRPUS *culmo triquetro nudo, umbella fimplici, fpicis ovatis.* Linn. fl. zeyl. 38. fpec. 50.

Cyperus floribus capitatis erectis pedunculatis. *Fl. virg.* 12.

Gramen cyperoides americanum, fpicis grandioribus oblongo—rotundis, fparganii in modum echinatis, ad fummum caulem pediculis longis innitentibus. *Pluckn. alm. 170. t. 91. f. 4.*

Gramen dactyloide non ramofum, fpicis triticeis brevibus plurimis tenuibus muticis, e foliorum rigidorum alis fingulis egreffis, femine triticeo. *Clayt. n. 173. 450.*

Schoenus coloratus.

SCIRPUS *culmo triquetro foliofo, capitulo conglomerato, involucro foliofo.* Linn. fpec. 52.

Cyperus culmo triquetro foliofo, capitulo conglomerato triphyllo, fpicis teretibus. *Fl. virg.* 131.

Pee—mottenga. *Rheed. mal. 2. p. 99. t. 53.*

Scirpus foliofus capitulis oblongis glomeratis. *Clayt. n. 570.*

SCIRPUS *culmo ancipiti.*

Scirpus foliofus pufillus autumnalis; foliis fubulatis planis: culmo plano, utrinque paululum convexo capitulis plurimis, panicula laxa, unciali ab apice diftantia erumpentibus. Septembri in arvis & hortis paffim. *Clayt. n. 772.*

  OBS. Culmus nudus anceps foliis fimilis latitudine & altitudine hinc convexiufculo, inde duabus ftriis elevatis exarato. Panicula prolifera eft. Altitudo totius vix palmam transverfam attingit. Spiculae undique imbricatae, nec diftiche, ut in Cyperis, quibus alioquin facie fimillimus. Sub panicula unicum folium magnum.

S. capillaris.

S. mucronatus.

S. retrofractus.

SCIR-

SCIRPUS *culmo angulato fulcato: fpicis terminatricibus ternis, una feffili, foliis fetaceis.*

Scirpus pufillus autumnalis, culmis plurimis capillaceis nudis, capitulis tribus quatuorve paulo infra calami mucronem fimul congeftis. Septembri arvis fubhumidis arenofis inveniendus. *Clayt. n.* 771.

OBS. *Integra planta vix palmam lata. Folia fetacea plurima. Culmus nudus, vix foliis altior, quatuor vel quinque fulcis exaratus; terminatus tribus (raro quatuor) fpicis ovatis, quarum unica feffilis, reliquæ pedunculatæ. Culmus dein etiam feta feu foliolo terminatur.*

SCIRPUS *culmo tereti nudo fetiformi, fpica fubglobofa.* Linn. fpec. 48. *S. capitatus.*
Scirpus culmo fetaceo nudo, fpica fubglobofa. *Fl. virg.* 12.
Gramen cyperoides, caule tenui junceo. *Clayt. n.* 380. *S. peducuti.*

SCIRPUS *paniculatus, foliis floralibus paniculam fuperantibus.*
Cyperus miliaceus ex Provincia Mariana, panicula villofa aurea. *Pluckn. mant.* 62. *t.* 419. *f.* 3. *ubi folia floralia dimidio breviora, quæ alioquin panicula duplo longiora funt.*
Cyperus miliaceus Marilandicus, fpicis feminiferis magis confertis, rubentibus, hæuginofis. *Raj. fuppl.* 620.
Gramen arundinaceum panicula lanata. *Clayt. n.* 205.

SCIRPUS *paluftris altiffimus: capitulis fufcis cylindraceis paniculatis, culmum terminantibus.* Clayt. n. 548.

ERIOPHORUM *culmis foliofis teretibus, foliis planis, fpica erecta.* Linn. *E. Virginian. Cotton grafs.*
fpec. 52.
Eriophorum fpica compacta erecta foliacea, caule compreffo. *Fl. virg.* 132.
Gramen tomentofum capitulo ampliore fufco & foliaceo. *Morif. hift.* 111. *p.* 224. *t.* 9. *f.* 2.
Gramen tomentofum Virginianum, panicula magis compacta aureo colore perfufa. *Pluckn. alm.* 179. *t.* 299. *f.* 4.
Juncus bombycinus. *Clayt. n.* 461.

DIGYNIA.

PHALARIS *panicula effafa, glumarum carinis ciliatis.* Linn. fpec. 55. *P. cryforicly. Canary grafs*
Oryza glumis carina hifpidis. *Fl. virg.* 153.
Oryza altiffima glumis pendulis hifpidis, foliis longis anguftis rigidis. In paludofis inter Smilaces & Rubos Augufto invenienda. *Clayt. n.* 395.

PANICUM *paniculatum floribus muticis.*
Gramen miliaceum Americanum majus panicula minore. *Pluckn. alm.* 176. *P. lachyfolium*
t. 92. *f.* 7.
Gramen miliaceum foliis latis acuminatis. *Clayt. n.* 381.

PA-

P. capillare.

PANICUM *panicula capillari erecta, foliis pilosis.*
Gramen miliaceum viride, foliis latis brevibus, panicula capillacea. *Sloan.*
   jam. 35. *Hist.* I. *p.* 115. *t.* 72. *f.* 3.
Gramen miliaceum autumnale. *Clayt. n.* 454.

P. virgatum.

PANICUM *panicula virgata, glumis acuminatis lævibus, extima dehiscente.*
   Linn. spec. 59.
Panicum paniculatum glumis acutis. *Fl. virg.* 133.
Gramen miliaceum altum maritimum foliis Arundinis. *Clayt. n.* 578. &
Gramen miliaceum altissimum, panicula omnium maxima sparsa, late dif-
   fusa, spiculis & pedicellis tenuibus capillaceis viridibus, glumis strami-
   neo—fuscis; foliis longis rigidis acuminatis. *Ejusdem. n.* 606.
     Glumæ acutæ sunt, tamen muticæ: extima harum parum recedit a reliquis,
   nec adeo parva ac in omnibus Panici speciebus.

P. dichotomum.

PANICUM *paniculis simplicibus, culmo ramoso subdiviso.*
Gramen. *Clayt. n.* 458.
     Singulare admodum est Gramen, vix pedale, in arbusculæ formam excres-

P. clandestinum.

   cens; culmo inferne simplici, superne ramosissimo dichotomo ampliato: foliis
   patentibus. Ramulos terminat panicula minima, eaque simplex. Flores ca-
   lyce trivalvi gaudent, mutici.

P. glaucum.

PANICUM *spica simplici, aristis aggregatis flosculo subjectis.*
Panicum Indicum altissimum spicis simplicibus mollibus in foliorum alis
   pediculis longissimis insidentibus. *Tourn. inst.* 515.
Panici spica tereti, involucris bifloris fasciculato pilosis *Linn fl. zeyl* 44.
   var. β. *spec.* 56.

P. italicum.

Gramen alopecuroides spica rotunda longa, caule paniculato. *Clayt.*
   n. 579.

P. sanguinale.

PANICUM *spicis aggregatis, basi inferiore nodosis, flosculis geminis muticis,*
   vaginis foliorum—punctatis. Linn. spec. 57.
Panicum spicis alternis oppositisve linearibus patentissimis muticis, flosculis alternatim binis, alterutro paniculato. *Roy. prodr.* 55.
Gramen dactylon folio latiore. *Bauh. pin.* 8.
Gramen dactylon majus, panicula oblonga, spicis plurimis gracilioribus
   purpureis & viridibus mollibus constans. *Sloan. hist.* 11. *p.* 113. *t.* 70.
   f. 2.
Gramen dactyloides spicis gracilibus, nonnunquam quatuor tantum cruciatim positis. *Crab—grafs. Clayt. n.* 457.

P. Crus Galli.

PANICUM *spica composita, spiculis glomeratis setis immixtis, pedunculo hir-*
   suto. Linn. spec. 56.
Panicum spicis alternis remotis declinatis compositis. *Linn. vir.* 7.
Panicum spicis alternis remotis laxis. *Linn. hort. cliff.* 27.
                                           Pani-

P. filiforme.

Panicum vulgare spica multiplici asperiuscula. *Tourn. inst.* 515.

Panicum arvense paniculis fuscis densioribus, glumis hispidis, aristis brevioribus. *Clayt. n.* 561.

In Virginia crescit duplo majus, glumis hispidis, & aristis sat longis. Hujus varietas est Panicum aquaticum arundinaceum, *spica ampla densa hirsuta purpurea locustis aristatis* num. 579, *quod Morisono in Hist. Oxon. Part.* 3. *Tab.* 4. *f.* 16. *dicitur* Gramen paniceum, spica divisa, aristis longis armata C. Bauh. Pin., *cui aristæ quintuplo longiores, ac glumæ minus hispidæ.*

POA paniculæ laxa patentissima capillari foliis pilosis, culmo ramosissimo. Linn. spec. 68.

Poa panicula laxa erecta, spiculis erectis oblongis. *Fl. virg.* 136.

Gramen paniculatum virginianum, locustis minimis. *Morif. hist.* III. *p.* 202. *t.* 8. *f.* 33.

Bromus vel Gramen loliaceum culmo paniculato pedali vel sesquipedali: ramis spiciferis purpureis setaceis rigidis: spiculis singulis purpureis compressis, obverse oblongis, muticis. *Clayt. n.* 580.

Panicula non diffunditur more Graminum Paniculatorum in Europa crescentium, sed rami omnes adscendunt diffusi, capillares, strictissimi, ramosissimi. Spiculæ oblongæ muticæ fuscæ, quinque vel sex flosculis acuminatis compositæ.

POA panicula diffusa, spiculis ovato—oblongis nitidis.

Gramen pratense majus Virginianum. *Pet. muf. n.* 239.

Gramen phalaroide altissimum, spica ampla longa, foliis paucis, staminum apicibus flavis valde conspicuis, e glumis tremulis pendentibus. *Clayt. n.* 273.

POA panicula diffusa angulis rectis, spiculis obtusis, culmo obliquo compresso. *P. compressa.* Linn. fl. suec. 75.

Gramen pratense minus f. vulgatissimum. *Raj. syn.* 111. *p.* 408. *hist.* 1285.

Gramen pratense paniculatum minus. *Bauh. pin.* 2. *teat.* 31.

Gramen pratense paniculatum minus album. *Vaill. parif.* 91. *n.* 61.

Hoc Gramen quamvis Gramini vulgatissimo Raj. & Poæ spiculis ovatis compressis muticis Linn. hort. cliff. 27. *ad amussim facie conveniat, tamen lentis ope exploravi flores masculos & femineos in eadem spicula priores tribus staminibus antherisque, posteriores pistillo germinis figura absque stylo vel stigmate instructos. Ideo ad Monœciam Triandriam attinet. Sed a Zea, Lachryma Jobi, Carice, Typha & Sparganio toto cælo differt. Hieme viget & paniculas explicat.* Clayt. n. 936.

BRIZA spiculis lanceolatis, flosculis viginti. Linn. spec. 70.

Uniola calycibus diphyllis, spiculis ovato—lanceolatis. *Fl. virg.* 136.

Gramen paniculis elegantissimis. *Bauh. pin.* 3. *Scheuchz. gr.* 194. *Morif. hist.* 111. *p.* 204. *t.* 6. *f.* 52.

Gramen loliaceum paniculatum locustis elegantissimis lucidis. *Clayt. n.* 582.

UNIO-

UNIOLA *fubfpicata*, *foliis involutis rigidis.* Linn. fpec. 71.
Gramen parvum maritimum fpicatum, foliis anguftis rigidis. Clayt. *n.* 507.
OBS. *Folia convoluta funt, ut in plerisque maritimis.*

UNIOLA *paniculata.* Linn. fpec. 71.
Uniola calycibus polyphyllis. *Fl. virg.* 136.
Uniola. *Linn. bort. cliff.* 23.
Gramen muloicophoron carolinianum, f. Gramen altiffimum, panicula maxima fpeciofa, e fpicis majoribus compreffiusculis utrinque pennatis, blattam molendinam quodammodo referentibus, compofita, foliis convolutis mucronatis pungentibus donatum. *Pluckn. alm.* 173. *t.* 32. *f.* 6.
The Sea—fide Oat. *Catesb. car.* 1. *p.* 32. *Morif. bift.* III. *p.* 203. *Clayt.* *n.* 909.

DACTYLIS *fpicis fparfis fecundis fcabris numerofis.* Linn. fpec. 71.
Dactylis fpicis fecundis alternis approximatis, calycibus unifloris fubulatis. *Fl. virg.* 134.
Gramen maritimum fpicatum foliis longis anguftis, caule rotundo glabro geniculato: antheris longis albicantibus pendulis tremulis. Stigma fuscum bipartitum plumofum: locuftis muticis. *Clayt. n.* 583.
   Spicae conftant flofculis alternis remotis, fcapo approximatis muticis unifloris, exteriore latere modo infertis, fcapum fpectantibus, fubulatis, angulatis. Plures ejusmodi Spicae alternae culmo appreffae unitam veluti fpicam conftituunt, in plures adeoque partes divifibilem.
   Hujus Generis funt
Gramen maritimum fpica craffa dactyloide, terminatrice: odore rancido: foliis Arundinis: culmo albo. *Clayt. n.* 577. &
Gramen avenaceum locuftis argenteis fpeciofis lucidis muticis, uno verfu laxe difpofitis. *Clayt. n.* 553.

CYNOSURUS *fpicis quaternis obtufis dimidiatis, calycibus mucronatis.* Linn. fpec. 72.
Cynofurus fpicis quaternis terminalibus horizontalibus. *Roy. prodr.* 64.
Gramen Ifchoemum malabaricum fpeciofius, longioribus mucronatis foliis. *Pluckn. alm.* 175. *t.* 300. *f.* 8.
Gramen dactylon ægyptiacum. *Baub. pin.* 7. *Morif. bift.* III. *p.* 184. *t.* 3. *f.* 7. *Scheuchz. gr.* 109.
Gramen caninum fpica triticea ftrigofa multiplici, locuftis prona fcapi parte affixis, fpicis plerumque tribus in eodem culmo horizontaliter extenfis. *Clayt. n.* 597.
   Variat apex tribus, quatuor & quinque fpicis.

STIPA

STIPA ariftis nudis, calycibus femen æquantibus. Linn. fpec. 78. defcr.

Andropogon folio fuperiore fpathaceo, pedunculis lateralibus oppofitis unifloris, ariftis globofis. Fl. virg. 133.

Hordeum fpica tenuiori e latere fpathæ longæ erumpente, valvula inferiore in ariftam longiffimam definente. Clayt. n. 621.

ARUNDO panicula laxa, flosculis quinis. Linn. fl. fuec. §. 99.

Arundo panicula laxa, calycibus quinquefloris. Roy. prodr. 66.

Arundo vulgaris. Baub. theatr. 269.

Arundo vulgaris paluftris. Baub. hift. II. p. 485.

Arundo vulgaris, five Phragmites Diofcoridis. Baub. pin. 131.

Arundo minor. Clayt. n. 481.

ELYMUS fpiculis involucro deftitutis. Linn. fpec. 560.

Gramen avenaceum, locuftis ariftatis, paniculis echinum referentibus.
Clayt. n. 570.

ELYMUS ariftis fpicula longioribus. Linn. hort. upf. 22.

Hordeum flosculis omnibus hermaphroditis, involucris flosculos craffitie
& longitudine fuperantibus. Fl. virg. 13.

Gramen fpicatum fecalinum. Clayt. n. 446.

> Spicam Hordei fativi magnitudine excedit. Singulo axi denticulato affi-
> guntur duo involucra feffilia, unoquoque conftante duobus radiis, qui ipfis
> flosculis duplo craffiores, longiores & ftriati dehifcunt, ac arifta longa ter-
> minantur. Horum finui verfus latus interius inferuntur flosculi tres, quales
> in Hordeo fativo cernuntur, paulo minores anguftioresque, nec tam remoti a
> fe invicem.

TRIGYNIA.

ERIOCAULON caule decemangulari, foliis gramineis. Linn. fl. zeyl. 48.

Eriocaulon culmo decangulari, foliis enfiformibus. Linn. fpec. 86.

Eriocaulon noveboracenfe capitulo albo globofo. f. Globularia americana
Statices haud abfimilis, cauliculis lana atro nitente refertis. Pluckn.
amalth. app. t. 409. f. 5.

Randalia mariana procerior. Petiv. gazoph. t. 6. f. 2.

Globulariæ affinis aquatica, caule tenui aphyllo gramineo, capitulis albicantibus parvis globofis, foliis paucis humiftratis gramineis. Clayt. n.
234. & 439.

> Hæc fpecimina ætate modo differunt, ac in eadem planta Scapos proferunt
> longiores ac minores, capitula majora & minora, eademque vel duriora vel
> molliora.

MOLLUGO foliis verticillatis cuneiformibus acutis, caule subdiviso decumbente, pedunculis unifloris. Linn. hort. upf. 24.

Mollugo foliis fæpius feptenis lanceolatis. *Fl. virg.* 14.

Alfine Spergula Mariana latiori folio, floribus ad nodos pediculis curtis circa caulem infidentibus, calyculis eleganter punctatis. *Pluckn. mant.* 9. *t.* 332. *f.* 4.

Herniaria arvenfis repens, foliis quinque, fex, vel feptem ad nodos ftellatim pofitis. *Clayt. n.* 399.

PROSERPINACA. Linn. act. upf. 1741. p. 81.

Trixis. *Mitch. nov. pl. gen.* 23. *E. N. C.* 1748. *n.* 23. Linn. *fpec.* 88.

Valeriana aquatica foliis imis cum impari pinnatis: foliolis linearibus decurrentibus, fupremis lanceolatis eleganter ferratis alternis: corolla in fingulis alis, nunc fingula, nnnc terna vel quaterna: caule plerumque fupino & dichotomo. *Clayt. n.* 770.

    PROSERPINACÆ nomen antiquum Apuleji, fuit fynonymum Polygoni, cum quo foliis alternis, femine triquetro, & facie procumbente convenit.

QUERIA floribus folitariis, caule dichotomo. Linn. fpec. 90.

Mollugo foliis oppofitis, ftipulis quaternis, caule dichotomo. *Fl. virg.* 14.

Knawel five Polygono affinis erecta ramofa, caule rubente, leviter villofo, foliis hirfutis minimis fubrotundis ex adverfo binis. Semen in ramulorum divaricationibus minutiffimum in vafculo parvo inclufum profert. *Clayt. n.* 316. & 317.

LECHEA foliis lineari—lanceolatis, floribus paniculatis. Linn. amœn. III. 10. fpec. 90.

Capraria foliis integerrimis. *Fl. virg.* 75.

Scoparia foliis tenuiffimis, in plurimos & tenuiffimos ramulos divifa, & fubdivifa, floribus & fructu in fummis ramulis, præ parvitate vix difcernendis. *Raj. fuppl.* 132.

Anonymos, cujus flos nunquam mihi apparuit. Knawel erecta ramofa: caule rubente, leviter villofo: foliis hirfutis minimis, ex adverfo binis. Semen in ramulorum divaricationibus minutiffimum vafculo parvo inclufum profert. *Clayt. n.* 275. & 610.

Claffis

Classis IV.

TETRANDRIA

MONOGYNIA.

CEPHALANTHUS *foliis oppositis & ternis.*
Cephalanthus foliis ternis. *Linn. hort. cliff.* 73.
Cephalanthus capitulis pendulis. *Cold. noveb.* 12.
Platanocephalus tini foliis ex adverso ternis. *Vaill. act.* 1722. *p.* 259.
Valerianoides americana, flore globoso, pishaminis folio.   Carolina globe tree. *Petiv. muf.* 293. *& act. phil. vol.* 20. *n.* 246. *p.* 401. *n.* 29.
Scabiofa dendroides americana, ternis foliis circa caulem ambientibus, floribus ochroleucis. *Pluckn. alm.* 336. *t.* 77. *f.* 4.
Scabiofa dendroides foliis latis acuminatis adverfis, floribus albis monopetalis in capitula plurima fphærica denfe coactis, ftaminibus plurimis longiffimis extantibus. Buttonwood. Madidis & aquofis tantum viget. *Clayt. n.* 106.

DIPSACUS foliis feffilibus ferratis. Linn. fpec. 97.
Dipfacus foliis connato-perfoliatis. *Linn. hort. upf.* 25.
Dipfacus capitulis florum conicis. *Linn. hort. cliff.* 29.
Dipfacus fylveftris aut virga paftoris major. *Bauh. pin.* 385.
Dipfacus fylveftris. *Dod. pempt.* 735. *Clayt. n.* 267.

ASPERULA foliis oppofitis linearibus.
Anonymos *Clayt. n.* 852.
   OBS. *Corolla tubulofa monopetala, limbo quadrifido. Stamina quatuor. Stylus fimplex. Stigma trifidum. Germen fub calice quadripartito.*

DIODIA.
Anonymos aquatica procumbens & repens, foliis ad nodos binis anguftis rigidis; caule rubente glabro fucculento, floribus nudis albis, tubulofis, ad oras in quatuor fegmenta divifis.   Ex alis foliorum flos fingulus egreditur, infidens fructui biloculari, fingulo loculo continente femen unicum durum, grani tritici æmulum, & coronatum.   Aquofa amat loca. *Clayt. n.* 277.
   Defcriptioni in hort. cliff. p. 493. traditæ add.
   Caulis *tetragonus. Ex alis inferioribus rami folitarii alternatim prodeunt.* Corolla *parva, alba.* Facies *Melampyri.*
Hujus datur Varietas foliis latioribus, magisque confertim nafcentibus, caule infirmo: crefcens in arena ad fluminum majorum littora. *Clayt. n.* 825.

C

- HOU-

HOUSTONIA foliis radicalibus ovatis, caule composito, floribus solitariis.
Houftonia. *Linn. hort. cliff.* 35.
Rubia parva foliolis ad geniculum unumquodque binis, flore cœruleo fiftulofo. *Banift. virg.* 1927.
Houftonia primo vere ubique florens, floribus infundibuliformibus dilute cœruleis, foliis parvis adverfis in caule paucis. *Clayt. n.* 60.

HOUSTONIA foliis ovato—lanceolatis, corymbis terminatricibus.
Rubia Mariana Alfines majoris folio, ad caulem binato, flore purpuro—rubente. *Raj. fuppl.* 262.
Rubia parva latifolia, foliis ad geniculum binis, flore rubente. *Banift. virg.* 1928.
Houftonia flore rubro tubulofo, foliis adverfis leviter hirfutis, in fummis caulibus ex alis foliorum umbellatim quafi florens. *Clayt. n.* 63.

GALIUM foliis quaternis linearibus obtufis, ramis ramofiffimis. Linn. fpec. 105.
Aparine foliis quaternis obtufis lævibus. *Fl. virg.* 16.
Rubia tetraphyllos glabra, latiore folio, Bermudenfis, feminibus binis atro—purpureis. *Pluckn. alm.* 324. *t.* 248. *f.* 6. cujus foliorum quaterniones longioribus intervallis diftant, furculique floriferi erectiores funt. *Raj. fuppl.* 261.
Cruciata floribus atro—purpureis, feminibus lanugine quafi tectis ad fingulos flores binis. *Clayt. n.* 313.

APARINÈ floribus albis, caule quadrato infirmo, foliis ad fingula genicula quatuor, fructu rotundo glabro lucido. Clayt. n. 558. pl. 2.
Ab Aparine paluftri minori Parifienfi flore albo Tourn. differt foliis ad genicula quatuor verticillatim pofitis, quæ in Parifienfi plura quam quatuor obfervavit Celeb. Linnæus flor. lapp. §. 58.

APARINE floribus minimis albis: forte Sherardiæ fpecies. Clayt. n. 551.

MITCHELLA. Linn. amœn. 111. 16. Spec. 111.
Chamædaphne. *Mitch. gen.* 27.
Lonicera foliis fubovatis, germine bifloro, corollis interne hirfutis, ftylo bifido. *Fl. virg.* 22.
Baccifera mariana clematitis daphnoidis minoris folio. *Petiv. muf.* 363. & Gazoph. *t.* 1. *f.* 13.
Syringa baccifera myrti fubrotundis foliis, floribus albis gemellis ex provincia Floridana. *Pluckn. amalth.* 198. *t.* 444. *f.* 2. Catefb. car. 1. p. 21. *t.* 20.
Chamæpericlymeni foliis plantula marilandica, flore in fummo caule unico tetrapetalo. *Raj. fuppl.* 656.
Syringa baccifera five Clematis Daphnoides repens aquatica, foliis parvis, floribus albis gemellis unicam baccam rubram carnofam duobus umbilicis præditam continentibus. *Clayt. n.* 28. *pl.* 2.

CAL-

CALLICARPA. Linn. act. upf. 1741. p. 80. Spec. 111.
Sphondylococcos. Mitch. E. N. C. 8. p. 218.
Anonymos baccifera verticillata, folio molli & incano ex america. Pluckn. alm. 33. t. 136. f. 3.
Frutex baccifer verticillatus: foliis fcabris latis dentatis & conjugatis: baccis purpureis denfe congeftis. Catefb. car. 2. tab. 47.
Frutex foliis amplis fubrotundis acuminatis, ex adverfo binis: viminibus lentis infirmis, quafi levi canicie tectis: floribus monopetalis minimis, rubro—albicantibus, ad nodos in fafciculos congeftis, baccis parvis humidis, cremefino—purpureis, glabris, fplendentibus, autumno fpeciofiffimis, quinque vel fex feminibus compreffis repletis. Clayt. n. 764.

OBS. Rami tomentofi. Folia oppofita, lanceolato—ovata, ferrata, petiolata, fupra fcabra, fubtus tomentofa.

Umbellæ parvæ dichotomæ, in fingulis alis, adeoque oppofitæ, breviffimæ. Facies Viburni, cum quo ordine naturali etiam convenit.

POLYPREMUM. Linn. act. upf. 1741. p. 78. Spec. 111.
Symphoranthos. Mitch. gen. 21.
Linum carolinianum. Petiv. gazoph. t. 5. f. 6.
An Oldenlandiæ affinis? antehac fub num. 226. miffa, & Veronica humilis infcripta: per totam æftatem matutino tempore flores cito caducos profert. Clayt. n. 768.

OBS. Planta dichotoma: facies Knawel: folia linearia acuta: flores folitarii, feffiles in ramificationibus.

PLANTAGO foliis ovatis. Linn. hort. cliff. 36..
Plantago foliis ovatis glabris. Linn. fl. fuec. 122. Mat. med. 49.
Plantago fcapo fpicato, foliis ovatis. Linn. fl. lapp. 62.
Plantago latifolia finuata. Bauh. pin. 189.
Plantago latifolia vulgaris. Morif. hift. 111. p. 258. t. 15. f. 2.
Plantago latifolia glabra vulgaris. Clayt. n. 928.

PLANTAGO anguftifolia glabra, caulculis longis infirmis, fpicis brevibus, ftaminibus plurimis extantibus. Clayt. n. 753.

Eft omnino varietas Plantaginis foliis lanceolatis, fpica fere ovata. Linn. hort. cliff. p. 36. n. 3. cum qua fpica, foliis & facie convenit. Variat autem foliis leviter villofis, & verfus bafin alba lana veftitis, qualia obfervare licet in Plantagine foliis lanceolato—linearibus, fcapo longitudine foliorum Linn. hort. cliff. p. 36. n. 4.

PLANTAGO foliis lanceolato—ovatis pubefcentibus, vix denticulatis, fpicis laxis pubefcentibus.
Plantago media incana Virginiana ferratis foliis annua. Morif. hift. 111. p. 259. t. 15. f. 8.

Plan-

Plantago myofotis. f. trinervia hirfuta caroliniana. *Raj. hift. app. p.* 1889.
Plantago Virginiana Pilofellæ foliis anguftis, radice turbinata. *Pluckn. alm.* 298.
Plantago foliis anguftis hirfutis, feu potius Coronopus foliis integris. *Clayt. n.* 343.

CORNUS involucro maximo, foliolis obverfe cordatis. Linn. hort. cliff. 38. n. 3. hort. upf. 29. Cold. noveb. 16.
Cornus mas virginiana, flofculis in corymbo digeftis a perianthio tetrapetalo albo radiatim cinctis. *Pluckn. alm.* 120. *Catefb. car.* 1. *t.* 27.
Cornus mas floribus quafi in corymbo digeftis, perianthio albo e quatuor foliis compofito radiatim expanfo cinctis. Dogwood. *Clayt. n.* 57.

CORNUS fœmina, floribus candidiffimis umbellatim difpofitis, baccis cæruleoviridibus, officulo duro compreffo biloculari. Swamp dogwood. Clayt. n. 23. Cold. noveb. 17.
Cornus fœmina candidiffimis foliis Americana. *Pluckn. alm.* 120.
    Perianthio non deftituitur, fed illud minimum gerit.

PTELEA foliis ternatis. Linn. fpec. n. 118.
Ptelea. *Linn. hort. cliff.* 36.
Frutex virginianus trifolius ulmi famaris. *Pluckn. alm.* 159. *t.* 141. *f.* 1. *Dill. elth.* 147. *t.* 122. *f.* 148. *Catefb. car.* 2. *t.* 83. *Clayt. n.* 650.

LUDWIGIA caule repente, foliis obverfe ovatis petiolatis.
Ludvigia parva aquatica repens: caule fucculento glabro rubente: floribus ex alis foliorum egreffis dilute luteis, tetrapetalis, fugaciffimis, vix confpicuis: foliis rubentibus venofis glabris lucidis, ad finem rotundis, ex adverfo binis: vafculo foliofo, in quatuor loculamenta divifo. *Clayt. n.* 775.

LUDWIGIA foliis alternis lanceolatis. Linn. fpec. 118.
Ludwigia capfulis cubicis apice perforatis. *Linn. hort. upf.* 30.
Ludwigia capfulis fubrotundis. *Linn. hort. cliff.* 491.
Lyfimachia non pappofa, flore luteo majore, filiqua caryophylloide minore, ex virginia. *Pluckn. alm.* 235. *t.* 203. *f.* 2.
Anonyma. *Mer. fur. p.* 30. *t.* 39.
Anonymos flore luteo fpeciofo caduco, folio falicis glabro, alternatim pofito, ex alis foliorum fingulatim florefcens, vafculo quadrato & quadripartito. *Clayt. n.* 137.
    Folia alterna lanceolata, flos ex fingula ala fingulus, petiolatus, flavus.

MENANDRA ramis alternis.
An Camerariæ fpecies foliis latioribus oblongis, fubtus argenteis: caule rubro: capfula ampla triloculari. In collibus arenofis promontorii Point
                                                                    Com-

Comfort dicti comitatus Gloceftriæ Augufto inveni. *Clayt. n.* 740.

CAL. Perianthium *triphyllum: foliolis coriaceis, fubrotundis, concavis, amplexicaulibus, perfiftentibus.*

COR. *nulla.*

STAM. Filamenta *quatuor fetacea, longitudine calycis, quorum duo fuperiora ex eodem puncto receptaculi enata: duo lateralia oppofita.* Antheræ *erectæ.*

PIST. Germen *fubrotundum.* Stylus *nullus.* Stigma *hifpidum.*

PERIC. Capfula *fubglobofa, calyci obvoluta, trilocularis, trivalvis.*

SEM. *folitaria, hinc rotunda, inde angulata.*

OBS. *Facies Helianthemi vel Oxycocci, fruticofa. Folia alterna, oblonga, integerrima.*

MENANDRA ramis ternis.

An Camerariæ *n°.* 275. fpecies foliis viridioribus, longioribus, linearibus, pilofis, alternis: caule duro, ligneo, nonnihil hirfuto: capfulis rubentiincanis, lanuginofis. Flos nondum mihi apparuit. Eodem loco & die inveni. *Clayt. n.* 729.

CAL. *triphyllus.*

COR. *nulla.*

STAM. *tria vel quatuor.*

PIST. Germen *hifpidum.*

OBS. *Caulis fruticofus. Folia alterna, linearia, acuta. Flores racemofi ramulos terminant, plerumque tres oppofitos in caule.*

OLDENLANDIA pedunculis fimpliciffimis, fructibus hifpidis. Linn. fpec. 119.
Oldenlandia calycibus fructuum maximis coloratis. *Fl. virg.* 138.
Alfine aquatica major repens, foliis acuminatis, virginiana. *Pluckn. alm.* 20. *t.* 74. *f.* 5.
Ludwigia flore minutiffimo albo tetrapetalo, ad nodos fafciculatim conferto, alfines foliis: caulibus procumbentibus, radices e geniculis emittentibus: capfula Veronicæ foliacea. *Clayt. n.* 587.

Calyx parvus, dum floret, excrefcit in formam corollæ, coloratus, patentiffimus, latiffimus.

AMMANNIA foliis fubpetiolatis, caule ramofo. Linn. fpec. 120.
Ludwigia aquatica erecta: caule rubente: foliis ad genicula binis longis anguftis, Hyffopi inftar: flore tetrapetalo albo parvo, cito caduco, ad nodos pofito. Pericarpium habet calyce foliofo reconditum, & in tria loculamenta divifum. *Clayt. n.* 774.

OBS. *Dentes calycini octo, alterni minores extrorfum flexi.*

C 3

D I.

DIGYNIA.

APHANES. Linn. hort. cliff. 39.
Percepier anglorum. *Dill. gen.* 96. *giff.* 60. *app.* 94. *t.* 3.
Alchimilla minima montana. *Col. ecphr. p.* 145. *t.* 146.
Chærophyllo nonnihil fimilis. *Baub. pin.* 182.
Scandix minor. *Tabern. ic.* 96.
Percepier anglorum f. Polygonum felinoides. *Clayt. n.* 374.

CUSCUTA floribus pedunculatis. Linn. fpec. 124.
Cufcuta caule aphyllo volubili repente. *Fl. virg.* 18.
Cufcuta inter majorem & minorem media, filamentis longis & fortibus latiffime fuper arbores vel campos fe extendens. *Sloan. jam. p.* 85. *& hiſt.* 1. *p.* 201. *t.* 128. *f.* 4.
Cufcuta aquatica caulibus aureis, fruticibus fe longe implicans. *Clayt. n.* 215. & 794.

HAMAMELIS. Linn. charact. Edit. II. n. 125. Catesb. car. app. t. 3.
Piſtachia virginiana nigra Coryli foliis D. Baniſter. *Pluckn. alm. p.* 298.
Trilopus. *Mitch. n.* 22.
Arbor Coryli folio latiore, capfula ficca biloculari, bifariam per maturitatem dehifcente, nucleum unicum ovato—oblongum nigrum glabrum fplendentem, ad finem macula alba notatum, intus oleofum, fingulis loculamentis continente. Sero autumno floret. *Clayt. n.* 544. *&* 673.
Witch—Hazel. *Cold. noveb.* 18.

Folia alterna petiolata, absque ſtipulis, ovata, incifo—finuata angulis obtufis, Coryli vel Alni foliis fimilia, inferiora obtuſiora, fuperiora acuta. Flores infra folia in racemis digeſti, petiolati, lutei. Petiolis propriis inſident Gemmæ vel Involucra fquamofa triflora, flofculos feſſiles continentia.

TETRAGYNIA.

ILEX foliis ovatis acutis dentatis. Linn. hort. cliff. 40.
Ilex aculeata baccifera, folio finuato. *Baub. pin.* 425.
Agrifolium vulgare. *Clayt.*

ILEX maritima ramofa foliis oblongis non finuatis, glandibus efculentis. Clayt. n. 735.

Arbor non fpinofa floribus parvis monopetalis dilute flavefcentibus, ad oram in quatuor parva obtufa fegmenta partitis, in tenues fafciculos congeſtis: foliis pruni: cortice glabro albicante: baccis rubris tetrapyrenis, fapore fervidis. E longinquo Spinæ albæ formam habere videtur. Folia autumno decidunt. An Caffinoides, vel Aquifolii fpecies. *Clayt. n.* 540. *&* 656.

RUP-

RUPPIA. Linn. hort. cliff. 436.

Bucca ferrea maritima, foliis acutiffimis. *Mich. gen.* 72.

Potamogeton maritimum, gramineis longioribus foliis, fructu fere umbellato. *Raj. fyn.* 3. *p.* 134. *t.* 6. *f.* 1.

Fucus folliculaceus, fœniculi folio longiore. *Baub. pin.* 128.

Alga. Zea—ore. *Mitch. pl. collinf.* n. 22.

POTAMOGETON foliis lanceolatis in petiolos definentibus. Linn. hort. cliff. 40.

Potamogeton aquis immerfum, folio pellucido, lato, oblongo, acuto. *Raj. fyn.* 3. *p.* 148.

Potamogeton fpicatum, foliis latioribus. *Clayt.* n. 830.

POTAMOGETON foliis lanceolato—oblongis, petiolis longis. Clayt. n. 664.

   Eft varietas Potamogeti foliis oblongo—ovatis petiolatis. Linn. hort. cliff. 40.

POTAMOGETON foliis fubrotundis.

Juxta pontem comitatus Hanoveriæ, vulgo Bullocks—brigde. Clayt.

POTAMOGETON foliis longiffimis gramineis. In eodem loco. Clayt.

POTAMOGETON foliis oblongis: caule fupino, arenæ fufo: floribus fpicatis tetrapetalis, fingulis femina quatuor nuda (id eft, absque capfula) fuccedunt. Tota planta ova putrida infigniter olet. In fluminum littoribus arenofis & æftuariis folummodo crefcit, fed rariffime. Amicus nofter D. J. Mitchel hanc in Comitatu Lancaftriæ juxta finum maris Chefapeack dictum primo fpecimina collegit. Ad finem Julii floret. *Clayt.*

SAGINA caule erecto fubnudo, floribus oppofitis.

Saginæ affinis planta minima floribus albis: caule tenui vix fpithamæo quadrato: foliis minimis linearibus acuminatis, ex adverfo binis, paucis, nudis oculis vix confpicuis. Julio & Augufto inter Mufcos ad margines fontium & ad arborum radices in paluftribus invenienda. *Clayt.* n. 649.

SAGINA ramis procumbentibus. Linn. fl. lapp. 157.

Alfinella mufcofo flore repens. *Dill. giff.* 81.

Alfine minima, flore fugaci. *Raj. app.* 501.

Alfine tetrapetala, foliis anguftis in origine latefcentibus. *Hall. helv.* 390.

Alfine pufilla flore albo, anguftis foliis glabris, muricatis, caulibus tenuibus humiftratis. *Clayt.* n. 344.

Claffis

Classis V.

PENTANDRIA

MONOGYNIA.

MYOSOTIS *seminibus aculeatis glochidibus, foliis ovato—oblongis, ramis divaricatis.* Linn. spec. 131.

Myosotis seminibus hispidis, foliis lanceolato—ovatis. *Fl. virg.* 19.

Cynoglossum Virginianum flore minimo albo. *Banist.*

Cynoglossum Virginianum fructu & flore minimo D. Sherard. *Pluckn. alm.* 126.

Cynoglossum Virginianum virenti folio, floribus & seminibus minoribus. *Morif. hist.* 111. *p.* 449. *Raj. suppl.* 267.

Cynoglossum ramosum, flore albo minimo, foliis amplis latis tenuibus, caulibus ramulisque fragilibus, seminibus erecte ad placentam positis. *Clayt.* n. 111.

Folia respectu plantæ maxima. *Pedunculi floriferi tenues.*

LITHOSPERMUM *foliis subovalibus nervosis, corollis acuminatis.* Linn. spec. 133.

Lithospermum corollarum laciniis acuminatis hirsutis, seminibus quaternis. *Fl. virg.* 140.

Lithospermum latifolium Virginianum, flore albido longiore. *Morif. hist.* 111. *p.* 447.

Lithospermum perenne Virginianum latifolium, flore albicante longiore. *Ejusd. t.* 28. *f.* 3.

Lithospermum floribus albicantibus rostratis. *Clayt.* n. 647.

ANCHUSA *floribus sparsis, caule glabro.* Linn. spec. 133.

Anchusa lutea minor, quam Indi Puccoon vocant, se ipsos ea pingentes. *Banist. virg.*

Anchusa minor lutea Virginiana, Puccoon Indigenis dicta, qua se pingunt Americani. *Pluckn. alm.* 30.

Anchusa parva lutea flores quasi umbellatim in summo caule ferens. *Clayt.* n. 304.

Ab hac non differre videtur Lithospermum Virginianum flore luteo duplici ampliori. Morif. hist. 11. *p.* 447. *t.* 28. *f.* 4. *licet nulli in caulibus pili, nec flores multiplicati, quos naturæ luxurianti adscribo.*

CYNOGLOSSUM *foliis amplexicaulibus ovatis.* Linn. spec. 134.

Cynoglossum foliis amplexicaulibus. *Fl. virg.* 19.

Cyno-

Dentariæ facie, planta monopetalos, fructu rotundo monopyreno. *Morif.*
hift. 111. *p.* 599. *t.* 1. *f.* 1.

Singularis aconiti fpecies, foliis tanaceti, ex alpibus tridentinis, cum floribus albicantibus. *Befl. muf.* 7.

Hydrophyllum floribus fpeciofis albis. *Clayt. n.* 294.

OPHIORRHIZA foliis ovatis. Linn. fpec. 150.
Mitreola. *Linn. hort. cliff.* 492.
Mitra. *Houft. mff.*
Rubia fpicata parva alba, foliis femper ex adverfo binis glabris, ocymo fimilibus, fed ad margines æqualibus. *Clayt. n.* 178.

AZALEA foliis ovatis, corollis pilofis, ftaminibus longiffimis. Linn. fpec. 150.
Azalea ramis infra flores nudis. *Fl. virg.* 21.
Azalea fcapo nudo, floribus confertis terminatricibus, ftaminibus declinatis. *Linn. hort. cliff.* 69.
Ciftus virginiana, flore & odore periclymeni. *Pluckn. alm.* 106. *t.* 161.
f. 4. *Catefb. car.* 1. *t.* 57.
Ciftus Ledon flore monopetalo rubente, Caprifolio fimili, odorato, capfula ficca longa angufta, per maturitatem quinquefariam dehifcente. *Clayt.*
n. 52. Pinxterbloem Belgis Noveboracenfibus. Noftratibus Honey-fuckle.
Cold. noveb. 24.

AZALEA foliis margine fcabris, corollis pilofo–glutinofis. Linn. fpec. 151.
Azalea ramis infra flores foliofis. *Fl. virg.* 21. *Cold. noveb.* 24.
Prioris fpecies flore albo glutinofo odoratiori. *Clayt. n.* 32.

AZALEA pufilla floribus albis in corymbos tenues difpofitis: foliis oblongis glabris integris alternis; caule duro non ramofo lignofo. *Clayt. n.* 533.

Ciftus Ledon five Andromeda floribus monopetalis parvis albis tubulofis, fpicatim in fummis ramulis difpofitis, foliis & facie Vitis Idaeæ, capfula minima ficca quinquepartita. *Clayt.*

PHLOX foliis lineari–lanceolatis, caule recto, corymbo terminatrice. Linn.
hort. cliff. 63.
Lychnidea folio Melampyri. *Dill. elth.* 203. *t.* 166. *f.* 202.
Lychnidea afclepiadis folio, floridana, fummo caule floribunda. *Pluckn.*
amalth. 136.
Lychnidea flore rubente, plurimis in fummo caule veluti umbellatim congeftis, foliis Melampyri. Hujus plurimæ funt fpecies, quæ floris colore differunt. *Clayt. n.* 297.

CONVOLVULUS foliis fagittatis utrinque acutis. Linn. hort. cliff. 66. *pedunculis unifloris.* Linn. fl. fuec. 173.
Convolvulus minor arvenfis flore rofeo. *Tourn. inft.* 83.
Convolvulus minor arvenfis. *Baub. pin.* 294.

Smilax

Smilax lævis minor. *Dod. pempt.* 393.

Convolvulus parvus flore carneo, foliis oxalis. In pratis floret Junio. *Clayt.*
. *n.* 265.

*CONVOLVULUS foliis sagittatis postice obtusis, caule repente, pedunculis
unifloris.* Linn. spec. 158.

Convolvulus lactescens foliis sagittatis, radice longa alba perenni. *Clayt.*
n. 66?.

Convolvulus marinus catharticus, foliis acetofæ, flore niveo. *Plum. cat. pl.*
' *amer. p.* I.

Ab initio Maji ad Septembris finem hanc plantam per sarmenta longa radi-
. ces cirratas agentia se propagantem observavi, nec tamen fructificationem ubi sponte crescit (in maritimis) videre licuit: hinc radicem in
horto collocavi, continuo abscindens sarmenta: qua ratione florem pro-
tulit unicum Anno 1741. Julii 30. die, qui plane erat niveus, margine-
que dilute rubente ornatus, cujus

CAL. duplex:

Exterior amplus diphyllus: *foliolis* ovatis concavis, ad margines rubentibus.

Interior pentaphyllus; *foliolis* lanceolatis viridibus, ad corollæ imum
arcte adhærentibus.

COR. *Petalum* campanulato—patens, magnum, plicatum, margine levissime decem crenis incisum.

STAM. *Filamenta* quinque filiformia cylindracea, longitudine Tubi, inter se exacte æqualia. *Antheræ* oblongæ erectæ, unisulcatæ, conniventes.

PIST. *Germen* subrotundum. *Stylus* filiformis, staminibus paule longior,
post Corollæ decessum persistens. *Stigmata* duo subrotunda.

PER. Capsula nondum mihi apparuit. *Clayt. n.* 726.

*CONVOLVULUS foliis cordatis integris pedunculiformibusque, calycibus læ-
vibus.* Linn. spec. 153.

Convolvulus foliis inferioribus cordatis, superioribus trilobis, calycibus pedunculis petiolisque glabris, caule cœrulescente. *Fl. virg.* 141.

Convolvulus flore maximo albo, tubo intus purpureo, foliis panduræfor-
mibus & nonnullis cordatis. Junio floret & locis arenosis præcipue gaudet. An Mechoacan *Marcgr. p.* 41.? Jeburu prima *Pison. Ed.* 1658.
p. 253. *Clayt. n.* 641.

CONVOLVULUS foliis cordatis angulato—nervosis, caule repente tuberifero.
Linn. spec. 154.

Convolvulus foliis cordatis angulatis, radice tuberosa. *Linn. bort. cliff.* 67.
Varietas flore & radice albis. Bermudas potatos. *Catesb. car.* 11. t. 60.

Convolvulus indicus orientalis Inhame s. Batatas. *Morif. bist.* 11. *p.* 11.
t. 3. f. 4.

Con-

Convolvulus indicus vulgo Patates dictus. *Raj. hist.* 728.

Batatas. *Bauh. pin.* 91.

Kappa kelengu. *Rheed. mal.* 7. *p.* 95. *t.* 50.

Convolvulus fativus, radice tuberofa, efculenta, alba, Anglis Bermudas-Potatos dicta. *Clayt. n.* 670.

CONVOLVULUS foliis cordatis pubefcentibus, caule recto, pedunculis unifloris. Linn. fpec. 158.

Convolvulus fpithamæus taule recto, foliis fubrotundis. *Fl. virg.* 141.

Convolvulus virginianus leviter hirfutis & oblongis foliis, flore maximo albicante. *Pluckn. mant.* 54.

Convolvulus vernus albus monanthos humilis, foliis fubrotundis hirfutis, in planta paucis: flore pro plantæ modo maximo. *Clayt. n.* 553.

CONVOLVULUS foliis cordatis, radice capitata.

Convolvulus megalorhizos, flore amplo lacteo, fundo purpureo. *Dill. elth.* 101. *t.* 85. *f.* 99.

Convolvulus folio cordiformi, flore candido ad imum, intus purpureo. *Clayt. n.* 211.

CONVOLVULUS calycibus tuberculatis pilofis. Linn. vir. 18.

Convolvulus annuus foliis cordatis rarius trilobis, calyce tuberculato pilofo. *Linn. hort. cliff.* 867.

Convolvulus flore pulchro cœruleo, foliis in finus angulosque divifis. *Clayt. n.* 504.

POLEMONIUM foliis inferioribus haftatis, fuperioribus lanceolatis.

Polemonium arvenfe floribus dilute coeruleis: foliis fupremis integris oblongo—ovatis, reliquis auriculatis. *Clayt. n.* 556.

Facies Veronicæ Teucrii folio. Calyx pentaphyllus. Corolla monopetala quinquefida. Stamina quinque. Stylus fimplex femibifidus.

POLEMONIUM calycibus corollæ tubo longioribus. Linn. fpec. 162.

Polemonium. *Linn. fl. lapp.* 86.

Polemonium vulgare cœruleum. *Tourn. inft.* 252.

Valeriana cœrulea. *Bauh. pin.* 164.

Valeriana græca. *Dod. pempt.* 352.

Valeriana græca quorundam, colore cœruleo & albo. *Bauh. hift.* 111. *p.* 212.

Vulneraria alata blattariæ flore cœruleo. *Morif. hift.* 111. *p.* 605.

Polemonium foliis pinnatis, radicibus reptatricibus. *Clayt. n.* 249.

CAMPANULA caule fimplici, foliis cordatis dentatis amplexicaulibus, floribus feffilibus. Linn. hort. upf. 40.

Campanula caule fimpliciffimo, foliis amplexicaulibus. *Linn. hort. cliff.* 65. *Cold. noveb.* 23.

D 3

Spe-

Speculum veneris perfoliatum f. Viola pentagonia perfoliata. *Raj. hift.* 743.

Campanula pentagonia perfoliata. *Mor. hift. p. 457. t. 2. f. 23.*

Campanula five fpeculum Veneris, flore purpureo ex alis foliorum egres-
fo, foliis fubrotundis parvis alternis crenatis auritis. *Clayt. n. 20.*

SAMOLUS Valerandi. Bauh. hift. 111. p. 791.

Anagallis aquatica rotundo folio non crenato. *Bauh. pin.* 252.

Anagallis aquatica, foliis rotundis beccabungæ. *Morif. hift.* 11. p. 323.
t. 24. f. 8.

Glaux exigua maritima, vel Samolus flore albo, folio Cochleariæ alterno,
vafculo conico unicapfulari. *Clayt. n.* 314.

*LONICERA fpicis nudis verticillatis terminalibus, foliis fummis connato-per-
foliatis.* Linn. fpec. 173.

Lonicera floribus capitatis terminatricibus, foliis fuperioribus connatis, inferioribus petiolatis. *Linn. hort. cliff.* 58.

Periclymenum virginianum. *Rupp. jen.* 203.

Periclymenum perfoliatum virginianum femper virens & florens. *Herm.
lugdb. 484. t. 485.*

Caçapililol xochitl. *Hern. mex.* 120.

Periclymenum femper virens, floribus fpeciofis coccineis. *Clayt. n.* 705.

*LONICERA fpicis terminalibus, foliis ovato—oblongis acuminatis diftinctis
feffilibus.* Fl. virg. 142.

Periclymeni virginiani flore coccineo planta marilandica fpicata erecta,
foliis conjugatis D. Sherard. *Raj. fuppl. p. 32. Catefb. carol.* 11. t. 78.
*Calyx minimus quinquefidus erectus, laciniis fubulato—lanceolatis perfiftens.
Petalum unicum longum infundibuliforme, laciniis limbi lanceolatis acutis.
Stamina quinque è fauce enata fubulata, petalo breviora. Piftillum unicum
petalo longius, ftigmate fimplici, germine fubrotundo.*

LONICERA capitulis lateralibus pedunculatis, foliis petiolatis. Linn.
fpec. 175.

Lonicera floribus capitatis, pedunculatis ex alis, foliis petiolatis. *Linn.
hort. cliff.* 58.

Symphoricarpos foliis alatis. *Dill. elth.* 371. t. 278. f. 360.

Periclymenum rectum androfæmi foliis virginianum. *Pluckn. alm.* 287.

Vitis idæa caroliniana, foliis fubrotundis hirfutis ex adverfo nafcentibus,
floribus minimis herbaceis, fructu parvo rubello. *Hort. angl.* 85. t. 20.

Vitis Idæa floribus parvis albis, ad genicula denfe agminatim ftipatis, pendulis, vix confpicuis, foliis parvis fubrotundis adverfis, viminibus rigidis rugofis, baccis parvis atro—rubentibus, haud humidis, dipyre-
nis. Radicis pulvis dofi mediocri exhibitus adverfus omnes febres in-
termittentes tutum certum & minime fallax remedium. *Clayt. n.* 201.
& 281.

TRIO-

TRIOSTEUM floribus verticillatis fessilibus. Linn. spec. 176.

Lonicera floribus verticillatis sessilibus, foliis ovato—lanceolatis coalitis, fructu trispermo. *Linn. hort. cliff.* 57.

Triosteospermum latiore folio, flore rutilo. *Dill. elth.* 394. *t.* 293. *f.* 378·

Periclymenum herbaceum rectum virginianum. *Pluckn. alm.* 287. *t.* 104. *f.* 2.

Triosteospermum perfoliatum, floribus rubentibus quinque verticillatim ad nodos positis, baccis per maturitatem luteis insidentibus, caule concavo hirfuto, foliis oblongis venosis mollibus, radice alba longa amara. Fever—root & Cinque. *Clayt. n.* 84. In pensilvania dicitur Gentian ab incolis. *Cold. noveb.* 244.

TRIOSTEUM floribus oppositis pedunculatis. Linn. spec. 176.

Lonicera humilis hirsuta: caule obsolete rubente, quadrato: foliis lanceolatis adversis: flore luteo ad alas unico. *Clayt. n.* 626.

Periclymeno affinis planta virginiana, floribus ochroleucis, fuctu periclymeni vulgaris. *Morif. hift.* 111. *p.* 535. *tab.* 1. *Confer. Dill. elth. p.* 395.

VERBASCUM foliis utrinque tomentosis decurrentibus. Linn. vir. 13. & Fl. suec. 186.

Verbascum caule simplici, superne floribus sessilibus clavato: foliis utrinque lanigeris. *Linn. hort. cliff.* 55.

Verbascum mas latifolium luteum. *Bauh. pin.* 239. *Cold. noveb.* 31.

Verbascum luteum latifolium. *Clayt. n.* 791.

VERBASCUM annuum foliis oblongis finuatis obtusis glabris. Linn. hort. cliff. 55.

Verbascum maximum floribus speciosis flavis, filamentis tenuibus purpureis, intus dense congestis, folio glabro viridi—fusco, acuminato crenato. *Clayt.*

VERBASCUM foliis incanis maximum odoratum meridionalium, floribus luteis & albis arcte cauli adhærentibus, & foliis multis angustis inter flores emanantibus. Morif. hift. 11. p. 485.

Verbascum fœtidum floribus albis, purpureis lineis notatis: folio glabro viridi, varie & profunde inciso. *Clayt.*

BLATTARIA floribus plurimis albis, foliis odoratis villosis. Clayt.

DATURA pericarpiis erectis ovatis. Linn. hort. cliff. 55.

Stramonia seu Datura major fœtida, pomo spinoso oblongo. *Herm. lugdb.* 583.

Stramonia altera major, sive Tatura quibusdam. *Bauh. hift.* 111. p. 624.

Stramonium fructu spinoso oblongo, flore albo. *Tourn. inst.* 119.

Solanum fœtidum, pomo spinoso oblongo, flore albo. *Bauh. pin.* 168.

Solanum pomo spinoso oblongo, flore calathoide, stramonium vulgo dictum. *Ray. syn.* 266.

Stra-

Stramonium flore albo. Tota planta narcotica eſt, extrinſecus refrigerat, valetque in ambuſtis. *Clayt.*

STRAMONIUM flore cœruleo. præcedentis varietas. Clayt.

PHYSALIS foliis cordatis integerrimis obtuſis ſcabris, corollis glabris. Linn. ſpec. 183.
Phyſalis radice perenni, foliis cordatis obtuſis. *Linn. bort. cliff.* 496.
Alkekengi bonarienſe repens, bacca turbinata viſcoſa. *Dill. eltb. p.* 11. *t.* 10. *f.* 10.
Alkekengi fructu luteo dulci in racemis pendulis ſparſo, pediculo longo inſidente, flore flaveſcente. Fructus diureticus inſignis. *Clayt. n.* 128.

PHYSALIS foliis ovatis amplis mollibus acute ſinuatis, nonnihil viſcoſis, odoratis. Clayt. n. 787.
Alkekengi Barbadenſe nanum, alliariæ folio. *Dill. eltb. p.* 10. *t.* 9. *f.* 9.

SOLANUM caule inermi annuo, foliis ovatis angulatis. Linn. hort. cliff. 60.
Solanum caule inermi herbaceo, foliis ovatis angulatis. *Linn. fl. ſuec.* 188.
Solanum officinarum. *Baub. pin.* 166. acinis nigricantibus. *Tourn. inſt.* 148.
Solanum hortenſe. *Dod. pempt.* 454.
Solanum floribus albis parvis, foliis atro—virentibus, baccis nigris racematim diſpoſitis. Folia extrinſecus refrigerant. *Clayt. n.* 430.

SOLANUM caule aculeato fruticoſo, foliis lanceolatis anguloſo—dentatis. Linn hort. cliff. 61.
Solanum Bahamenſe ſpinoſum, petalis anguſtis reflexis. *Dill eltb. p.* 263. *t.* 271. *f.* 250.
Solanum ſpiniferum fruteſcens, ſpinis igneis americanum. *Pluckn. alm.* 350. *t.* 225. *f.* 5.
Solanum ſpinoſum flore cœruleo. Ad ripam fluminis in Comit. Annæ ſolo fertili arenoſo Maji initio florum gemmas in ſummitate oſtendentem inveni. *Clayt. n.* 862.

CHIRONIA floribus duodecimfidis. Linn. ſpec. 190.
Gentiana floribus duodecim petalis, foliis diſtinctis. *Fl. virg.* 27.
Centaurium minus floribus carneis in undecim vel duodecim ſegmenta diviſis. *Clayt. n.* 120. & 931.

CEANOTHUS foliis trinerviis. Linn. ſpec. 195. & act. upſ. an. 1741. & 1743. num. 32. Colden. noveb.
Celaſtrus inermis, foliis ovatis ſerratis trinerviis, racemis ex ſummis alis longiſſimis. *Linn. hort. cliff.* 73.
Euonymus jujubinis foliis carolinienſis, fructu parvo umbellato. *Pluckn. alm.* 139. *t.* 28. *f.* 6.

Luo-

Euonymus noví Belgii, corni fœminæ foliis. *Comm. hort. amſt. part.* 1. p. 167. *t.* 86. *Raj. dendr.* 69.

Euonymoides carolinienſis, ziziphi foliis. *Iſnard. act.* 1716. *p.* 369.

Frutex ad altitudinem trium vel quatuor pedum aſſurgens, floribus albis minimis pentapetalis ſpicatim diſpoſitis, haud odoratis: foliis ulmi, viminibus lentis: capſula ſicca biloba rutacea, ſemen unicum in unoquoque loculamento continenti: radice magna craſſa exterius rubente. *Clayt. n.* 69. & 311. Red—rod for dying. It is very adſtingent. *Mitch. pl. collinſ. n.* 115.

CELASTRUS *inermis caule volubili.* Linn. ſpec. 196.

Euonymoides canadenſis ſcandens, foliis ſerratis. *Iſnard. act.* 1716. *p.* 369. *t.* 7.

Frutex viminibus lentis infirmis, foliis profunde ſerratis, ſubtus albeſcentibus. an Simiruba. *Clayt. n.* 809.

Frutex anonymus foliis dilute virentibus alternis petiolatis, lanceolato—oblongis: floribus albis e geniculis foliorum ſpicatim egreſſis. Sylvis ſaxoſis occidentalibus copioſe creſcit. Maji initio florum gemmas erumpentes vidit *Clayt. n.* 877.

Calix *quinquepartitus:* Corolla *quinque petalis.* Stamina *filamenta quinque piloſa.* Piſtillum *ſtylus unicus. Faciem gerit Celaſtri prioris: ſed folia anguſtiora, vix manifeſta ſerrata. Spicæ anguſtæ ex alis.*

EUONYMUS *floribus omnibus quinquefidis.* Linn. ſpec. 197.

Euonymus foliis lato—lanceolatis ſerratis. *Linn. hort. upſ.* 30.

Euonymus foliis lanceolatis. *Fl. virg.* 17.

Euonymus virginianus Pyracanthæ foliis, capſula verrucarum inſtar exaſperata rubente. *Pluckn. alm.* 139. *t.* 115. *f.* 5.

Euonymus Pyracanthæ foliis, capſulis coccineis eleganter bullatis. *Clayt. n.* 75.

Pedunculi *communiter biflori, minusque ſubdiviſi. Flores pentapetali. Folia ſuperiora anguſtiora, infima latiora magisque ovata, præcipue cum primum erumpunt.*

EUONYMUS *foliis lanceolato—oblongis ſerratis petiolatis, capſula quadriloculari.*

Euonymus latifolius racemoſus fructu pentagono atro purpureo. *Plum. cat.* 18. *Clayt. n.* 810.

EUONYMUS *foliis lanceolato—oblongis ſerratis petiolatis, capſula quadriloculari, loculamentis ſingulis compreſſis acuminatis extentibus* ad modum Fraxinellæ capſularum, a D. Mitchel repertus. *Clayt. n.* 812.

E   ITEA.

ITEA.

Diconangia. *Mitch. gen.* 5. *Linn. spec.* 199. *Ludw defin.* 682.

Frutex palustris Vaccinii foliis, humilis: floribus obsolete albis inodoris spicatis. Clethræ faciem habet. *Clayt. n.* 480. & 556.

Est arbor spicis secundis: foliis alternis subtilissime serratis, lanceolato-ovatis, petiolatis, annuis. Characterem hujus dedi in Linn. Gener. Edit. II. n. 198.

GALAX. Linn. spec. 200.

Viticella. *Mitch. gen.* 24.

Anonymos f. Belvedere. *Clayt. n.* 4. *Fl. virg.* 25.

RIBES ramis aculeatis, petiolorum ciliis pilosis, baccis hirsutis. Linn. spec. 201.

Ribes ramis aculeatis, racemis erectis, baccis hirsutis. *Linn. hort. cliff.* 82.

Ribes ramis aculeatis erectis, fructu hispido. *Linn. vir.* 21.

Grossularia fructu hispido maximo margaritarum fere colore. *Raj. hist.* 1484.

Grossularia montana saxatilis, fructu hispido, pedunculis longis pendulis racematim adhærente. *Clayt. n.* 938.

HEDERA foliis quinatis ovatis serratis. Linn. hort. cliff. 74.

Vitis hederacea indica. *Stapel. theophr.* 361.

Edera quinquefolia, canadensis. *Corn. canad.* 99. t. 100.

Helix. *Mitch. gen.* 30.

Vitis vel potius Hedera quinquefolia scandens. The virginian quinquefoliated Ivy. *Clayt. n.* 116.

HEDERA foliis integris, ovato-cordatis, alternis, petiolatis, glabris splendentibus, saturate viridibus, superne nonnihil concavis: A. D. Mitchel primum in deserto dumoso paludoso (anglice Dragon Swamp dicto) reperta & nunc horti ejus alumna tenella. *Clayt.*

VITIS foliis cordatis subtrilobis dentatis subtus tomentosis. Linn. spec. 203.

Vitis sylvestris virginiana. *Bauh. pin.* 299.

Vitis vulpina dicta virginiana alba. *Pluckn. alm.* 392.

Vitis vinifera sylvestris americana, foliis aversa parte densa lanugine tectis. *Pluckn. phyt.* 249.

Vitis fructu minore rubro acerbo, folio subrotundo, minus laciniato, subtus alba lanugine tecto. *Sloan. hist.* II. p. 104. t. 210. f. 4.

Vitis vulpina dicta, acinis peramplis purpureis in racemo paucis, sapore foetido & ingrato praeditis, cute crassa carnosa. *Clayt. n.* 696.

VITIS foliis cordatis dentato-serratis utrinque nudis. Linn. spec. 203.

Vitis vulpina dicta, virginiana nigra. *Pluckn. alm.* 392.

Vitis aceris folio. *Raj. dendr.* 68.

Vitis vulpina serotina, foliis parvis triangulatis, ad margines serratis. *Clayt. n.* 702.

VITIS

VITIS foliis supra-decompositis; foliolis lateralibus pinnatis. Linn. spec. 203.

Vitis caroliniana, foliis apii, uva corymbosa purpurascente. *Act. bonon.* 2. part. 2. p. 365. t. 24.

Frutex scandens petroselini foliis virginianus, claviculis donatus. *Pluckn. mant.* 85. t. 412.

Pepper. *Mill. cat.*

Frutex virginianus scandens petroselini foliis. E. rupium fissuris ad ripam fluminis in Comit. Annæ, ubi montes transit, maji initio crescentem inveni. *Clayt. n.* 861.

CLAYTONIA foliis linearibus. Linn. spec. 204.

Claytonia. *Fl. virg.* 25.

Ornithogalo affinis virginiana, flore purpureo pentapetaloide. *Pluckn. alm.* 272. t. 102. f. 3.

Anonymos caule infirmo supino, foliis longis angustis succulentis: floribus speciosis albis, rubris lineis intus notatis, spicatim quasi dispositis: calyce monophyllo in duas partes secto, vasculo membranaceo unicapsulari. Decidentibus floribus Caulis & Capsula se sub terra recondunt. Monocotyledonum instar protrudit unicum foliolum. Vere floret. *Clayt. n.* 251.

Radix *tuberosa, externe obscurioris coloris.*

Caulis *semipalmaris tener, superne crassior, terminatus racemo brevi laxo patente, floribus sex, octo, vel decem onusto, quorum singulus proprio & indiviso insidet pedunculo.*

Folia *communiter duo linearia, utrinque acuminata, tres digitos longa, glabra, carnosa, quorum unum ad radicem caulis, alterum verò ad exortum racemi positum est.*

CELOSIA foliis lanceolato-ovatis, panicula diffusa filiformi.

Amaranthus panicula flavicante gracili holoserica. *Sloan. jam.* 49. & *hist.* 1. p. 142. t. 90.

Amaranthus nodosus pubescentibus foliis basi parvis, americanus multiplici speciosa spica laxa s. panicula sparsa candicante. *Pluckn. alm.* 26. t. 261. f. 1.

Celosia maritima coma alba lucida. *Clayt. n.* 576.

Anonymos Suffrutex foliis Salicis alternis, flore coeruleo, e tubo longo angusto in quatuor (an non quinque) lacinias acutas expanso. Nerii species. Clayt. n. 306.

Usque dum *Characterem ex vivis conscripseris plantis, Neriis attribui potest.*

CAL. *omnium minimus, quinquedentatus.*

COR. *hypocrateriformis, limbo quinquepartito, laciniis linearibus.*

STAM. Filamenta *quinque, brevissima, in fauce tubi corollæ.* Antheræ *simplices.*

PIST. Germen *ovatum.* Stylus *simplex.* Stigma *capitatum.*

PER. . . .

SEM. . . .

Folia alterna, ovato-lanceolata, integra, quibus differt ab altera fpecie, quæ datur in Phytophylacio Collinfoniano, cui Folia funt oppofita, margine ferrata.

DIGYNIA.

PERIPLOCA *late-fcandens :* floribus viridibus in centro cupreo-fufcis : foliis ovato-cordatis, mollibus: filiquis maximis glabris quinquefulcatis. An Cynanchum caule volubili perenni, inferne fuberofo-fiffo: foliis ovato-cordatis. *Linn. hort. cliff.* 79 ? In maritimis Julio floret. *Clayt. n.* 637.

CYNANCHUM *caule volubili perenni, inferne fuberofo fiffo, foliis cordatis acuminatis.* Linn. hort. cliff. 79.
Periploca carolinenfis, flore minore ftellato. *Dill. elth.* 308. *t.* 229. *f.* 296.
Apocynum fcandens fruticofum, fungofo cortice, brafilianum. *Herm. par.* 53.
Periploca late fcandens, flore ferrugineo, foliis cordiformibus, capfulis echinatis, fingulis floribus fingulis feminibus lanugine argentea alatis. Varietas datur Capfulis glabris. *Clayt. n.* 1. & 283.

APOCYNUM *caule teretiusculo herbaceo, foliis oblongis, cymis lateralibus.* Linn. fpec. 213.
Apocynum foliis ovatis acutis fubtus tomentofis. *Fl. virg.* 28.
Apocynum canadenfe ramofum, flore è viridi albicante, filiqua tenuiffima. *Morif. hift.* 111. *p.* 609. *t.* 3. *f.* 14.
Apocynum virginianum flore herbaceo, filiqua longiffima. *Morif. præl.* 232.
Apocynum canadenfe maximum, flore minimo herbaceo. *Pluckn. alm.* 35. *t.* 13. *f.* 1.
Apocynum erectum virginianum ramofum, caule fubrubente, efulæ rara foliis, filiquis tenuiffimis. *Pluckn. alm.* 35. *t.* 260. *f.* 2.
Afclepias erecta ramofa, caule rubente, cortice cannabino, floribus parvis obtufæ albicantibus, foliis oblongis, acuminatis, filiquis binis. *Clayt. n.* 438. Noftratibus Indian Hemp. *Cold. noveb.* 45.
Umbellae in hac fpecie, non ut in reliquis, regulares funt, fed varie fubdivifae. Corollâ planâ cum aliis fui generis convenit. Hujusque varietates funt, quas Plucknetius tab. 260. fig. 3. & 4. proponit.

APOCYNUM *foliis utrinque acuminatis, caule fruticofo.*
Apocynum fcandens floribus pufillis albicantibus: foliis lanceolatis, oppofitis, fubtus pallidioribus: filiquis cylindraceis acuminatis geminis tenuiffimis. Locis paludofis dumofis, fed rarius, invenitur. *Clayt. n.* 802.
Flores monopetali, fed magis infundibuliformes quam in congeneribus.

ASCLE-

ASCLEPIAS foliis ovalibus subtus tomentosis, caule simpliciſſimo, umbellis nutantibus. Linn. ſpec. 214.

Aſclepias caule erecto ſimplici annuo, foliis ovato—oblongis ſubtus incanis, umbella nutante. *Linn. bort. cliff.* 78.

Apocynum majus ſyriacum rectum. *Corn. can.* 38.

Periploca aquatica erecta, foliis ſalicis, flore carneo in umbellam coacer-
vato; ſiliquis magnis tumidis hirſutis. Cortice hujus plantæ monticolæ
tapiſtra ſetasque texunt. *Clayt. n.* 222.

ASCLEPIAS foliis lanceolatis glabris, caule ſimplici, umbellis erectis latera-
libus ſolitariis. Linn. ſpec. 215.

Aſclepias caule erecto ſimplici, foliis lanceolato—ovatis glabris, pedunculis
alternis, umbellis erectis. *Fl. virg.* 27.

Apocynum perſicariæ mitis folio, corniculis lacteis. *Dill. elth.* 32. *t.* 29.
f. 32.

Apocynum americanum foliis amygdali longioribus. *Plum. ſpec.* 2.

Apocynum erectum non ramoſum, folio ſubrotundo, umbellis florum ſpecioſis albis. *Clayt. n.* 65.

ASCLEPIAS foliis villoſis, caule decumbente. Linn. ſpec. 216.

Aſclepias hirſuta foliis ovatis obtuſis ſubſeſſilibus, caule decumbente. *Fl.*
virg. 27.

Apocynum carolinianum aurantiacum piloſum. *Petiv. ſicc.* 90.

Apocynum flore ſaturate aureo, in umbellas diſpoſito, foliis hirſutis, caulibus ſupinis ligneis rotundis hirſutis, foliis plurimis veſtitis. *Clayt. n.* 83.

ASCLEPIAS foliis revolutis linearibus verticillatis, caule erecto. Linn. ſpec. 217.

Aſclepias foliis verticillatis linearibus ſetaceis. *Fl. virg.* 26.

Apocynum marianum erectum linariæ anguſtiſſimis foliis umbellatum.
Pluckn. amalth. 17.

Apocynum marianum foliis anguſtiſſimis ſtellatis. *Petiv. muſ.* 609.

Apocynum erectum non ramoſum, foliis rorismarini, floribus albis in umbellas diſpoſitis, ſiliquis binis ſingulis floribus ſuccedentibus. *Clayt. n.* 216.

ASCLEPIAS foliis alternis ovatis, umbellis ex eodem pedunculo communi pluri-
bus. Linn. ſpec. 217.

Aſclepias caule erecto annuo, follis ovatis acuminatis alternis, pluribus in
pedunculo umbellis. *Fl. virg.* 27.

Apocynum erectum non ramoſum, folio ſubrotundo, umbellis florum rubris. *Clayt. n.* 263.

ASCLEPIAS erecta, non ramoſa, foliis oblongis glabris acuminatis: floribus
amœne purpureis, corniculis & laminis erectis. Junio floret. Siliquas
rariſſime profert. *Clayt. n.* 636.

E 3 *ASCLE:*

ASCLEPIAS paluſtris erecta non ramoſa: foliis oblongis glabris in acumen productis: floribus obſolete purpureis. In ſolo lutoſo & humido ad rivulorum ripas inter Rubos, Alnos, Smilaces & Gramina Julio floret. *Clayt. n.* 611.

ASCLEPIAS caule erecto ſimplici maculato, foliis lanceolato—oblongis glabris, ſubtus pallidis, umbella compoſita nutante.

Apocynum erectum canadenſe latifolium. *Herm. parad.* 34. *Boerb. ind, alt.* 1. *p.* 313.

Apocynum petalis reflexis obſolete corniculis ſurrectis dilute purpureis, flore ódorato: florum umbellis ex ſingulis alis ſingulis, alternatim verſus caulis ſummitatem ſitis, petiolis longis infirmis, nonnihil reclinatis:• foliis amplis lanceolato—oblongis glabris, ſubtus pallidioribus, nervo medio rubente diſtinctis: caule rotundo inferne, digitum minorem craſſo, ſesquicubitali, purpureis maculis hinc inde notato: radice perenni reptatrice. Tota planta lacte inſigniter ſcatet. An Apocynum vetus americanum Wiſank Gerardo dictum, ſeu Apocynum virginianum Munting. phyt. t. 105. *Clayt. n.* 906. *&* 937.

Huc forte ſpectat Apocynum virginianum erectum caulibus & foliorum nervis purpureis *Herm. prodr. add.*

ASCLEPIAS caule erecto ramoſo foliis lanceolatis integerrimis oppoſitis, umbella erecta terminatrice.

Apocynum petræum ramoſum, ſalicis folio venoſo, ſiliqua medio tumente, virginianum. *Pluckn. aln.* 36. *t.* 241. *f.* 2.

Apocynum montanum erectum, flore pallide rubente, ſalicis foliis ex adverſo binis. An Apocynum petræum ramoſum ſalicis folio, Baniſt. cat. *Clayt. n.* 950.

Kali ſpinoſum, foliis brevioribus, caulibus rubris. Clayt.

SALSOLA herbacea, foliis ſubulatis mucronatis, calycibus ovatis axillaribus. Linn. ſpec. 222.

Salſola foliis pungentibus. *Linn. bort. cliff.* 86.

Kali ſpinoſum cochleatum. *Baub. pin.* 289.

Kali ſpinoſum, foliis longioribus & anguſtioribus. *Tourn. inſt.* 247.

Kali adfinis ſpinoſa planta. *Moriſ. biſt.* 11. *p.* 611. *t.* 33. *f.* 11.

Kali fructum ad nodos aculeatum, ſemen unicum in ſpiram convolutum continentem ferens. *Clayt. n.* 432.

CHENOPODIUM foliis triangulari—ſagittatis, margine integerrimis. Linn. hort. cliff. 84.

Chenopodium folio triangulo. *Tourn. inſt.* 506.

Blitum perenne Bonus Henricus dictum. *Moriſ. biſt.* 11. *p.* 599. *t.* 30. *f.* 1.

Bonus Henricus. *Trag.* 317.

Lapathum unctuoſum, folio triangulo. *Baub. pin.* 115.

Tota

Tota bona. *Dod. pempt.* 651.

Mercurialis anglicus, five Bonus Henricus. *Clayt.*

CHENOPODIUM foliis rhomboideo—triangulis erofis poftice integris fummis oblongis, racemis erectis. Linn. fl. fuec. 212.

Chenopodium foliis inferioribus ovatis acutis antrorfum dentatis, fummis lineari—lanceolatis. *Linn. hort. cliff.* 85.

Chenopodium folio finuato candicante. *Tourn. inft.* 506.

Atriplex fylveftris, folio finuato candicante. *Baub. pin.* 119.

Atriplex fylveftris. *Baub. hift.* 11. *p.* 972.

Chenopodium foliis anguftis dilute viridibus. *Clayt.*

CHENOPODIUM caule rubente ftriato, foliis amplis triangularibus ferratis, pediculis longis infidentibus, humore pingui quafi tectis. *Clayt.*

CHENOPODIUM fœtidum polyfpermum, foliis flavefcentibus laciniatis. Clayt.

CHENOPODIUM efculentum foliis triangularibus profunde crenatis, fuperne pulverulentis, nondum expanfis dilute purpureis. *Clayt.*

Botrys præalta frutefcens, foliis longis laciniatis. Semina lumbricos e corporibus infantum expellunt. *Clayt.*

ULMUS foliis æqualiter ferratis, bafi inæqualibus. Linn. fpec. 226.

Ulmus fructu membranaceo, foliis fimpliciffime ferratis. *Fl. virg.* 145.

Ulmus altitudinis & craffitiei minoris, foliis latioribus rugofis. *Clayt. n.* 524.

Folia erumpentia longitudinem transverfi digiti vix gerunt. Fructus tenelli ad alas hærent. Ad petiolorum exortum Stipulæ lineares pallidæ, digitum transverfum fere longæ, deciduæ.

Ab Ulmo vulgari differt fequentibus notis, alioquin fimillima arbor.

1. Folia in hac fpecie fimpliciter ferrata, in vulgari dupliciter aut inordinate ferrata.

2. Fructus in Europæa glabri, & apice bifidi, in Virginica margine undique pubefcentes, & divifi usque ad Germen, fpatium formantes inter has lacinias, apicibus conniventibus.

3. Piftillum in divifura Germinis confpicitur in Europæa, in Americana vero nequaquam, fed apex laciniarum videtur ftigma gerere.

ULMUS procerior foliis anguftioribus, trunco per intervalla viminibus denfe congeftis infra ramos obfito. *Clayt. add.*

HEUCHERA. Linn. hort. cliff. 82.

Mitella Americana, flore fqualide purpureo villofo. *Boerb. ind. alt.* 1. *p.* 208. *Clayt. n.* 301. & 424.

Cortufa americana flore fqualide purpureo. *Herm. parad.* 131.

Cortufa americana floribus herbidis. *Herm. parad.* 131.

Sani-

Sanicula f. Cortufa americana fpicata, floribus fqualide purpureis. *Plukn. alm.* 332. *t.* 58. *f.* 3.

Primula veris montana laciniata americana, flore fqualide purpureo. *Herm. lugdb.* 506.

SWERTIA corollis quinquefidis, terminali fexfida, pedunculis longiffimis, foliis linearibus. Linn. fpec. 226.

Gentiana foliis linearibus acuminatis, pedunculis longiffimis nudis unifloris oppofitis. *Fl. virg.* 30.

Centaurium minus virginianum caule quadrato D. Banifter. *Pluckn. alm.* 93.

Centaurium minus floribus pulcherrimis albis. *Clayt.*

OBS. *Corolla rotata eft, laciniis lanceolatis quinque in floribus lateralibus, fex interdum in flore caulem terminante: Faux corollæ nuda.*

Utilis eft in febribus, ictero, menfibus fuppreffis, fcorbuto, arthritide & fpecifice in morfu canis rabidi. *Clayt. n.* 171.

GENTIANA corollis quinquefidis campanulatis ventricofis verticillatis, foliis trinerviis. Linn. fpec. 228.

Gentiana floribus ventricofis, campanulatis erectis quinquefidis, foliis ovato—lanceolatis. *Fl. virg.* 29.

Gentiana virginiana faponariæ folio, flore cœruleo longiore. *Morif. bift.* 111. p. 484. *t.* 5. *f.* 12. *Catefb. car.* 1. *t.* 70.

Gentiana autumnalis floribus faturate cœruleis, foliis rigidis. *Clayt. n.* 10.

GENTIANA corollis quinquefidis campanulatis ventricofis, foliis villofis. Linn. fpec. 228.

Gentiana floribus ventricofis campanulatis erectis, quinquefidis: foliis oblongis acuminatis, leviter villofis. *Fl. virg.* 145.

Gentiana autumnalis humilior, flore extra lutefcente candido, intus variis lineis notato: foliis oblongis acuminatis, nonnihil villofis. *Clayt. n.* 605.

GENTIANA foliis lineari—lanceolatis, caule dichotomo, corollis infundibuliformibus quinquefidis Linn. hort. cliff. 81.

Centaurium minus. *Baub. pin.* 278.

Centaurium minus flore albo pufillo. *Clayt. n.* 519.

Eadem flore luteo. *Clayt. n.* 914.

ERYNGIUM foliis gladiatis ferrato—fpinofis, floralibus multifidis. Linn. fpec. 232.

Eryngium foliis gladiolatis, utrinque laxe ferratis denticulis fubulatis. *Linn. hort. cliff.* 88.

Eryngium campeftre yuccae foliis, fpinis tenellis hinc inde marginibus appofitis. *Banift. virg.*

Eryngium americanum, yuccae folio, fpinis ad oras molliufculis. *Pluckn. alm.* 13. *t.* 175. *f.* 4.

Eryn-

Eryngium virginianum, yuccæ foliis, spinulis raris tenellis & inæqualibus marginibus appositis. *Morif. hist.* III. *p.* 167.

Eryngium campestre Yuccae foliis. an Contrayervæ species? Ad morsus Serpentis Caudisoni & aliorum venenatorum optimum censetur remedium. In febribus idem præstat quod Contrayerva. In australi Virginiæ parte frequenter occurrit. *Clayt. n.* 282.

ERYNGIUM foliis gladiatis serrato—spinosis, *floralibus indivisis.* Linn. spec. 232.

Eryngium foliis gladiolatis, utrinque laxe serratis, summis tantum dentibus subulatis. *Fl. virg.* 146.

Eryngium aquaticum floribus albis. *Clayt. n.* 500.

Folia suprema serraturis gaudent subulatis: inferiora verò magis subulata sunt, & in petiolum definentia, serrata itidem sed nutica.

Hujus varietas est Eryngium lacustre virginianum floribus ex albido cœruleis, caule & foliis Ranunculi flammei minoris D. Banister. Pluckn. alm. 136. cui folia sunt lanceolato—linearia utrinque subulata, sessilia, floresque pedunculati.

ERYNGIUM minus aquaticum, foliis linearibus, floribus pallidè cœruleis. Clayt.

HYDROCOTYLE foliis peltatis, umbellis quinquefloris. Linn. spec. 234.

Hydrocotyle foliis peltatis orbiculatis undique emarginatis. *Linn. hort. cliff.* 88.

Hydrocotyle vulgaris. *Tourn. inst.* 328.

Cotyledon palustris. *Dod. pempt.* 133.

Cotyledon aquatica. *Bauh. hist.* III. *p.* 781.

Cotyledon aquatica acris septentrionalium. *Lob. hist.* 209.

Cotyledon repens brasiliensis. *Raj. hist.* 1323.

Ranunculus aquaticus cotyledonis folio. *Bauh. pin.* 180. *Morif. hist.* II. *p.* 442. *t.* 29. *f.* 30.

Ranunculus aquaticus umbilicato folio. *Col. ecphr.* 1. *p.* 315. *t.* 316. *Clayt. n.* 429.

HYDROCOTYLE foliis peltatis, umbellis multifloris. Linn. spec. 234.

Hydrocotyle repens flore albo, cotyledonis folio. *Fl. virg.* 30.

Hydrocotyle maxima, folio umbilicato, floribus in umbellam nascentibus. *Plum. spec.* 7.

Erva do capitaon. *Marcg. braf.* 27.

Acaricoba. *Pison. braf.* 90. *Clayt. n.* 558.

F   *SANI-*

SANICULA foliis septilobatis inæqualibus, flosculis masculis pedunculatis.
    Linn. hort. upf. 57.

Sanicula flosculis masculinis pedunculatis, hermaphroditis sessilibus. *Fl.
    virg.* 31.

Lappula fere umbellata, astrantiæ foliis, virginiana. *Pluckn. mant.* 114.

Sanicula marilandica caule & ramulis dichotomis, echinis minimis, in eo-
    dem communi pediculo ternis. *Raj. suppl.* 260.

Sanicula sylvatica floribus albis, foliis tricuspidatis. *Clayt. n.* 28.   Nostra-
    tibus Black Snake—root. *Cold. noveb.* 53.

SANICULA foliis radicalibus compositis, foliolis ovatis.

Sanicula canadensis amplissimo laciniato folio. *Tourn. inst.* 326.

*Folia radicalia plerumque ternata serrataque sunt: lateralia sæpe bipartita
    vel triloba, ramosa, facie Astrantiæ, serrata. Caulis bipedalis & altior fo-
    liolis oppositis, sæpius ternatis sessilibus lanceolatis. Pedunculi infra bifurca-
    turam caulis longi. Flores sessiles. Semina magna hispida.*

TORDYLIUM umbella conferta, foliolis ovato—lanceolatis pinnato—laciniatis.
    Linn. hort. cliff. 90.

Caucalis segetum minor, anthrisco hispido similis. *Raj. hist.* 468. *Syn.*
    3. 220. *n.* 5.

Caucalis pumila segetum Goodyero. *Gerard. emend.*

Caucalis arvensis humilior & ramosior. *Morif. hist.* III. *p.* 308.

Seseli foliis multifidis: floribus albis, petalis cordiformibus, quorum tria
    exteriora majora: seminibus Dauci instar hispidis.   Aprili vel Majo flo-
    ret, & solo conchis admisto gaudet. *Clayt. n.* 861.

    Involucrum universale est monophyllum.

DAUCUS seminibus hispidis. Linn. hort. cliff. 89.

Pastinaca tenuifolia sylvestris dioscoridis, vel Daucus officinarum. *Bauh.
    pin.* 151. *Morif. hist.* III. *p.* 305. *t.* 13. *f.* 2.

Pastinaca sylvestris vel Staphylinus græcorum. *Bauh. hist.* III. *p.* 62.

Pastinaca sylvestris tenuifolia. *Dod. pempt.* 675.

Staphylinus sylvestris. *Cæsalp. syst.* 288.

Staphylinus. *Riv. pent.* 28.

Daucus sylvestris. *Clayt. n.* 444.

AMMI lacinulis foliorum capillaribus, caule angulato.

Umbellifera aquatica, foliis in minutissima & plane capillaria segmenta di-
    visis. *Raj. suppl.* 260.

Anonymos aquatica parva, foliis in minutissima segmenta divisis, flore albo,
    odore Cumini. *Clayt. n.* 215.

LIGUSTICUM foliis biternatis. Linn. fpec. 250.
Ligufticum foliis duplicato–ternatis. *Linn. hort. cliff.* 97.
Ligufticum Scoticum Apii folio. *Tourn. inft.* 342.
Ligufticum humilius fcoticum a maritimis. *Pluckn. alm.* 217. t. 96. f. 2.
Apium maritimum. *Linn. fl. lapp.* 107.
Apium 1. *Raj. hift.* 447.
Sefeli maritimum fcoticum. *Herm. parad.* 227. t. 227.
Sefeli fcoticum. *Riv. pent.* 59.
Apii fpecies floribus luteis. *Clayt. n.* 307.

ANGELICA foliolis aqualibus ovato–lanceolatis ferratis. Linn. hort. cliff. 97.
Angelica fylveftris major. *Baub. pin.* 155.
Angelica fylveftris magna vulgatior. *Baub. hift.* 111. p. 144.
Angelica paluftris. *Riv. pent.* 17.
Imperatoria pratenfis major. *Tourn. inft.* 317.
Angelica fylveftris alta, foliis amplis alatis pinnatis, floribus albis odoratis, in umbellas denfiffimas latasque congeftis, femine magno ftriato compreffo foliaceo, Paftinacæ latifoliæ fimili. Angelica vulgo. *Clayt. n.* 125.

ANGELICA foliolis aqualibus ovatis incifo–ferratis. Linn. hort. cliff. 97.
Angelica canadenfis. *Riv. pent.* 16.
Angelica lucida canadenfis. *Corn. can.* 196. t. 197. *Morif. hift.* 111. p. 281. t. 3. f. 8. *Barrel. var.* t. 1320.
Imperatoria lucida canadenfis. *Tourn. inft.* p. 317.
Angelica lucida canadenfis fortaffe, vulgo Belly–ach–root. *Clayt. n.* 584.
   Radix ob vires fummas carminativas noftratibus Belly–ach–root. h. e. Torminum ventris radix merito audit; & re vera in morbis ventriculi & inteftinorum a caufa frigida, præfertim Colica flatulenta & hyfterica expertum eft remedium: neque minus efficax in apepfia & anorexia, indeque orta menfium fuppreffione & chlorofi. *D. Mitchel. fynop. vir.*

SIUM folio infimo cordato, caulinis ternatis, omnibus crenatis.
Sium Americanum. *Cold. noveb.* 54.
Anonymos floribus atro–purpureis, foliis ex uno pediculo ternis. *Clayt. n.* 291. & 420.
   Multum convenit cum figura prima Nindzi, quam tradit Kæmpferus Amœn. Exot. fafc. 5. claff. 3. plant. 1, nifi quod omni parte longe minor fit, florisque colore differat, & folium unicum habeat cordatum, qualia in Icone Kæmpferi tria cernuntur.
   Ex fuperioribus foliis Medium longiori pedunculo producitur.
   Radix & Pediculi genua amplexantes ad mediam longitudinem profundo fulco cavati, eodem modo fe habent, ut & Folium infimum fingulum, languide dentatum, bafi cordatum: fuperiora Folia etiam funt ternata, ex ovato

acu-

acuminata, denticulo acuto denfo ferrata, ex nervo infigni medio, & ex eo decurrentibus lateralibus, denfo venularum complexu reticulata.

SIUM *foliis pinnatis, foliolis lanceolatis fubintegerrimis.* Linn. fpec. 251.
Pimpinella foliis lanceolatis glabris acuminatis, faepius integerrimis, rarius ferratura notatis. *Fl. virg.* 32.
Oenanthe maxima virginiana Paeoniae foeminae foliis. *Morif. hift.* III. p. 288. t. 7. f. 1.
Pimpinellae Species aquatica non ramofa, foliis eleganter pinnatis longis anguftis glabris odoratis acuminatis, fupremis interdum medio incifis ad modum Thalictri, floribus parvis albis, femine Paftinacae foliaceo compreffo, radice Sifari. *Clayt. n.* 279.

SISON *foliis ternatis.* Linn. hort. cliff. 99.
Myrrhis canadenfis trilobata. *Morif. hift.* III. p. 301. t. 11. f. 4.
Myrrhis trifolia canadenfis, angelicae facie. *Tourn. inft.* 315.
Umbellifera adhuc anonyma flore albo: foliis in uno petiolo ternis, foliolis lanceolato—ovatis ferratis venofis: petiolis communibus membrana quadam auctis. *Clayt. n.* 721.

CICUTA *foliorum ferraturis mucronatis, petiolis membranaceis, apice bilobis.* Linn. fpec. 256.
Aegopodium foliis lanceolatis acuminatis ferratis. *Fl. virg.* 32.
Angelica charibaearum elatior olufatri folio, flore albo, feminibus luteis ftriatis, cumini odore & fapore. *Pluckn. alm.* 31. t. 76. f. 1.
Angelica virginiana foliis acutioribus, femine ftriato minore, cumini fapore & odore. *Morif. hift.* III. p. 281.
Myrrha. *Mitch. nov. pl. gen. n.* 18.
Angelica elatior aquatica floribus albis plurimis, foliis alatis eleganter ferratis, caule glabro fiftulofo inftar Cicutae, ad imum maculato, femine parvo ftriato Apii, odore & fapore Cumini. *Clayt. n.* 13. & 123.

SCANDIX *feminibus nitidis, ovato—fubulatis, foliis decompofitis.*
Cerefolium virginianum procumbens Fumariae foliis. *Morif. hift.* III. p. 303. t. 11. f. 3.
Cerefolium flore albo. *Clayt. n.* 407.

Myrrhis *foliis trilobatis & duplicato—ternatis, foliolis ad modum Filicis vel Adianti incifis, impari in extrema cofta reliquis multo majore, petiolis fufcis tenuibus, floribus albis. Clayt. n.* 652.

SMYRNIUM *foliis caulinis decompofitis acuminatis.*
Smyrnium aureum lobis ternis quinisve Marianum. *Pluckn. mant.* 173.
Smyrnium floribus luteis. *Clayt. n.* 464.

Folia radicalia funt decompofita, conftantque foliolis partialibus lateralibus ternatis, intermedio autem ex quinque foliolis pinnato. Omnia haec foliola acuminata & acute ferrata funt.

Folia

· *Folia caulina ut plurimum duplicato—ternata vel quinata, conjunctis duobus extimis foliolis inter se & fere basi connatis.*

SMYRNIUM foliis caulinis ternatis petiolatis, foliolis oblongo—ovatis integerrimis.

Smyrnium foliis caulinis duplicato—ternatis integerrimis. *Linn. spec.* 263.

Umbellifera adhuc ignota foliis odore grato prædita. an Ligustici species. *Clayt. n.* 549.

T R I G Y N I A.

RHUS foliis pinnatis integerrimis, petiolo integro. Linn. mat. med. 51. Spec. 265.

Rhus foliis pinnatis integerrimis. *Linn. hort. cliff.* 111.

Toxicodendron foliis alatis, fructu rhomboide. *Dill. elth.* 390. *t.* 292. *f.* 377.

Arbor americana alatis foliis, succo lacteo venenata. *Pluckn. alm.* 45. *t.* 145. *f.* 1.

Sitz vel Sitzdsiu. *Kæmpf. amœn.* 791. *t.* 792. *Clayt. n.* 681.

RHUS foliis pinnatis integerrimis, petiolo membranaceo articulato. Roy. prodr. 24.

Rhus elatior foliis cum impari pinnatis, membranaceis articulatis, foliolis minoribus nonnunquam non exacte oppositis, racemis atrorubentibus. *Clayt. n.* 728.

Rhus Virginicum Lentisci foliis Banisteri. *Raj. hist.* 1799.

Gummi Copal. *Park. theatr.* 1670.

Copalli Quahiutl Patlahoac, seu arbor Copalli latifolia. *Hern. mex.* 46. *Pluckn. alm.* 319. *t.* 56. *f.* 1.

RHUS foliis pinnatis serratis lanceolatis utrinque nudis. Linn. spec. 265.

Rhus foliis pinnatis serratis. *Fl. virg.* 148. *Cold. noveb.* 63.

Rhus virginicum panicula sparsa, ramis patulis glabris. *Dill. elth.* 323.

Rhus angustifolium. *Bauh. pin.* 414.

Sumach angustifolium. *Bauh. prodr.* 158.

Rhus baccis rubentibus, foliis serratis. *Clayt. n.* 492.

RHUS foliis ternatis, foliolis petiolatis ovatis acutis integris. Linn. hort. cliff. 110.

Toxicodendron amplexicaule, foliis minoribus glabris. *Dill. elth. p.* 390. *Ubi Vir Celeberr. de lusu foliorum quoad aetatem & sexum egregie disserit. Hinc tot novæ Species apud Auctores occurrunt, quae merae sunt varietates. Et hinc quoque.*

Hedera lactescens nunc recta nunc scandens trifoliata, folio querciformi. Poison—Oak. *n.* 238.

F 3 Hede-

Hedera furrecta triphylla, medio folio querciformi. *Plukn. mant.* p. 100.
 Raj. fuppl. dendr. p. 37. *n.* 6: *Cujus varietas eft Toxicodendron minus ere-*
 ctum capfularum tegumentis pilofis num. 618. *quod refpondet Toxicodendro*
 recto foliis minoribus glabris. Dill. eltb. p. 389. *t.* 291.

RHUS foliis ternatis, foliolis petiolatis angulatis pubefcentibus. Linn. fpec. 266.
Rhus foliis ternatis, foliolis petiolatis ovatis acutis pubefcentibus, nunc
 integris, nunc finuatis. *Fl. virg.* 149.
Toxicodendron triphyllum folio finuato pubefcente. *Tourn. inft.* 611.
Toxicodendron fcandens, foliis in eodem pediculo ternis pendulis reflexis,
 cortice incifo, furculis foliisve divulfis. *Clayt.*
An ad Diœcias vel Monœcias referri debeat, mihi non conftat. Sed ejuf-
 dem fpecies humilior recenfita *Flor. Virgin. fpec.* 3. omnino hermaphro-
 dita eft. Confer. *Linnæi Obfervat. ad hort. cliff. pag.* 111. Surculus pe-
 culiaris brevis in foliolis minimis anguftis laciniatis expanfus, e racemo
 frugifero egreditur. Succus lacteus guttatim cadit, qui aeri expofitus
 mox nigrefcit. Vapores venenati ex omnibus arboris partibus contufis
 exhalant, qui puftulas acres, tumores doloresque in corpore pariunt.
 Clayt. n. 479.

Toxicodendron erectum procerum, foliis alatis, fructu rhomboide. *Dill. eltb.*
 t. 292. *f.* 377. *Clayt. add.*

RHUS foliis amplis pinnatis, racemis atro—rubentibus. *Clayt.*

RHUS ftaturae minoris, foliis racemisque minoribus. *Clayt.*

CASSINE foliis oblongis ferratis. Linn. fpec. 268.
Phillyrea capenfis folio celaftri. *Dill. eltb.* 315. *t.* 236.
Caffine vera perquam fimilis arbufcula, phillyreæ foliis antagoniftis ex pro-
 vincia carolinenfi. *Pluckn. mant.* 40. *Hort. angl.* 16. *t.* 20.
Lycium africanum betulæ folio. *Herm. prodr.* 349. *Kigg. beaum.* 27.
Celaftri glauco folio arbor. *Petiv. muf.* 627.
Cerafus febeftenæ domefticæ aliquatenus accedens. *Pluckn. alm.* 94. *t.* 97.
 f. 8.
Frutex æthyopicus alaterni foliis. *Seb. thef.* 1. p. 46. *t.* 29. *f.* 5.
Arbufcula maritima foliis fempervirentibus, Phillyreae fimilibus, fed mino-
 ribus, baccis parvis rubentibus tripyrenis. Caffine. *Clayt.*

VIBURNUM foliis integerrimis lanceolato—ovatis. Linn. fpec. 268.
Tinus foliis ovatis, in petiolos terminatis, integerrimis. *Fl. virg.* 33.
Opulus aquatica foliis fubrotundis, frondibus albis in umbellas difpofitis,
 baccis atro—purpureis, officulo compreffo. *Clayt. n.* 64.

VIBURNUM foliis cordato—orbiculatis glabris ferratis plicatis.
Viburnum floribus in umbella candidis, foliis articulatis profunde & eleganter ferratis. *Clayt. n.* 542.

Folia

Folia coryli glabra oppofita, umbella fupra decompofita obsque involucro, cujus etiam datur varietas foliis fuperioribus perfecte cordatis. Sheep Turds & indian Sweet—meat. Phytoph. Collinfon. vol. 12, n. 12.

VIBURNUM foliis fubrotundis ferratis glabris.
Viburni fpecies floribus albis umbellatim congeftis, foliis Pruni, bacca molli atro—purpurea oblonga eduli, officulo duro compreffo. Black—Haw. *Clayt. n. 47. Cold. noveb. 57.*

VIBURNUM foliis trilobis dentatis. Linn. hort. upf. 69.
Opulus. *Linn. hort. cliff. 109. Cold. noveb. 58.*
Opulus Ruellii. *Tourn. inft. 607.*
Sambucus aquatica flore fimplici. *Bauh. pin. 456.*
Viburnum floribus in umbella candidis, foliis aceris. *Clayt. n. 543.*

SAMBUCUS cymis quinquepartitis, caule arboreo. Linn. fpec. 269.
Sambucus caule perenni ramofo. *Linn. hort. cliff. p. 109.*
Sambucus caule arboreo ramofo, floribus umbellatis. *Roy. prodr. p. 243.*
Sambucus fructu in umbella nigro. *Bauh. pin. 456.*
Sambucus. *Dod. pempt. 845.*
Sambucus vulgaris. *Clayt. n. 924.*

STAPHYLÆA foliis ternatis. Linn. hort. cliff. 112.
Staphylodendron virginianum trifoliatum. *Herm. lugdb. 258.*
Staphylodendron virginianum triphyllum. *Tourn. inft. 616.*
Piftachia virginiana fylveftris trifolia. *Morif. blef. 295.*
Staphylodendron triphyllum vafculo triloculari. *Clayt. n. 737.* Noftratibus Bladdernut. *Cold. noveb. 31.*

ZANTHOXYLUM foliis pinnatis. Linn. fpec. 270.
Zanthoxylum. *Linn. hort. cliff. 487.*
Zanthoxylum fpinofum, Lentifci longioribus foliis, Euonymi fructu capfulari. *Pluckn. alm. 396. t. 328. c. 6.* The pellitory or Toot—ash Tree. *Catefb. car. 1. p. 26. Clayt. n. 897.*
    OBS. *Calyx quinquefidus minimus coloratus. Petiola quinque ovata. Stamina quinque longitudine petalorum. Germina duo fubrotunda cohærentia. Styli minimi. Stigmata acuta.*

SAROTHRA. Linn. fpec. 272. Amoen. III. 10. Ludw. defin. 706.
Gentiana caule ramisque ramofiffimis, foliis fubulatis minimis. *Fl. virg. 29.*
Centaurium minus fpicatum anguftiffimo folio, five fcoparium marilandicum novum. *Pluckn. mant. 43. t. 342. f. 3. Raj. fuppl. 530.*
Centaurium luteum caulibus plurimis fucculentis, foliis minimis veftitis, flore flavo quinquepartito fugaci, matutino tempore confpicuo, cui vafculum rubrum integrum acuminatum, feminibus parvis repletum fuccedit. Ground—pine. *Clayt. n. 110.*

P E N.

PENTAGYNIA.

ARALIA arborea aculeata. Linn. vir. 26.
Aralia caule aculeato. *Linn. hort. cliff.* 113.
Aralia arborescens spinosa. *Vaill. serm.* 43.
Angelica arborescens spinosa, seu arbor indica fraxini folio, cortice spinoso. *Comm. hort. amst. p.* 89. *t.* 47. *Raj. hist.* 1798.
Christophoriana arbor aculeata virginiensis. *Pluckn. alm.* 48. *t.* 20.
Angelica baccifera, sive aralia arborescens spinosa. Gumbriar & Prickley-ash. *Clayt. n.* 233. Nostratibus Prickley—ash vel Toot—ash—tree. *Clayt. noveb.* 68.

ARALIA caule nudo. Linn. hort. cliff. 113.
Aralia caule aphyllo radice repente. *Vaill. serm.* 43.
Aralia canadensis aphyllo caule. *Boerh. ind. alt.* 11. *p.* 63.
Zarzaparilla virginiensis nostratibus dicta, lobatis umbelliferae foliis, americana. *Pluckn. alm.* 396.
Christophoriana virginiana, zarzae radicibus surculosis & fungosis, Sarsaparilla nostratibus dicta. *Pluckn. alm.* 98. *t.* 238. *f.* 5.
Aralia foliis duplicato—ternatis, foliolis petiolatis ovato—oblongis, acute serratis, in mucronem desinentibus, pedunculis aphyllis: radice repente, dulci fungosa. Convallibus montis Tobacco—Row collegi Maji initio, solo fertili & subhumido. *Clayt. n.* 864.

STATICE caule nudo paniculato tereti, foliis laevibus. Linn. spec. 274.
Statice caule nudo ramoso. *Linn. hort. cliff.* 234.
Limonium maritimum majus. *Baub. pin.* 192.
Limonium majus multis, aliis Behen rubrum. *Baub. hist.* 111. *p.* 876.
Valerianae rubrae similis. *Dod. pempt.* 351.
Limonium floribus coeruleo—purpureis. *Clayt. n.* 573.

LINUM calycibus acutis alternis, capsulis muticis, panicula filiformi, foliis alternis lanceolatis, radicalibus ovatis. Linn. spec. 279.
Linum ramis foliisque alternis lanceolatis sessilibus, nervo longitudinali instructis. *Fl. virg.* 35.
Linum catharticum floribus luteis, foliis minimis glaucis. *Clayt. n.* 440.

DROSERA scapis radicatis, foliis orbiculatis. Linn. fl. lapp. 109.
Ros solis folio rotundo. *Baub. pin.* 357.
Ros solis foliis circa radicem in orbem dispositis. *Burm. zeyl.* 207. *t.* 94. *f.* 2.
Wathaessa. *Herm. zeyl.* 18. ex sententia Linnaei *fl. zeyl.* §. 120.
Ovibus noxia censetur. *Clayt. n.* 3.

Claſſis VI.

HEXANDRIA

MONOGYNIA.

RENEALMIA filiformis intorta. Linn. hort. cliff. 129.
Camanbaya caroliniana cinerea. Petiv. muſ. n. 752.
Cuſcuta ramis arborum innaſcens caroliniana, filamentis lanugine tectis. Pluckn. alm. 126. t. 26. f. 5.
Cuſcuta americana ſuper arbores ſe diffundens. Raj. hiſt. 1904.
Viſcum caryophylloides tenuiſſimum, e ramulis arborum muſci in modum dependens, foliis pruinæ inſtar candicantibus, flore tripetalo, ſemine filamentoſo. Sloan. fl. 77. & hiſt. 1. p. 191. t. 122. f. 2. 3. Raj. ſuppl. 406.
Camanbaya. Marcgr. braſil. 46.
Anonymos paraſytica arboribus altiſſimis innaſeens, ex quarum ramulis ad longitudinem viginti pedum verſus terram protenditur. Clayt. n. 389.
  Camanbaya Carolinienſis nigra Petiv. Gazoph. t. 62. f. 12. non eſt diverſa ab hac ſpecies, ſed ſolummodo interius Filum nigrum, cujus ope Icteri aves ædificant & ſuſpendunt nidos. Confer Sloan. hiſt. jam. 11. p. 299.

BURMANNIA flore gemino. Linn. ſpec. 287.
Burmannia ſcapo bifloro. Fl. virg. 36.
Burmannia flore duplici. Linn. hort. cliff. 128.
Burmannia aquatica puſilla, flore purpureo pulchro, in uno caule unico, apicibus luteis minutiſſimis, ſegmentis tribus ſingulari & peculiari modo, plumarum poſitionis ad ſagittæ finem inſtar, e pericarpii lateribus extantibus; caule humili aphyllo tenuiſſimo capillaceo, foliis anguſtis, radice fibroſa. Loca amat paludoſa. Floret Septembri. Clayt. n. 248.

TRADESCANTIA. Linn. hort. cliff. 107. Hort. upſ. 73.
Ephemerum virginianum flore azureo majori. Tourn. inſt. 367. Clayt. n. 297.

AMARYLLIS ſpatha uniflora, corolla æquali, piſtillo refracto. Linn. hort. cliff. 135.
Lilionarciſſus Indicus pumilus monanthus albus, foliis anguſtiſſimis, Atamaſco dictus. Moriſ. hiſt. 11. p. 366. t. 24.
Lilionarciſſus virginienſis Park. Cataſb. car. app. t. 12.
Lilionarciſſus vernus anguſtifolius, flore purpuraſcente. Barrel. rar. t. 994.
Lilionarciſſus ſ. Narciſſus liliflorus carolinianus flore albo ſingulari cum rubedine diluto. Pluckn. alm. 220. t. 42. f. 3.

G

Lilio-

Lilionarciffus flore fpeciofo albo, exterius dilute rubente, foliis longis anguftis plurimis. Madidis gaudet locis, floretque ad finem Aprilis. *Clayt.*
n. 256.

PONTEDERIA foliis cordatis, floribus fpicatis. Linn. fpec. 288.
Pontederia floribus fpicatis. *Linn. bort. cliff.* 133. *Cold. noveb.* 69.
Michelia. *Houft.*
Gladiolus lacuftris virginianus coeruleus, fagittariæ folio. *Petiv. gazoph.*
t. 5. *f.* 2.
Sagittariæ fimilis planta paluftris virginiana fpica florum coerulea. *Morif.*
bift. III. *p.* 618. *t.* 4. *f.* 8. *Plukn. aln.* 326.
Plantagini aquaticæ quodammodo accedens, foliofum auriculis amplioribus
retufis, floribus coeruleis hyacinthi fpicatis. *Plukn. mant.* 152. *t.* 349.
f. ult.
Pontederia aquatica floribus monopetalis violacei coloris, in duo labia diftincta tripartita divifis, quorum fuperius intus macula flava pingitur,
thyrfo feu fpica denfa in fummo caule coactis: foliis craffis, fagittæ cuf-
pidis inftar, glabris, pediculis fungofis junceis longis rotundis, e radice
ftatim emergentibus, infidentibus: pericarpio rugofo pyriformi, femen
unicum ejusdem figuræ tegente. *Clayt. n.* 87.

ALLIUM fcapo nudo femicylindrico, foliis lanceolatis petiolatis: umbella fafti-
giata. Linn. fpec. 300.
Allium foliis radicalibus petiolatis, floribus umbellatis. *Roy. prodr.* 39.
Allium fylveftre latifolium. *Baub. pin.* 74.
Allium vel cepa latifolia radice fingulari oblonga tunicata: foliis folummo-
do duobus vel tribus humi femper ftratis: fcapo erecto: fpatha in acu-
men definente. In umbrofis & fubhumidis folo pingui Majo floret.
Clayt. n. 718.

ALLIUM radice laterali cordata folida, capite bulbifero.
Allium arvenfe odore vehementi, capitulis bulbofis rubentibus. *Clayt.*
n. 246.

LILIUM f. Martagon floribus aureis purpureis maculis eleganter notatis
fpeciofis, fingulis caulibus fingulis, nonnunquam pluribus. *Clayt.* In
paluftribus floret. Eft Lilium five Martagon floribus reflexis, ex luteo
rubentibus, purpureis maculis eleganter notatis. *Banift. cat.: ftirp. virg.*
Lilium five Martagon canadenfe flore luteo punctato. *Acad. reg. par.*
Catesb. car. 1. *p.* 56. *Clayt. n.* 622. *Cold. noveb.* 70.

LILIUM five Martagon humilius, foliis glabris oblongis, viridi—purpureis,
in caulis fummitate denfe obfitis, alternis: floribus minoribus, luteis
maculis notatis. In clivis folo pingui & lutofo præditis (procul a Porcis)
crefcit, & Julio floret. *Clayt. add. Cold. noveb.* 71.

LI-

LILIUM foliis lanceolato—oblongis, superioribus verticillatis, inferioribus sparsis: corolla campanulata, petalis punctatis.

Lilium carolinianum, flore croceo punctato, petalis longioribus & angustioribus. *Catesb. car. 11. t. 58.*

Lilium flore croceo, maculis fuscis intus notato, petalis ad exortum angustis: foliis lanceolato—oblongis, quatuor vel quinque ad genicula verticillatim positis. Junio sylvis & clivis occidentalibus juxta montes floret. *Clayt. n. 715.*

ERYTHRONIUM foliis ovato—oblongis glabris nigro—maculatis.

Dens Canis aquatilis: flore saturate flavo pendulo: foliis ovato—oblongis, in caule solummodo duobus glabris, maculis nigricantibus notatis. Ad finem martii floret. *Clayt. n. 691. Cold. noveb. 73.*

UVULARIA caule perfoliato.

Polygonatum perfoliatum minus virginianum, folio subrotundo brevi. *Pluckn. alm. p. 101.*

Polygonatum ramosum flore luteo majus, cornuti. *Morif. hist. 111. p. 538. t. 4. f. 12. Cold. noveb. 74.*

Lilium sive Martagon pusillum, floribus paucis flavis pendulis, foliis glaucis polygonati; caule perfoliato, radice carnosa alba, capsula triquetra alata Coronæ imperialis instar. Locis umbrosis aprili floret. *Clayt. n. 258.*

ANTHERICUM foliis ensiformibus, perianthiis trilobis, filamentis glabris. Linn. fl. suec. 269. Spec. 311.

Anthericum filamentis lævibus, perianthio trifido. *Linn. hort. cliff. 140.*

Asphodelus non ramosus, foliis angustis gramineis, caule rotundo rigido leviter villoso, flore parvo albo hexapetaloide, capsulis trigonis rubentibus. Julio floret in pratis humidis. *Clayt. n. 269.*

A Phalangiis differt fructu & pistillo simplici; ab omnibus Liliaceis, calyce. Confer observ. hort. cliff. & It. Oland. p. 194.

ORNITHOGALUM floribus umbellatis, spatha bivalvi.

Ornithogalum Virginianum parvum umbellatum, flosculis ex albo viridiusculis Banisteri. *Pluckn. alm. 272. Raj. suppl. 556.*

Ornithogalum majus album, flore odorato, foliis latioribus glabris, radice solida rotunda alba. *Clayt. n. 44.*

ORNITHOGALUM scapo angulato, pedunculis umbellatis villosis. Linn. spec. 306.

Ornithogalum luteum parvum virginianum, foliis gramineis hirsutis. *Banist. cat. st. virg. Pluckn. alm. 279. t. 350. f. 8. Raj. hist. 1927.*

Ornithogalum Virginianum luteum, foliis gramineis hirsutis. *Petiv. gazoph. t. 1. f. 11.*

Orni-

Ornithogalum vernum luteum, foliis anguſtis gramineis hirſutis. *Clayt.* n. 799.

    OBS. *Simillimum eſt Ornithogalo luteo Bauh. pin.* 71, *a quo præcipue differt bitſutie & pilis, in foliis, caule, umbella. Florum quoque baſes externæ hir-ſutæ ſunt, & omnino tomentoſæ.*

LEONTICE *folio caulino triternato, florali biternato.* Linn. ſpec. 312.
Leontice foliis ſupradecompoſitis. *Fl. virg.* 151. *Cold. noveb.* 75.
An Chriſtophoriana. *Clayt. n.* 545.

    Caulis ſimplex. Folia triplicato—ternata, longis petiolis communibus innixa: petiola verò propria intermedia breviora, lateralia proxima vix ulla. Foliola propria glabra ovata, intermedia ſæpe triloba. Racemus ſimplex caulem terminat laxus erectus. Thalictroides Pariſienſibus dici conſuevit.

CONVALLARIA *foliis alternis, floribus ex alis.* Linn. hort. cliff. 124.
Polygonatum latifolium vulgare. *Bauh. pin.* 303.
Polygonatum vulgo ſigillum Salomonis. *Bauh. hiſt.* 111. *p.* 529.
Polygonatum flore luteo foliis longis glaucis. *Clayt. n.* 335.

CONVALLARIA *foliis ſeſſilibus racemo terminali compoſito.* Linn. ſpec. 315.
Convallaria foliis alternis racemo terminatrici. *Linn. hort. cliff.* 125. *Cold. noveb.* 78.
Smilax aſpera racemoſa polygonati folio. *Tourn. inſt.* 654.
Polygonatum racemoſum. *Corn. canad.* 36. *t.* 37.
Polygonatum ramoſum & racemoſum ſpicatum. *Moriſ. hiſt.* 111. *p.* 537. *t.* 4. *f.* 9.
Lilium convallium virginianum, polygonati foliis, racemoſum. *Herm. lugdb.* 376.
Polygonatum ſpicatum, foliis integris nervoſis-albicantibus latis acuminatis, plantaginis ſimilibus alternis: floribus parvis albis pentapetalis, in racemos ad finem caulis coactis: baccis per maturitatem rubris, duobus ſeminibus duris lucidis arcte coactis fœtis: caule ſingulari, nunquam ramoſo; radice alba, polygonati ſimili. Baccæ cephalicæ & cardiacæ genus nervoſum confortant. *Clayt. n.* 35.

ALETRIS. Linn. amœn. 111. 11. Ludw. defin. 173.
Hyacinthus caule nudo, foliis linguæformibus acuminatis dentatis. *Fl. virg.* 38.
Hyacinthus floridanus ſpicatus, foliis tantum circa radicem brevibus, elato caule, floribus albis parvis ſtriatis, & veluti lanugine ſeu pube quadam elegantiſſime criſpatis. *Pluckn. amalth.* 119. *t.* 437. *f.* 2.
Hyacinthus caule alto aphyllo, floribus albis vix odoratis, quaſi urceolaribus parvis, ſpicatim in caulis faſtigio congeſtis; foliis ad exortum latis glabris, in acumen longum excurrentibus, ad margines leviter ſpinulis mollibus tenellis minimis obſitis: radice tuberoſa intus flava, amara,

                                                    fibris

[1] fibris plurimis rigidis cincta. Stargras & Starroot. Radix antifebrilis & leniter cathartica, morfumque Caudifonæ fanat. *Clayt. n.* 74.

AGAVE foliis dentato—fpinofis, fcapo fimpliciffimo. Linn. amœn. III. 22. Spec. 323.

Aloë foliis lanceolatis fpina cartilaginea terminatis, floribus alternis feffilibus. *Fl. virg.* 152.

Aloe virginica floribus viridibus feffilibus odoratis, foliis anguftis muricatis autumno deciduis, radice perenni. Stamina corollâ duplo longiora. Antheræ longiffimæ tremulæ incumbentes. An Lilium Scillæ foliis, denticellis parvis ad margines ferratis D. Banifter? *Clayt. n.* 498.

Differt ab Aloe foliis lanceolatis dentatis fpina cartilaginea terminatis radicalibus Hort. Cliff. caule fimpliciffimo, floribus alternis feffilibus. Florum corollæ fructui infident infundibuliformes parvæ erectæ.

YUCCA foliis lanceolatis acuminatis integerrimis, margine filamentofis.
Yucca foliis ferrato—filamentofis. *Linn. fpec.* 319.
Yucca foliis filamentofis. *Morif. hift.* II. *p.* 419.
Yucca virginiana foliis per ambitum apprime filatis. *Pluckn. alm.* 396.
Yucca flore albo, foliorum marginibus filamentofis. Silkgrasf. In littoribus arenofis fluminum crefcit. *Clayt. n.* 270.

ACORUS. Dod. pempt. 249.
Acorus verus five Calamus aromaticus officinarum. *Bauh. pin.* 34.
Acorum verum matthioli. *Dalecb. hift.* 1618.
Calamus aromaticus. *Petit. gen.* 49.
Calamus aromaticus vulgaris, multis Acorum. *Bauh. hift.* II. *p.* 734. *Mich. gen.* 43.
Typha aromatica clava rugofa. *Morif. hift.* III. *p.* 246. *t.* 13. *f.* 4. *Clayt. n.* 806.

ORONTIUM. Linn. amœn. III. 17. fig. 3.
Arum folio enervi ovato. *Fl. virg.* 113.
Arum fluitans pene nudo. *Banift. virg.* 1926.
Arum aquaticum minus f. Afarum fluitans pene nudo virginianum D. Banifter. *Pluckn. mant.* 28.
Potamogeton foliis maximis glaucis, floribus luteis in fpica longa denfe ftipatis. *Clayt. n.* 53.

JUNCUS foliis linearibus canaliculatis, capfulis obtufis. Linn. fl. fuec. 284. Spec. 327.
Juncus foliofus minimus campeftris & nemorenfis. *Fl. virg.* 152.
Gramen junceum virginianum calyculis paleaceis bicorne. *Morif. hift.* III. *p.* 228. *t.* 9. *f.* 15.
Gramen junceum elatius pericarpiis ovatis americanum. *Pluckn. alm.* 179. *t.* 92. *f.* 9.

Folia ad radicem numerofa graminea. Caulis farctus pedalis & femipedalis, paniculam e latere, rariffime e faftigio, geftans. Capfulæ majuscu-
læ trivalves. *Clayt. n.* 340.

JUNCUS foliis planis, spica seffili pedunculataque. Linn. fl. suec. 288.
Juncus foliis planis, panicula rara, fpicis feffilibus & pedunculatis. *Linn.
hort. cliff.* 137.
Juncus villofus capitulis pfyllii. *Tourn. inft.* 246.
Juncoides villofum capitulis pfyllii. *Scheuchz. gr.* 310.
Cyperella capitulis pfyllii. *Rupp. jen.* 130.
Gramen hirfutum capitulis pfyllii. *Baub. pin.* 7. *Theatr.* 103. *Prodr.* 15.
Gramen paniculatum. *Clayt. n.* 332.

JUNCUS foliis articulofis, floribus umbellatis, capfulis triangulis. Clayt. n. 581.

JUNCUS culmo nudo nutante, panicula laterali. Roy. prodr. 44.
Juncus parvus calamo fupra paniculam longius producto. *Raj. fyn.* 3. *p.* 432.
Juncus lævis panicula fparfa minor. *Baub. pin.* 12.
Juncus. *Clayt. n.* 582.

JUNCUS culmo nudo ftricto panicula laterali. Roy. prodr. 44.
Juncus culmo nudo acuminato, ad bafin fquamato, floribus pedunculatis.
Linn. fl. lapp. 117.
Juncus lævis panicula fparfa major. *Baub. pin.* 12. *Theatr.* 182. *Scheuchz.
gr.* 341.
Juncus lævis. *Dod. pempt.* 606.
Juncus. *Clayt. n.* 393.

PRINOS foliis longitudinaliter ferratis. Linn. fpec. 330.
Prinos. *Fl. virg.* 39.
Arbor trunco parvo infirmo, viminibus lentis, cortice glabro, foliis Lauri,
floribus pentapetalis, albicantibus, e ramulis absque pediculis egreffis,
baccis & feminibus Agrifolii. Floret Junio. *Clayt. n.* 78.

Rami *alterni, læves, nudi.* Folia *ovata, petiolata, glabra, acute ferrata, ferraturis in acumen fubulatum definentibus, fuperiora acuminata, inferiora obtufa.*

Ex *fingula ala prodit pedunculus communis, petiolo brevior.* Flores albi.
In *phytophylacio D. Collinfon datur Mas & Femina. vol.* 12. *num.* 23
& 24.

TRI-

TRIGYNIA.

RUMEX floribus hermaphroditis: valvulis integerrimis: omnibus graniferis: foliis lanceolatis, vaginis cylindricis. Linn. spec. 334.
Lapathum aquaticum foliis longis anguftis acutis, floribus ad genicula verticillatim congeftis. *Fl. virg.* 39.

RUMEX floribus hermaphroditis; valvulis integerrimis: omnibus graniferis; foliis lanceolatis: vaginis obsoletis. Linn. spec. 334.
Rumex aquatica, calycis foliolis omnibus æqualibus, radice exterius nigra vel flava. *Cold. noveb.* 83.
Lapathum foliis longis latis vix acuminatis, costis caulibusque rubentibus; radice intus crocea. *Clayt. fl. virg.* 39.

RUMEX floribus dioicis, foliis lanceolato-bastatis. Linn. vir. 32.
Acetosa arvensis lanceolata. *Bauh. pin.* 114.
Acetosa arvensis lanceolata sterilis. *Till. pif.* 179.
Acetosa arvensis lanceolata semine vidua. *Vaill. parif.* 296.
Oxalis parva repens, foliis auriculatis & acuminatis. *Clayt. n.* 494.

MELANTHIUM petalis unguiculatis. Linn. spec. 339.
Melanthium foliis linearibus integerrimis longissimis, floribus paniculatis. *Fl. virg.* 59.
Nigella flore obsolete flavo, semine alato, foliis gramineis. *Clayt. n.* 422.
   Planta est pedalis, bipedalis, aut altior, caule tereti culmi instar. Folia graminea, hordei vel tritici, longa, tenuia, debilia, integerrima, fibris longitudinalibus infignita. Summo cauli infidet Panicula flores ferens innumeros, sed omnes fœmininos. Hinc datur procul dubio Planta flores ferens masculos.

MEDEOLA foliis verticillatis ramis inermibus. Linn. spec. 339.
Medeola foliis stellatis lanceolatis, fructu baccato. *Fl. virg.* 39.
Lilium sive Martagon pusillum floribus minutissimis herbaceis D. Banister. *Pluckn. alm.* 401. *t.* 328. *f.* 4.
Herbæ Paridi affinis mariana planta floribus hexapetalis biformibus. *Petiv. muf. n.* 421. *Raj. suppl.* 351. *&* 395.
Medeola flore nudo viridi hexapetalo reflexo, stylo purpureo longo, e tribus longis filamentis composito. Folia ad modum coronæ barbularum floribus radiatis caulem fingularem per intervallum cingunt. Singulis floribus bacca nigra madida, tribus vel quatuor feminibus duris fœta fuccedit. *Clayt. n.* 22.
   Folia verticillatim caulem ambiunt septem, sexve, lanceolata glabra integerrima seffilia. In summis ramis duo vel tria foliola e regione pofita prodeunt, ex quorum alis exfurgunt pedunculi aliquot filiformes fimpliciffimi penduli, folio breviores, uniflori. Corolla revoluta & pallida.

An

An hæc vires Ipecacoanbæ æmulatur? ,*Confer Linnæi Flor. lapp.* §. 155. γ.

TRILLIUM flore sessili erecto. Linn. spec. 340.
Paris folis ternis flore sessili erecto. *Fl. virg.* 44.
Solanum triphyllum, flore tripetalo atro—purpureo, in foliorum sinu absque pediculo sessili. *Banist. cat. stirp. virg.*
Solanum triphyllum, flore hexapetalo, tribus petalis purpureis erectis, cæteris viridibus reflexis. Pluckn. *Catesb. car.* 1. *t.* 50.
Anonymus caule simplici nudo, ad fastigium tribus solummodò foliis vestito, e quorum medio flos purpureus irregularis exoritur, radice striata tuberosa. *Clayt. n.* 856.
> *Ab hac Specie* flore pedunculato nutante *differt Solanum triphyllum flore hexapetalo carneo. Catesb. car.* 1. *t.* 45.

TRILLIUM foliis ternis subovatis obtusis: flore sessili, erecto, unico, foliis dimidium minore.
Tradescantiæ affinis flore albo (interdum etiam rubente) odorato unico tripetalo: caule singulari non ramoso, perianthio vel involucro trifoliato: foliis tribus sessilibus sub quovis floris perianthio horizontaliter extensis. Singula planta gaudet radice tuberosa. Vere floret. *Clayt. n.* 536.

MENISPERMUM foliis cordatis indivisis, & peltatis cordatis lobatis.
Menispermum folio hederaceo, *Dill. elth.* 223. *t.* 178. *f.* 219.
Anonymos maritima. *Clayt. n.* 425.

MENISPERMUM foliis peltatis angulosis. Linn. hort. cliff. 140.
Menispermum canadense scandens, umbilicato folio. *Tourn. act.* 1705. *p.* 311.
Hedera monophyllos, convolvuli foliis, virginiana. *Pluckn. alm.* 181. *t.* 36. *f.* 2.
Menispermum foliis amplioribus peltatis, ad finem angulatis: caulibus implicatis: baccis nigris: floribus hexapetalis albis spicatis. *Clayt. n.* 546.

SAURURUS foliis cordatis petiolatis, spicis solitariis recurvis. Linn. hort. upf. 91.
Saururus foliis profunde cordatis ovato—lanceolatis, spicis solitariis, folio longioribus. *Linn. hort. cliff.* 139.
Saururus foliis profunde cordatis ovato—lanceolatis, spicis solitariis, propendentibus, folio brevioribus. *Roy. prodr.* 8.
Saururus marilandicus folio cordato. *Raj. hist.* 642.
Serpentaria repens, floribus stamineis spicatis, bryoniæ nigræ folio ampliore pingui, virginiensis. *Pluckn. alm.* 343. *t.* 117. *f.* 4.
Serpentaria s. Persicaria virginiana, foliis cordatis, floribus spicatis, femineis albis. *Eichr. carlf.* 41.

Sau-

Saururus foliis alternis cordiformibus, membrana ex adverſo foliorum caulem involvente, floribus albis ſpicatim denſe ſtipatis, ſtaminibus multis
longis nigris, ſpica cacumine deorſum nutante: ſingulis floſculis quatuor
aut tria ſemina denſe congeſta, albo tegmento tecta, ſuccedunt. Calycem habet membranaceum monophyllum, vix conſpicuum. Locis madidis & aquoſis luxuriat. Radices molliunt, digerunt, maturant, dis-
cutiunt. Paregoricæ ſunt. *Clayt. n.* 107.

POLYGYNIA.

ALISMA foliis ſubulatis.
Sagitta puſilla, corolla alba tenerrima, foliis ſubulatis. *Clayt. n.* 733.

Claſſis VII.

HEPTANDRIA

MONOGYNIA.

AESCULUS *floribus octandris.* Linn. ſpec. 344.
Pavia. *Boerb. ind. alt.* 11. *p.* 260. *Hort. angl.* 54. *t.* 19. *Linn. hort. cliff.*
p. 143.
Arbor pentaphyllos virginiana, floribus ſpicatis monopetalis. *Raj. hiſt.*
1800.
Pentaphylla ſiliquoſa braſilienſis, caudice ſpinoſo media parte in ventrem
intumeſcente. *Raj. hiſt.* 1761.
Zamouna. *Piſon. braſ.* 81.
Saamouna piſonis, ſive ſiliquifera braſilienſis arbor, digitatis foliis ſerratis,
floribus teucrii purpureis. *Pluckn. alm.* 326. *t.* 56. *f.* 4.
Pavia floribus coccineis, foliis in uno petiolo quinis, cortice glabro albicante. Dear's Eye, & Buck's Eyes. *Clayt. n.* 865.

Claffis. VIII.

OCTANDRIA
MONOGYNIA.

RHEXIA *calycibus glabris.*
Aliphanus vegetabilis carolinianus. *Pluckn. amalth.* 8.
The fucking bottle. *Phyt. collinf.*
Lyfimachia non pappofa virginiana, tuberariæ foliis hirfutis, flore tetrapetalo rubello. *Pluckn. alm.* 235. *t.* 202. *f.* 8.
Anonymos flore rubente tetrapetalo, ftaminum apicibus flavis, foliis venofis acuminatis, leviter hirfutis, ex adverfo binis, fapore acidis, vafculo unicapfulari tubulato, ad bafin ventricofo, ore contracto. Soopwood. *Clayt. n.* 227.

Alia datur hujus fpecies flore rubro parvo fpeciofo, non cito caduco, foliis minoribus pluribus, leviter hirfutis. *Clayt.*

OENOTHERA *foliis lanceolatis, capfulis acutangulis.* Linn. fpec. 346.
Oenothera florum calyce monophyllo, hinc tantum aperto. *Fl. virg.* 42.
Onagra anguftifolia, caule rubro, flore minore. *Tourn. inft.* 302.
Lyfimachia lutea caule rubente, foliis falicis alternis nigro—maculatis, flore fpeciofo amplo, vafculo feminali eleganter ftriato infidente. *Clayt. n.* 36.
·. & 383. *Cold. noveb.* 86.

OENOTHERA *foliis ovato—lanceolatis planis.* Linn. vir. 33.
Oenothera foliis ovato—lanceolatis denticulatis, floribus lateralibus in fummo caulis. *Linn. hort. cliff.* 144.
Lyfimachia lutea corniculata. *Bauh. pin.* 245.
Lyfimachia lutea corniculata non pappofa virginiana major. *Morif. bift.* 11. p. 271. *t.* 11. *f.* 7.

OENOTHERA *foliis lineari—lanceolatis undulatis.* Linn. vir. 33. Cold. noveb. 87.
Oenothera foliis lineari—lanceolatis dentatis, floribus e medio caule. *Linn. hort. cliff.* 144.
Onagra falicis angufto dentatoque folio, vulgo Mithon. *Fevill. peruv.* 3. p. 48. *t.* 36.
Onagra anguftifolia, caule rubro, flore minore. *Tourn. inft.* 302.
Onagra bonarienfis villofa, flore mutabili. *Dill. elth.* 297. *add. p.* 502.

Ona-

Onagra floribus fpeciofis luteis, frutefcens, foliis alternis perficariæ crenatis acuminatis, leviter hirfutis, vafculo longo. Folia vulneraria extrinfecus ad vulnera creberrime ufurpantur. *Clayt. n.* 200.

OENOTHERA *foliis tomentofis utrinque, ovatis, dentatis: caule lignofo, vix ramofo, unifloro.*
Onagræ fpecies foliis parvis mollibus hirfutis, caule rubente. *Clayt. n.* 491.
Planta pedalis facie Lyfimachiæ corniculatæ lutcæ minoris, Hypericifolio, caule rubro. *Pluckn. t.* 411. *f.* 3.

EPILOBIUM *foliis lanceolatis ferratis.* Linn. hort. cliff. 145.
Chamænerion villofum majus, parvo flore. *Tourn. inft.* 303.
Lyfimachia filiquofa hirfuta, parvo flore. *Baub. pin.* 245. *prodr.* 116.
Epilobium caule rubente: foliis integris ferratis: petiolis, caule venisque foliorum rubris: filiqua rubente, pilis breviffimis mollibus veftita. In paludofis inter vepres & arbufta inveniendum. *Clayt. n.* 586.

VACCINIUM *foliis ovatis integris deciduis, racemis foliolofis.*
Vaccinium racemis filiformibus foliofis, foliis oblongis integerrimis. *Linn. fpec.* 351.
Frutex humilis floribus albis: foliis ovato—ellipticis glabris integris petiolatis alternis, fupremis vel ramulum terminantibus acuminatis, fubtus pallidioribus. Cujus

CAL. *Perianthium* monophyllum, minimum, quinquedentatum, viride, perfiftens.

COR. monopetala, alba, hypocrateriformis, nutans. *Limbus* quinquepartitus, laciniis rotundis, calice duplo longior. *Pedunculus* fingulus foliolo minimo uno vel altero veftitus.

STAM. *Filamenta* decem, fubulata, breviffima, inflexa, albefcentia, longitudine vix Antheras fuperantia, receptaculo inferta. *Antheræ* oblongæ, canaliculatæ, fulvæ, ad apicis internum latus ftaminum parte fuprema affixæ, inferiori foluta: e quarum fummitatibus duo crifpa tenuia filamenta (farina aurea per maturitatem tincta) excurrunt, primo inftar capillorum ad externum latus ftaminum verfus corollam leviter furfum fpectantia, longitudine Antherarum porriguntur, tunc ftylum appropinquantia (nonnunquam in unum coalita) ad integram corollæ longitudinem producuntur. Hæc Filamenta ad finem in duo vel tria tenuiffima, brevia, recurva capillamenta divifa funt.

PIST. *Germen* infra receptaculum globofum. *Stylus* filiformis, cylindraceus, longiffimus, albus, corolla dimidio longior. *Stigma* nullum, vel non perceptibile.

PER. *Bacca* globofa, magna, umbilicata, octolocularis, per maturitatem obfolete rubens.

SEM. pauca offea. *Clayt. n.* 537.

H 2 *VAC.*

VACCINIUM pufillum foliis minimis oppofitis, floribus folitariis cæruleis rotatis. Clayt. n. 528.

VACCINIUM foliis lanceolato—ovatis integerrimis deciduis.
Vaccinia Mariana euonymi folio fplendente. *Petiv. muf. n.* 492.
Vitis Idæa Euonymi folio fplendente, fructu nigricante. Bush—whoitle—berry. *Clayt. n.* 61.

VACCINIUM pedunculis folitariis unifloris, antheris corolla longioribus, foliis oblongis integerrimis. Linn. fpec. 350.
Vaccinium ftaminibus corolla longioribus. *Fl. virg.* 43.
Vitis Idæa Americana longiori mucronato folio & crenato, floribus urceolatis racemofis. *Pluckn. alm.* 391. *t.* 339. *f.* 5.
Vaccinia mariana flore purpurafcente ftaminofo. *Petiv. muf.* 493.
Vitis Idæa humilis, longiori & mucronato folio, floribus urceolatis racemofis, fructu rubro majore. Goofe—Berrys. *Clayt. n.* 42.

Vitis Idæa humilior, foliis Arbuti, fructu minore, feminibus plurimis minimis repleto. *Clayt.*

VACCINIUM ramis filiformibus, foliis ovatis perennantibus, pedunculis fimplicibus ftipula duplici. Linn. fl. fuec. 315.
Vaccinium ramis filiformibus repentibus, foliis ovatis perennantibus. *Linn. fl. lapp.* 145.
Vaccinia paluftria. *Lob. ic.* 109.
Vitis idæa paluftris. *Bauh. pin.* 470.
Oxycoccus five Vaccinia paluftris. *Tourn. inft.* 655.

VACCINIUM foliis ovatis integris, racemis fupra folia.
Vaccinium humile foliis pallidioribus fubtus albicantibus; floribus globofis brevibus viridi—flavescentibus, ramofis; fructu nigro minore. *Clayt. n.* 538.
   Hoc nomine diftinguitur a Vite Idæa cappadocica Tourn. & Vaccinio acadienfi Diervillii.
   Flores globofi, in paniculam velut digefti.

DIRCA. Linn. amœn. 111. 12. Spec. 358. Ludw. defin. 187.
Thymelæa floribus albis, primo vere erumpentibus, foliis oblongis acuminatis, viminibus & cortice valde tenacibus, unde nomen anglicum Leather wood. Ad ripas fluminis Rappahanook dicti, aliorumque fluviorum prope montes, & in comitatu Middelsexiæ crefcit. *Clayt. n.* 858.
Leather bark or Thymelæa. *Bartr. yourn.* 28.

T R I.

TRIGYNIA.

POLYGONUM *floribus pentandris digynis, corollis quadrifidis, foliis ovatis.* Linn. fpec. 360.

Perficaria florum ftaminibus quinis, ftylo duplici, corolla quadrifida inæquali. *Linn. hort. cliff.* 42.

Perficaria frutefcens maculofa, virginiana, flore albo. *Park. theat.* 857.

Perficariæ affinis fylveftris, calycibus albis quinquefidis, longa ferie fummo caule fpicatim difpofitis, foliis mollibus acuminatis, femine lucido duro, nonnihil compreffo, & ad apicem villofo. *Clayt. n.* 183.

POLYGONUM *floribus hexandris digynis, fpicis ovatis oblongis, foliis lanceolatis ftipulis ciliatis.* Linn. fpec. 361.

Perficaria floribus hexandris digynis. *Linn. fl. fuec.* 319.

Perficaria florum ftaminibus fenis, ftylo duplici. *Linn. hort. cliff.* 42.

Perficaria mitis floribus candidis. *Tourn. inft.* 509.

Perficaria non maculofa floribus candidis. *Clayt. n.* 672. &

Perficaria non maculofa floribus albis. *Ejufd. n.* 670.

POLYGONUM *floribus octandris trigynis axillaribus, foliis lanceolatis, caule procumbente herbaceo* Linn. fpec. 362.

Polygonum. *Cæfalp. fyft.* 168. *Linn. fl. fuec.* 322.

Polygonum latifolium. *Baub. pin.* 281.

Polygonum mas. *Dalech. hift.* 1123. *Dod. pempt.* 113.

Polygonum five Centinodia. *Baub. hift.* 111. *p.* 374.

Polygonum repens, calyce dilute rubente, foliis glaucis. *Clayt. n.* 382.

Hujus varietas eft Polygonum maritimum floribus carneis fpeciofis, foliis craffis quafi albedine tectis, in terram ftratis num. 497. *quod foliis magis carnofis differt a Polygono oblongo anguftoque folio Baub. pin.* 281. *Quantas verò hac planta fubeat variationes, docet Linnæus Flor. Lapp. §.* 153.

POLYGONUM *foliis fagittatis, caule aculeato.* Linn. fpec. 363.

Helxine foliis fagittatis, caule volubili. *Fl. virg.* 44.

Helxine caule erecto aculeis reflexis exafperato. *Linn. hort. cliff.* 151.

Fagopyrum marianum, folio fagittato, caulibus & pediculis fpiniferis. *Petiv. muf.* 401. *Laet. amer. p.* 79. *Ic.*

Fagotritico fimilis, anguftiori folio, convolvuli modo fcandens, planta mariana, caule fpinis deflexis denfius obfito. *Pluckn. mant.* 74. *t.* 394. *f.* 5.

Perficaria feu potius Fagopyrum marilandicum, caule fpinis afpero, foliis ad phyllitim accedentibus. *Raj. app.* 117.

Helxine caule erecto, aculeis reflexis exafperato: foliis oblongis acuminatis, ad bafin excavatis, per intervalla longa alternatim pofitis; calycibus dilute carneis. In pafcuis humidis ad foffarum margines ad finem Augufti floret. *Clayt. n.* 804. noftratibus Cow—longue. *Cold. noueb.* 92.

H 3   P O -

POLYGONUM foliis hastatis, caule aculeato. Linn. spec. 364.

Helxine foliis hastatis, caule aculeato. *Fl. virg.* 44.

Fagotritico similis spinosa scandens, Ari folio latiore floridana. *Pluckn. a-malth.* 87. *t.* 398. *f.* 3. *Laet. amer. p.* 79.

Fagotritico similis aquatica late scandens, foliis auriculatis hirsutis, in mucronem definentibus, floribus, seu potius calycibus albis, caule spinis rigidis curtis obsito. *Clayt. n.* 189.

POLYGONUM foliis cordatis, caule volubili floribus planiusculis. Linn. spec. 364.

Helxine caule volubili. *Linn. fl. lapp.* 154.

Helxine late scandens, seminibus majoribus. *Banist. virg.*

Frumentum saracenicum maximum americanum. *Herm. lugdb.*

Fagotriticum volubile majus virginianum. *Pluckn. alm.* 143. *t.* 177. *f.* 7.

Fagopyrum scandens, caule rubente, semine nigro triquetro. *Clayt. n.* 790. *Cold. noveb.* 93.

T E T R A G Y N I A.

ELATINE foliis oppositis. Linn. fl. lapp. 156. Flor. suec. 327.

Hydropiper. *Buxb. cent.* 111. *tab.* 37. *f.* 3.

Alsinastrum serpillifolium, flore albo tetrapetalo. *Vaill. paris.* 5. *t.* 2. *f.* 2.

Hydrocotyle foliis brevibus linearibus integris obtusis, radice reptatrice. *Clayt. n.* 646.

Classis IX.

E N N E A N D R I A

MONOGYNIA.

Laurus foliis integris & trilobis. Linn. hort. cliff. 154. Cold. noveb. 94.

Sassafras arbor monardi. *Dalech. hist.* 1786.

Sassafras s. lignum patavinum. *Bauh. hist.* 1. *p.* 483.

Sassafras arbor ex florida, ficulneo folio. *Bauh. pin.* 431.

Sassafras. *Raj. hist.* 1568.

Cornus mas odorata, folio trifido, margine plano, Sassafras dicta. *Pluckn. alm.* 120. *t.* 222. *f.* 6. *Catesb. car.* 1. *t.* 55.

Cornus mas s. Sassafras, laurinis foliis indivisis, ex provincia floridana. *Pluckn. amalth.* 66.

Sassafras forte lauri foliis. *Pison. braf.* 146.

Radicis cortex calefacit, siccat, attenuat, aperit, discutit, sudores movet. *Clayt. n.* 56.

LAU-

LAURUS foliis enervibus obverſe ovatis utrinque acutis integris annuis. Linn.
hort. cliff. 154.

Benzoin officinarum. *Bauh. pin.* 503.

Benzoinum, cujus arbor folio citri. *Bauh. hiſt.* 1. *p.* 320.

Benzoinifera americana folio citri. *Walth. hort.* 11.

Arbor virginiana citriæ vel limoniæ folio, Benzoinum fundens. *Comm. hort.
amſt.* 1. *p.* 189. *t.* 97.

Arbor virginiana pishaminis folio, baccata, benzoinum redolens. *Pluckn.
alm.* 42. *t.* 139. *f.* 3. 4.

Oleum baccarum ad dolores colicos fedandos infigne. *Clayt. n.* 54.

Noſtratibus Wild all Spice, vel Wild Pimento. *Cold. noveb.* 95.

*LAURUS foliis lanceolatis perennantibus venoſis planis, ramulis tuberculatis
cicatricibus, floribus alternis.* Linn. hort. cliff. 154.

Laurus indica. *Ald. farn.* 61.

Laurus indica. *Raj. hiſt.* 1553.

Laurus latifolia indica. *Barrel. rar.* 123. *t.* 877.

Laurus vera indica americana. *Sterb. citr.* 257. *t.* 13.

Cinamomum ſylveſtre americanum. *Seb. theſ.* 11. *p.* 90. *t.* 84. *f.* 6.

Laurus baccis atro-purpureis, pediculis rubris infidentibus. *Clayt. n.* 485.

LAURUS foliis venoſis oblongis acuminatis annuis, ramis ſupra—axillaribus.
Linn ſpec. 370.

Laurus foliis lanceolatis enerviis annuis. *Fl. virg.* 159.

Lauro affinis aquatilis: foliis deciduis lanceolato—oblongis: floribus feſſili-
bus flaveſcentibus, Martio erumpentibus. *Clayt. n.* 520.

> *Flores umbellati ſunt, involucro tetraphyllo, ut in Corno. Folia integerri-
ma petiolata.*

LAURUS foliis lanceolatis, nervis transverſalibus, fructus calycibus baccatis.
Linn. hort. cliff. 154.

Laurus carolinienfis, foliis acuminatis, baceis coeruleis, pediculis longis
rubris infidentibus. *Catesb. car.* 1. *t.* 63.

Borbonia fructu oblongo nigro, calice coccineo. *Plum. gen.* 4.

Laurus foliis acuminatis, flore albicante, baccis cœruleis, pediculis rubris
infidentibus. *Clayt.*

Claſſis

Classis X.

DECANDRIA

MONOGYNIA.

SOPHORA *foliis ternatis subsessilibus, foliolis subrotundis glabris.* Linn. spec. 373. Cold. noveb. 165.

Cytisus foliis fere sessilibus, calycibus squamula triplici auctis. *Linn. hort. cliff.* 355.

Trifolium dendroides foliis subcœruleis sive rutaceis. Pseudo—Anil virginiensibus. *Banist.*

Cytisus procumbens americanus flore luteo ramosissimus, qui Anil suppeditat apud barbadensium colonos. *Pluckn. alm.* 129. *t.* 86. *f.* 2. *Ehret. pl. rar. t.* 1. *f.* 3.

Spartio affinis trifoliata ramosa, foliis parvis subrotundis glaucis; flore flavo, caulibus glabris lentis flavescentibus; ad finem Julii nudis: siliqua brevi atro—fusca tumida, duo vel, tria semina reniformia continente; radice perenni; vere turiones Asparagi instar emittente. Tentarunt ex hac planta smegma Indigo dictum conficere, verum successus minime respondebat. *Clayt. n.* 71. Nostratibus wild Indigo. *Cold. l. c.*

CERCIS *foliis cordatis pubescentibus.* Linn. hort. cliff. 156.

Siliquastrum canadense. *Tourn. inst.* 647.

Siliqua sylvestris rotundifolia canadensis. *Tourn. schol.* 26.

Ceratia agrestis virginiana, folio rotundo minori. *Raj. dendr.* 100. *Pluckn. alm.* 95.

Arbor Judæ americana. *Raj. hist.* 1718.

Arbor judæ floribus papilionaceis rubentibus, foliis cordiformibus, siliquis brevibus, utrinque acuminatis, compressis. *Clayt.*

CASSIA *foliolis multijugatis, glandula petioli pedicellata, stipulis ensiformibus.* Linn. spec. 379.

Cassia foliolis plurimorum parium linearibus, stipulis subulatis. *Linn. hort. cliff.* 158.

Chamæcrista pavonis americana, siliqua multiplici. *Breyn. cent.* 66. *t.* 24.

Senna occidentalis, siliqua multiplici, foliis herbæ minosæ. *Herm. lugdb.* 558. *Sloan. fl.* 149.

Poincianæ species humilior, flore magno pentapetalo, flavo, pendulo, ad caulem sessili, foliis minoribus pulchris, eleganter pinnatis. *Clayt. n.* 157.

CAS-

CASSIA foliolis feptem parium lanceolatis, extimis fere minoribus, glandula fupra bafin petiolorum. Linn. hort. cliff. 159.

Senna liguſtri-folio. *Plum. fpec.* 18. *Dill. elth.* 350. *t.* 269. *f.* 338.

Senna occidentalis, foliis ebuli acutis glabris, odore minus virofo. *Boerh. ind. alt.* 11. *p.* 58.

Poincianæ fpecies herbacea, floribus pentapetalis flavis, in fummo caule fpicatis; foliis pinnatis foetidis, nullo in extrema cofta impari; filiquis latis per maturitatem nigris, quafi articulatis; femine intus nigricante viridi notato; radice perenni. Folia vi purgatrice cum Sennæ Alexandrinæ foliis conveniunt. Flower—fence *Clayt. n.* 146.

CASSIA foliis octo faepius parium ovato-oblongis æqualibus, glandula fupra bafin petiolorum. Linn. hort. cliff. 159.

Senna mimofæ foliis, filiqua hirfuta. *Dill. elth.* 351. *t.* 260.

Senna fpuria virginiana, filiquis hirfutis rotundifolia. *Pluckn. alm.* 342.

Senna alta annua, corolla aurea, filiqua hirfuta. *Clayt. n.* 813.

MONOTROPA caule unifloro decandro. Linn. fpec. 387.

Montropa flore nutante. *Fl. virg.* 41.

Orobanchoides canadenfis flore oblongo cernuo. *Tourn. act.* 1706.

Orobanche monandros virginiana, flore majore pentapetalo. *Morif. hiſt.* 111. *p.* 502. *t.* 26. *f.* 5.

Orobanche virginiana flore tetrapetalo cernuo Banifter. *Pluckn. alm.* 273. *t.* 209. *f.* 2.

Broom—rape. *Catesb. car.* 1. *t.* 36.

Orobanche dodrantalis flore pallido, caule fquamis nigris veftito. *Clayt. n.* 245.

KALMIA foliis fublanceolatis, corymbis lateralibus. Linn. amœn. 111. 14. Spec. 391.

Azalea foliis lanceolatis integerrimis, non nervofis glabris, corymbis terminatricibus. *Fl. virg.* 21.

Chamædaphne fempervirens, foliis oblongis anguftis, foliorum fafciculis oppofitis e foliorum alis. *Catesb. car. app. t.* 17. *f.* 1.

Ciftus fempervirens laurifolia, floribus eleganter bullatis D. Banifter. *Pluckn. alm.* 106. *t.* 161. *f.* 3.

Ciftus Ledon f. Andromeda laurifolia fempervirens, floribus dilute carneis, purpureis maculis notatis, extra eleganter bullatis ad infundibuli formam proxime accedentibus, inodoris, confertim nafcentibus, capfula ficca quinquefariam divifa. Ivy. Ovibus maxime noxia cenfetur. *Clayt. n.* 21.

KALMIA foliis ovatis, corymbis terminatricibus. Linn. amœn. 111. 13. Spec. 391.

Andromeda foliis ovatis obtufis, corollis corymbofis infundibuliformibus, genitalibus declinatis. *Fl. virg.* 160.

L Cha-

Chamædaphne foliis tini, floribus bullatis. *Catesb. car.* II. *t.* 98.

Ciftus chamærhododendros Mariana laurifolia, floribus expanfis, fummo ramulo in umbellam plurimis. *Pluckn. mant.* 49. *t.* 379. *f.* 6. The common Laurel, vulgarly called Ivy. Ovium præfentaneum venenum. *Adverf. Collins.*

RHODODENDRON foliis nitidis ovalibus, margine acuto reflexo. Linn. fpec. 392.

Chamærhododendros lauri folio femper virens, floribus bullatis corymbofis. *Catesb. car. app. t.* 17.

Ledum laurocerafi folio. *Lofling. gemm. arb.* 17.

Azalea floribus pulcherrimis fpeciofis rubris, foliis oblongo–lanceolatis petiolatis admodum craffis fempervirentibus. In rupibus montium crefcit. *Clayt. n.* 832.

> Mountain Lawrell or Chamærhododendros penfilvanica D. *Collinfon plant. penfilv. vol.* 5. *n.* 102. *& vol.* 7. *n.* 12. *ac vol.* 8. *n.* 97. *ubi Celeb. Dillenius notat revera eandem effe cum Chamærhododendro·pontica maxima folio Laurocerafi, flore e cæruleo purpurafcente. Tourn. cor. p.* 42.
>
> *Folia citri, integerrima, utrinque·glabra, fere fpitbamæa. Calices obtufi. Bartram obfervavit hanc fpeciem altitudine* 20 *pedum at the head of Skulkill.*

ANDROMEDA pedunculis aggregatis, corollis cylindricis, foliis alternis ovatis integerrimis. Linn. fpec. 393.

Andromeda foliis ovatis, pedunculis fafciculatis, capfulis pentagonis apice dehifcentibus. *Fl. virg.* 49.

Arbufcula mariana brevioribus euonymi foliis pallide virentibus, floribus arbuteis ex eodem nodo plurimis, fpicatim uno verfu prorumpentibus. *Pluckn. mant.* 25.

Vitis Idæa mariana bullatis floribus amplis, uno verfu in fpicam dependentibus. *Ejusd. Ibid. p.* 188. *tab.* 448. *f.* 6.

Ciftus Ledon f. Andromeda humilior, floribus majoribus albis urceolatis pendulis, foliis amplis coriaceis fplendentibus, capfula pentagona longiori & magis acuminata. *Clayt. n.* 30.

ANDROMEDA racemis fecundis nudis paniculatis, corollis fubcylindricis, foliis alternis obtufis crenulatis. Linn. fpec. 394.

Andromeda foliis ovatis acutis crenulatis planis alternis, floribus racemofis. *Linn. bort. cliff.* 162.

Vitis idæa americana, longiori mucronato & crenato folio, floribus urceolatis racemofis. *Pluckn. alm.* 391.

Frutex foliis ferratis, floribus longioribus fpicatis fubviridibus, capfula pentagona. *Catefb. car.* II. *t.* 43.

Ciftus Ledon f. Andromeda floribus parvis albis tubulofis pendulis, in fpica tenui uno verfu difpofitis, cortice glabro lucido. *Clayt. n.* 73.

AN-

ANDROMEDA racemis secundis nudis, corollis rotundo—ovatis. Linn. spec. 394:
Andromeda arborea foliis oblongo—ovatis integerrimis, floribus paniculatis
nutantibus, racemis simpliciffimis. *Fl. virg.* 48.
Frutex foliis oblongis acuminatis, floribus spicatis uno versu dispositis.
Sorrel—tree. *Catesb. car.* 1. *t.* 71.
Arbor floribus parvis albis, quasi urceolatis nudis, spicatim uno versu dis-
positis, foliis oblongo—acuminatis acidis, capsula parva conica quinque-
partita. Foliorum decoctum aestum febrilem mitigat, sitimque sedat.
Clayt. n. 613.

*ANDROMEDA foliis ovato—subrotundis, acutis, crenulatis, floribus panicu-
latis nutantibus, racemis simpliciffimis.*
Andromeda foliis majoribus ovato—subrotundis, floribus spicatis. Ex plagis occidentalibus hyeme ad me missa. *Clayt. n.* 910.

*ANDROMEDA floribus in spica candidis: foliis alternis acute ovatis, pe-
tiolatis, crassis: cortice rubro.* Montibus summis crescit. *Clayt. n.* 874.

*ANDROMEDA racemis simplicibus, foliis lanceolatis alternis deciduis, calyci-
bus acutis laxis.*
Redbud—tree. *Clayt. n.* 59.

EPIGÆA. Linn. amœn. III. 17.
Memecylum. *Mitch. gen.* 13. *Ludw. def.* 200.
Arbutus foliis ovatis integris, petiolis laxis longitudine foliorum. *Fl. virg.* 49.
Pyrola repens foliis scabris, flore pentapetaloide fistuloso D. Banister. *Raj.
suppl.* 596.
Pyrolæ affinis Virginiana repens fruticosa, foliis rigidis, scabritie exaspe-
ratis, flore pentapetaloide fistuloso. *Pluckn. alm.* 309 *t.* 107. *f.* 1.
Pyrolæ affinis repens fruticosa, primo vere florens, flore carneo tubulato,
ad oram in quatuor vel quinque segmenta expanso, foliis latis oblongis
scabris rigidis sempervirentibus, plerumque fuscis. Planta est humilli-
ma, nunquam a terra assurgens. *Clayt. n.* 250.

CLETHRA.
Alnifolia americana serrata, floribus pentapetalis albis, in spicam dispofi-
tis. *Pluckn. alm.* 18. *t.* 115. *f.* 1. *Catesb. car.* 1. *t.* 66.
Frutex foliis ac facie Alni, floribus albis pentapetalis odoratis, spicatim ad
ramulorum finem dispositis, capsula sicca pentagona, seminibus minutissimis tenuibus repleta. *Clayt. n.* 114.

*Arbor est sat procera, ramis teretibus alternis. Folia lanceolata, acumi-
nata, petiolata, subtus venosa, superiora verò magis dilatata & acute serrata, inferiora obverse—ovata obtusa, serrata tamen. Ramos terminant Spicae
laxae vix spithamæae, floribus subsessilibus stipula subulata exceptis, & calyce incano munitis.*

PYRO-

PYROLA pedunculis bifloris. Linn. ſpec. 396.

Pyrola petiolis apice bifloris & trifloris. *Fl. virg.* 48.

Pyrola marilandica minor, folio mucronato arbuti. *Petiv. muſ.* 675.

Pyrola mariana arbuti foliis anguſtioribus, trifoliata, ad medium nervum linea alba utrinque per longitudinem diſcurrente. *Pluckn. mant.* 157. *t.* 349. *f.* 4.

Pyrolæ ſpecies flore albo odorato, foliis oblongis muricatis aculeatis, albo Cyclaminis vel Aſari inſtar notatis, pediculis rubris inſidentibus, capſula Ciſti in ſeptem vel octo loculamenta diviſa, ad apicem diu glutinoſa. Aſpectu ſuffrutex eſſe videtur. *Clayt. n.* 88.

Trifoliata non eſt, ſed folia habet plurima ad ſummum caulem congeſta.

DIGYNIA.

•*SAPONARIA foliis ovato—lanceolatis, ealycibus cylindraceis.* Linn. hort. cliff. 165.

Saponaria major. *Dalech. biſt.* 822.

Saponaria major lævis. *Bauh. pin.* 206.

Saponaria vulgaris. *Bauh. biſt.* 111. *p.* 346.

Saponaria vulgaris ſimplex & multiplex. *Moriſ. biſt.* 11. *p.* 547. *t.* 22. *f.* 52.

Lychnis ſylveſtris quæ Saponaria vulgo. *Tourn. inſt.* 336.

Lychnis Saponaria dicta, floribus carneis ſpecioſis, ealycibus cylindraceis. *Clayt. n.* 660.

TIARELLA foliis cordatis. Linn. amœn. 111. 17. Spec. 405.

Mitella ſcapo nudo. *Linn. bort. cliff.* 167.

Mitella americana florum petalis integris. *Tourn. inſt.* 242.

Cortuſa americana flore ſpicato, petalis integris. *Herm. parad.* 129. *Lugdb.* 661.

Cortuſa indica vel Hedera terreſtris. *Stap. theoph.* 366.

Sanicula montana americana repens. *Vaill. pariſ.* 161.

Sanicula montana peregrina, ſeu Cortuſa americana. *Jonq. pariſ.* 115.

Mitella floribus ſpicatis albis, foliis Heucheræ, valva capſulæ ſuperiore alia multo breviore, ſeminibus lucidis nigris. *Clayt. n.* 554.

SAXIFRAGA foliis lanceolatis denticulatis, caule nudo paniculato, floribus ſubcapitatis. Linn. ſpec. 399.

Saxifraga foliis radicalibus lanceolatis denticulatis, caule ſubnudo piloſo ramoſo, floribus confertis capitatis. *Fl. virg.* 49.

Saxifraga noveboracenſis. *Cold. noveb.* 105.

Saxifraga penſilvanica, floribus muſcoſis racemoſis. *Dill. elth.* 337. *t.* 253. *f.* 328.

Sanicula virginiana alba, folio oblongo mucronato. *Pluckn. alm.* 331. *t.* 59. *f.* 1. & *t.* 222. *f.* 5.

Saxifraga alba, foliis caulibuſque hirſutis. *Clayt. n.* 304.

SAXIFRAGA foliis obovatis crenatis fubfeffilibus, caule nudo, floribus conge-
ftis. Linn. fpec. 401.

Saxifraga foliis fubovatis crenatis, caule nudo floribusque capitatis. *Linn.*
fl. fuec. 354.

Saxifraga foliis cordato—ovalibus crenatis, corolla alba, caule hirfuto aphyllo. *Fl. virg.* 160. *Clayt. n.* 525.

Saxifraga foliis oblongo—rotundis dentatis, floribus compactis. *Raj. fyn.* 3.
p. 354. *t.* 16. *f.* 1.

Sempervivum minus dentatum. *Mart. fpitsb.* 43. *t. F. f. A.*

HYDRANGEA.

Anonymos floribus albis parvis, in umbella lata magna difpofitis, odoratis: foliis amplis acuminatis ferratis, pediculis infidentibus, ex adverfo
binis; càule fruticofo præalto non ramofo; vafculo parvo bicapfulari feminibus minutiffimis repleto, duobus parvis filamentis feu corniculis recurvis coronato. Hyeme ramulos dimittit. *Clayt. n.* 79.

Frutex eft ramis quadrangularibus, foliis cordatis acuminatis ferratis petio-
latis, glabris, venis alternis gaudentibus, fuperioribus ovatis. Ramos ter-
minat corymbus compofitus ex pedunculis oppofitis, internodio foliorum longio-
ribus, frequentiffimis, iterum ac iterum brachiatis, ut corymbus evadat den-
fiffimus Tini inftar.

· T R I G Y N I A.

CUCUBALUS foliis quaternis. Linn. hort. upf. 110.

Silene foliis quaternis. *Fl. virg.* 50.

Lychnis caryophylleus virginianus, gentianæ foliis glabris, quatuor ex fingulis geniculis caulem amplexantibus, flore amplo fimbriato. *Raj. bift.* 11.
p. 1895.

Lychnis plumaria alba, foliis ad genicula quatuor cruciatim pofitis, thecis florum tumentibus D. Banifter. *Raj. fuppl.* 489. *Pluckn. alm.* 233. *t.* 43. *f.* 4.

Lychnis virginiana cruciata, petalis laciniatis. *Petiv. ficc.* 30.

Drypis foliis quaternis. *Cold. noveb.* 106.

Lychnis floribus in fummis caulibus albis pendulis, petalis pulchre fimbriatis; calycibus tumefcentibus; foliis longis acuminatis, caulium genicula
cruciatim ambientibus; vafculo fphærico inftar baccæ. Datur hujus
Varietas foliis ad nodos binis. *Clayt. n.* 245.

SILENE petalis bilobis coronatis, floribus erectis, foliis fubciliatis. Linn.
hort. upf. 114.

Silene corymbo dichotomo, floribus pedunculatis, ramis alternis erectis,
foliis lanceolatis integerrimis. *Fl. virg.* 50.

Silene foliis lanceolatis glabris, pedunculis trifidis, petalis emarginatis,
calycibus ovatis. *Roy. prodr.* 447.

Viſcago americana noctiflora antirrhini folio. *Dill. elth.* 422. *t.* 313. *f.* 403.

Lychnis caroliniana rubra minus hirſuta. *Petiv. ſicc.* 29. *Raj. app.* 11. *p.* 246.

Lychnis elatior glabra, floſculis albis, ad ſumma caulium internodia rubidum exſudans viſcum. *Pluckn. alm.* 231.

Lychnis virginiana elatior, floribus parvis in ſummitate caulis. *Pluckn. mant.* 121.

Lychnis noctiflora flore extus atro—rubente, intus carneo, foliis caryophyllæis, caule viſcoſo. *Clayt. n.* 388.

SILENE floribus faſciculatis, calycibus tomentoſis.

Lychnis floribus albis, foliis oblongis anguſtis hirſutis. *Clayt. n.* 300. *pl.* 3. Hujus datur Varietas floribus rubris, petalis crenatis. *Clayt. n.* 530.

SILENE calycibus floris cylindricis, panicula dichotoma, calycibus villoſis. *Linn.* ſpec. 419.

Lychnis viſcoſa virginiana, flore amplo coccineo, ſ. Muſcipulæ regiæ D. Baniſter. *Pluckn. alm.* 231. *t.* 203. *f.* 1.

Lychnis flore ſimplici ſpecioſo coccineo, foliis oblongis acuminatis adverſis, caule viſcoſo. *Clayt. n.* 423.

ARENARIA foliis ſubovatis acutis ſeſſilibus, corollis calyce brevioribus. *Linn.* fl. ſuec. 373.

Arenaria foliis ſubovatis acutis ſeſſilibus. *Linn. hort. cliff.* 173.

Arenaria multicaulis ſerpilli folia. *Rupp. jen.* 90.

Spergula multicaulis. *Dill. giſſ.* 58.

Lychnoides vulgaris. *Vaill. pariſ.* 121.

Alſine minor multicaulis. *Baub. pin.* 251.

Alſine puſilla flore albo, foliis anguſtiſſimis gramineis glabris muricatis, caulibus humiſtratis. *Clayt. n.* 922.

ARENARIA foliis filiformibus, ſtipulis membranaceis vaginantibus. *Linn.* fl. ſuec. 376. Spec. 423.

Arenaria foliis linearibus, longitudine internodiorum. *Linn. hort. cliff.* 173.

Mollugo alſines ſpecies. *Clayt. n.* 475.

ARENARIA foliis linearibus, caule erecto dichotomo: foliis calycinis ovatis, petalis lanceolatis.

Alſine rupeſtris flore albo: foliis linearibus anguſtiſſimis. *Clayt. n.* 879. OBS. *Differt a reliquis calyce triplo longiore & petalis lanceolatis.*

P E N T A G Y N I A.

CERASTIUM floribus pentandris, petalis emarginatis. *Linn. hort. cliff.* 173.

Ceraſtium hirſutum minus, flore parvo. *Dill. giſſ.* 80. *Raj. ſyn.* 3. *p.* 348. *tab.* 15. *fig.* 1.

Ceras-

Ceraftium corolla calyce breviore. *Linn. fl. lapp.* 193.
Alfine hirfuta minor. *Baub. pin.* 251.
Myofotis arvenfis hirfuta minor. *Vaill. parif.* 142. *t.* 30. *f.* 2.
Myofotis flore albo, floribus caulibusque hirfutis. *Clayt. n.* 342.

CERASTIUM foliis lineari—lanceolatis obtufis, corollis calyce majoribus.
Linn. fl. fuec. 381.
Ceraftium foliis calycibusque hirfutis. *Linn. bort. cliff.* 174.
Myofotis arvenfis .hirfuta flore majore. *Tourn. inft.* 245. *Vaill. parif.* 141.
t. 30. *f.* 4.
Caryophyllus arvenfis hirfutus flore majore. *Bauh. pin.* 210.
Holofteum caryophyllæum. *Tabern. ic.* 233.
Alfine floribus albis, foliis anguftis hirfutis nigellaftri. *Clayt. n.* 623.

OXALIS fcapo multifloro: foliis radicalibus ternatis, foliolis obverfe cordatis.
Oxys purpurea virginiana, radice fquamata. *Tourn. inft.* 89.
Oxys purpurea virginiana radice Lilii more nucleata, capitulis poftquam
defloruerint bulbillis ut in allio corvino conflatis. *Pluckn. alm.* 274. *t.* 52.
f. 102.
Trifolium acetotiffimum, radice parva rotunda Lilii more imbricata. *Ba-*
nift. cat. ftirp. virg.
Oxys caule aphyllo, flore purpureo, radice fquamofa, interdum annexa
appendici fufiformi pellucidæ albicanti. *Clayt. n.* 741.
    obs. *Petioli & pedunculi longitudine æquales. Radix bulbofa non dentata.*
    Flores in eodem fcapo plures.

OXALIS caule ramofo erecto, pedunculis multifloris. Fl. virg. 161.
Oxys lutea americana erectior. *Tourn. inft.* 88.
Oxys erecta flore luteo. *Clayt. n.* 474.
Trifolium acetofum corniculatum luteum majus erectum, indicum feu vir-
ginianum. *Morif. bift.* 11. *p.* 184. *t.* 17. *f.* 3.

SEDUM annuum caule compreffo, foliis obverfe—ovatis.
Sedum faxatile floribus albis, foliis fucculentis fubrotundis, caule rubente.
In rupibus & faxis alpium crefcit, Majoque floret. *Clayt. n.* 891.

PENTHORUM. Fl. virg. 51. Linn. act. upf. 1744. 12. tab. 2.
Damafonio Lugdunenfium five Plantagini aquaticæ ftellatæ affinis, foliis
.Perficariæ nonnihil fimilibus, caule ligneo, floribus in fpicam curvatam
congeftis: fructu e quinque thecis echinatis, ftellatim quafi difpofitis,
compofito. In umbrofis madidisque occurrit. *Clayt. n.* 158.
    Caulis teres, herbaceus, pedalis, glaber. Folia lanceolata in petiolos defi-
nentia, acute ferrata, alterna, pollicis longitudine, utrinque glabra. Sum-
mum caulem excipiunt racemi patentes tres, quatuor, quinque, recurvi fim-
plices, ferentes ad latera flores plurimos feffiles alternos, furfum fpectantes:
binc

hinc Corymbus Heliotropium æmulari videtur; ex foliorum alis egrediuntur rami solitarii. Semina parum compressa. Facies plantæ ad Mercurialem accedit. Folia Persicam referunt. Fructus figura quinque turrium. Night—Shade Noveboracensibus.

DECAGYNIA.

PHYTOLACCA foliis integerrimis. Linn. hort. cliff. 177. Hort. upf. 117.
Phytolacca vulgaris. *Dill. elth.* 318. *t.* 239. *f.* 309.
Solanum virginianum rubrum racemosum, baccis torulis canaliculatis. *Morif. hift.* III. *p.* 522. *t.* I. *f.* 22. Poke vulgo, cujus fuccus fole infpiffatus in ulceribus finuofis callofis egregia præftat, ac repetitis experimentis cancros genuinos curavit. *Cold. noveb.* 251.

Hæc ad Apetalas proprie pertinet, nam quod pro flore habetur, re vera Calyx eft, qui ad plenam baccarum maturitatem formam coloremque retinens perdurat. *Clayt. n.* 671.

Classis XI.

DODECANDRIA
MONOGYNIA.

ASARUM *foliis reniformibus mucronatis binis.* Linn. fpec. 442.
Afarum foliis fubcordatis petiolatis. *Linn. hort. cliff.* 178. *Fl. fuec.* 392.
Afarum canadenfe. *Corn. canad.* 24. *t.* 25.
Afarum aquaticum, foliis rotundis ferratis non maculatis, calyce magno hirfuto. *Clayt. n.* 288.
Noftratibus errore Coltsfoot. *Cold. noveb.* 110.

ASARUM *foliis cordatis obtufis glabris petiolatis.*
Afarum cyclamini folio virginiana. *Banift. virg.*
Afarum virginianum piftolochiæ foliis fubrotundis, cyclaminum more maculatis. *Pluckn. alm.* 53. *t.* 78. *f.* 2. *Morif. hift.* III. *p.* 511. *t.* 7. *f.* 3.
Afarum calyce purpureo amplo, e terra paululum remoto, foliis glabris cordiformibus, albis maculis notatis. Folia in axungia porcina leniter cocta in ambuftis egregii ufus. *Clayt. n.* 704.

PORTULACA *foliis fubrotundis craffioribus, ad modum Stellariæ caulis apicem cingentibus. Species toto cœlo diverfa a Portulaca anguftifolia floribus flavis.* *Clayt. n.* 410.

POR-

PORTULACA foliis cuneiformibus glabris-fucculentis binis oppofitis, ad fummitatem caulis verticillatis. *Cold. noveb.* 128.

PORTULACA foliis cuneiformibus feffilibus. Roy. prodr. 473. Linn. hort. upf. 146.

Portulaca foliis cuneiformibus verticillatis feffilibus floribus fubfeffilibus. *Linn. bort. cliff.* 207.

Portulaca latifolia fativa. *Bauh. pin.* 288.

Portulaca domeftica. *Lob. ic.* 388. *Clayt. n.* 797.

LYTHRUM foliis oppofitis linearibus petiolatis, floribus dodecandris. Linn. fpec. 446.

Lythrum foliis petiolatis. *Fl. virg.* 52.

Anonymos flore purpureo ringenti, galea bipartita, labio quadripartito, feminibus vafculo inclufis, caule vifcofo. Florem habet tenerum & citiffime marcefcentem, mane folummodò confpicuum. *Clayt. n.* 418.

Folia *lanceolata, oppofita, integerrima.* Caulis *pubefcens vifcofus.* Flos *ex fingula ala folitarius.* Calyx *tubulofus, oblongus, ventricofus, ore obfoleto minimo fexfido.* Petala *fex, tenuia, oblonga.* Stamina *duodecim, fex ad fingulum latus.* Piftillum *unicum.* Stigma *capitatum.*

LYTHRUM foliis oppofitis fubtus tomentofis fubpetiolatis, floribus verticillatis lateralibus. Linn. fpec. 446.

Lythrum foliis oppofitis, floribus verticillatis. *Fl. virg.* 52.

Lyfimachia purpurea marilandica, falicis foliis nullo ordine pofitis, floribus & fructu in foliorum alis. *Raj. fuppl.* 504.

Salicaria aquatica flore purpureo, ad genicula quafi verticillatim pofito, foliis falicis, caule fruticofo. *Clayt. n.* 214.

Salicaria flore luteo majori, foliis pluribus latioribus hirfutis, vafculo quatuor foliolis, floris inftar expanfis, inftructo, in fummis caulibus florens. *Clayt.*

LYTHRUM foliis oppofitis linearibus, floribus oppofitis hexandris. Linn. fpec. 447.

Lythrum foliis linearibus, floribus hexandris folitariis. *Fl. virg.* 162.

Caulis *erectus.* Folia *oppofita linearia integerrima.* Flores *in fummis alis folitarii.* Corolla *hexapetala alba.* Stamina *fex.* Calyx *ftriatus fexdentatus.*

Alia ejusdem Species aquatica erecta, caule rubente, foliis ad genicula binis, longis, anguftis, Hyffopi inftar, flore tetrapetalo albo parvo, cito marcefcente, ad nodos pofito. Pericarpium habet calyce foliofo reconditum, & in tria loculamenta divifum. *Clayt. n.* 505.

Salicaria parva aquatica repens; caule fucculento glabro rubente, floribus ex alis foliorum egreffis, dilute luteis, tetrapetalis, fugaciffimis, vix confpicuis, foliis rubentibus venofis glabris lucidis, ad finem rotundis, ex adverfo binis, vafculo foliofo in quatuor loculamenta divifo. *Clayt.*

DIGYNIA.

AGRIMONIA foliis omnibus pinnatis, fructu bifpido. Linn. hort. cliff. 179.
Agrimonia officinarum. *Tourn. inft. 301. Clayt. n. 850.*
Eupatorium. *Fuchf. hift. 244. Camer. epit. 756.*
Eupatorium veterum five Agrimonia. *Baub. pin. 321.*

TRIGYNIA.

EUPHORBIA inermis, foliis lanceolatis, umbella univerfali multifida: partialibus dichotomis, involucris femibifidis perfoliatis. Linn. hort. cliff. 199.
Tithymalus characias rubens peregrinus. *Baub. pin. 290.*
Tithymalus characias 1. *Cluf. hift. 11. p. 188.*
Tithymalus flore flavo: foliis plurimis falicis, caule in fummitate ramofo. *Clayt. n. 557.*

EUPHORBIA inermis, foliis oppofitis, pedunculis unifloris folitariis longiffimis.
Hujus varietas pedunculis multifloris eft Tithymalus botryodes maderafpatenfis hyperici foliis non crenatis, floribus ex alis uno verfu provenientibus. *Pluckn. alm. 373.*
Tithymalus flore exiguo viridi, apicibus flavis, antequam folia emittit, florens: foliis glabris acuminatis, ad cordis formam accedentibus, nervofis, rigidis, radicibus albis reptatricibus. Nonnullis Ipecacuanha.
A nonnullis, præcipue incolis Borealibus temere ad vomitum ciendum interne ufurpatur. *Clayt. n. 555.*
    Caulis divaricatus herbaceus, folia lanceolata, vel lanceolato—ovata, integerrima. Pedunculi uniflori, foliis longiores.

EUPHORBIA procumbens, ramulis alternis, foliis lanceolato—linearibus, floribus folitariis.
Tithymalus f. Peplis marilandica, foliis oblongis obtufis, binis oppofitis, pediculis donatis, ramulis alternis. *Raj. fuppl. 431.*
Efula pufilla maritima, nunc erecta, nunc fupina, foliis anguftis albicantibus. *Clayt. n. 152.*

EUPHORBIA inermis, foliis lanceolatis obtufis alternis, ramis floriferis dichotomis, petalis maximis fubrotundis.
Tithymalus flore parvo albo, ftaminibus aureis, caule rubente in plurimos ramu-

ramulos regulariter difpofitos ad cacumen divaricato, foliis oblongis glaucis. *Clayt. n.* 155.

Notabilis eft hæc fpecies petalis, quæ adeo diftincta funt a calyce, ac unquam corolla Lini a fuo perianthio; eaque funt alba, numero quatuor, tenuisfima, decidua, omnium fructificationis partium maxima. Hinc forfan peltæ gibbæ carnofæ & obtufæ in multis Euphorbiæ fpeciebus obviæ, a veris petalis nihil differunt.

In Phytophylacio Collinfoniano datur altera Species foliis oppofitis, caule nudo.

-EUPHORBIA *inermis foliis ovalibus oppofitis ferratis uniformibus, ramis alternis, caule erecto culo.* Linn. hort. cliff. 198.

Euphorbia inermis, foliis ovalibus oppofitis hinc ferratis uniformibus, ramis alternis, caule erectiufculo. *Linn. hort. upf.* 143.

Tithymalus erectus floribus rarioribus, foliis oblongis glabris integris. *Burm. zeyl* 224. *t.* 105. *f.* 2.

Tithymalus indicus annuus dulcis, floribus albis, cauliculis viridantibus. *Pluckn. alm.* 379. *t.* 113. *f.* 2,

Tithymalus africanus f. Peplis major brafilienfibus. *Comm. præl.* 60. *t.* 10.

Efula flore albo, foliis atro-purpureo notatis, fructu tricocco. *Clayt. n.* 450.

Claffis XII.

ICOSANDRIA

MONOGYNIA.

CACTUS *compreffus articulatus ramofiffimus, articulis ovatis, fpicis fetaceis.* Linn. hort. upf. 120.

Cactus aculeatus prolifer, articulis ovatis, fpinis fetaceis. *Linn. fpec.* 408.

Cactus compreffus articulatus ramofiffimus, articulis ovatis, fructu majore. *Linn. hort. cliff.* 183.

Ficus indica. *Dod. pempt.* 813. *Lob. ic.* 2. *p.* 241.

Opuntia flore magno fpeciofo luteo, caulibus fpinofis, fructu purpureo. Prickly-Pear. *Clayt. n.* 99.

PRUNUS *floribus racemofis, foliis deciduis bafi antice glandulofis.* Linn. fpec. 473.

Cerafi fimilis arbufcula mariana, padi folio, flore albo parvo racemofo. *Pluckn. mant.* 43. *t.* 339. *Catefb. car.* 1. *t.* 28.

Cerafus fylveftris fructu nigricante in racemis longis pendulis phytolaccæ inftar congeftis. *Clayt. n.* 627.

K 2   PRU-

PRUNUS fylveſtris, fructu majori rubente. *Clayt. n.* 534.

PRUNUS fylveſtris humilior, fructu rubro præcociori & minori, radice reptatrice. *Clayt. n.* 326.

DIGYNIA.

CRATÆGUS *foliis ovatis repando—angulatis ferratis.* Linn. hort. cliff. 187. Cold. noveb. 115.

Mefpilus fpinofa f. Oxyacantha virginiana maxima. *Herm. lugdb. Angl. hort.* 49. *t.* 13. *f.* 1.

Mefpilus apii folio, virginiana, fpinis horrida fructu amplo coccineo. *Pluckn. alm.* 249. *t.* 46. *f.* 4.

Mefpilus foliis Apii, fructu rubro parvo, fpinis longis acutis. Cockspur-Hawthorn. *Clayt. n.* 43 & 783. *Hanc fpeciem validis quandoque munitam fpinis, quandoque iis orbatam effe obfervavit Linnæus. l. c. Hinc* Mefpilus inermis, foliis oblongis integris acuminatis ferratis parvis, utrinque viridibus, cortice albicante. *num.* 506. qui Cratægus foliis lanceolato—ovatis fubtrilobis ferratis glabris, caule inermi. *Linn. fpec.* 476.

CRATÆGUS *foliis cuneiformi—ovatis ferratis fubangulatis fubtus villofis, ramis fpinofis.* Linn. fpec. 476.

Mefpilus inermis, foliis ovato—oblongis ferratis, fubtus tomentofis. *Fl. virg.* 551.

Mefpilus mariana mucronatis Pruni foliis læte virentibus, pomis longo pediculo innixis. *Pluckn. mant.* 130. *Raj.*

Mefpilus foliis oblongis mucronatis læte virentibus, fubtus incanis, pomis parvis rubentibus dulcibus, racematim congeſtis. Currants. *Clayt. n.* 55.

CRATÆGUS *foliis lanceolato—ovatis ferratis fcabris, ramis fpinofis.* Linn. fpec. 476.

Mefpilus aculeata pyrifolia denticulata fplendens: fructu infigni rutilo virginienfis. *Pluckn. alm.* 247. *t.* 46. *f.* 1.

Mefpilus pruni foliis, fpinis longiſſimis fortibus, fructu rubro magno. *Clayt. n.* 698. *Fl. virg.* 55.

Valde affinis eſt Mefpilo fpinofæ foliis lanceolato—ovatis crenatis, calycibus obtufis. *Linn. hort. cliff.* 189.

PENTAGYNIA.

MESPILUS *inermis, foliis ovato—oblongis glabris ferratis, caule inermi.* Linn. fpec. 478.

Mefpilus inermis, foliis fubtus glabris obverfe ovatis. *Fl. virg.* 54.

Frutex Mefpilo affinis humilis, non ramofus nec aculeatus, foliis alternis
fub-

rotundis, eleganter ferratis, & ad apicem rotundis; flore & fructu Mefpilo fylveftri five Spinæ albæ fimilis. *Clayt. n.* 60. *&* 295.

    Foliis fubtus glabris obverfe ovatis differt a Sorbo virginiana foliis arbuti. Herman. Hort. Lugd. Bat.

PYRUS foliis ferrato—angulofis. Linn. fpec. 480.
Malus fylveftris floribus odoratis. *Clayt. n.* 51.
Malus fylveftris virginiana floribus odoratis. The virginian Crab—tree with fweet flowers. *Mill. cat. arb. p.* 45. *Bradl. improv.* 384.

SPIRÆA foliis lobatis ferratis, corymbis terminalibus. Linn. fpec. 489.
Spiræa foliis incifis angulatis, floribus corymbofis. *Linn. hort. cliff.* 190.
Spiræa Opuli folio. *Tourn. inft.* 618.
Euonymus virginiana ribefii folio, capfulis eleganter bullatis. *Comm. amft. part.* 1. *p.* 169. *t.* 87.
Spiræa floribus albis, foliis opuli. Sevenbark. *Clayt. n.* 302. *Cold. noveb.* 116.

SPIRÆA foliis ternatis ferratis fubæqualibus, floribus fubpaniculatis. Linn. fpec. 490.
Filipendula foliis ternatis. *Linn. hort. cliff.* 191. *Act. phil. n.* 192 *&* 332. *Cold. noveb.* 117.
Ulmaria major trifolia, flore amplo pentapetalo D. Banifter. *Pluckn. alm.* 392. *t.* 236. *f.* 5. *Raj. fuppl.* 330.
Ulmaria virginiana trifolia, floribus candidis amplis longis & acutis. *Morif. hift.* 111. *p.* 323.
Ulmaria Ipecacuanha hîc dicta, floribus albicantibus rubro variegatis pentapetalis, in paniculam tenuem fummitate caulium congeftis, foliis oblongis acuminatis rugofis ferratis alternis, in uno pediculo ternis, caule ramofo glabro atro—rubente. Ipecacuanha, or Indian Phyfick. Radicis in pulverem redactæ grana quadraginta blande per vomitum expurgant. *Clayt. n.* 290.

SPIRÆA foliis fupra decompofitis, fpicis paniculatis, floribus dioicis. Linn. fpec. 490.
Aruncus. *Linn. hort. cliff.* 463.
Ulmaria floribus in longas fpicas congeftis. *Boerh. ind. alt.* 2. *p.* 295.
Anonymos foliis pimpinellæ faxifragæ, capfulis parvis triquetris in fpicas longas denfe ftipatis. *Clayt. n.* 302 *&* 421.

POLYGYNIA.

ROSA caule aculeato, petiolis inermibus calycibus femipinnatis. Linn. fl. fuec. 406.
α. Rofa alta paluftris petiolis rubro—fufcis alatis, flore faturatius rubro. *Clayt. n.* 953.

K 3   β. Rofa

β. Rosa sylvestris virginiensis, Parkins. *Raj. hist.* 1473.

Rosa sylvestris foliis odoratis. Sweet Bryar. *Clayt. n.* 481.

γ. Rosa sylvestris elatior foliis inodoris. *Clayt. n.* 486.

ROSA canina *sylvestris inodora, Cynosbatos.* Clayt.

RUBUS foliis quinato—digitatis ternatisque, caule petiolisque aculeatis. Linn.
fl. suec. 409.

Rubus caule aculeato, foliis ternatis, ac quinatis. *Linn. hort. cliff.* 192.

Rubus vulgaris sive Rubus fructu nigro. *Bauh. pin.* 479.

Rubus idaeus fructu nigro. *Clayt. n.* 703.

RUBUS caule aculeato, foliis ternatis. Linn. hort. cliff. 192. Fl. suec. 410.

Rubus repens fructu caesio. *Bauh. pin.* 479.

Rubus idaeus caulibus procumbentibus, fructu nigro e tribus quatuorve
acinis amplis composito. *Clayt. n.* 694.

Rubus caule aculeato reflexo perenni, foliis ternatis. *Linn. fl. lapp.* 205.

RUBUS foliis simplicibus, caule unifloro. Linn. fl. suec. 413.

Rubus caule bifolio & unifloro, foliis simplicibus. *Linn. fl. lapp.* 208. *t.* 5.
f. 1. *Hort. cliff.* 192.

Rubus humilis palustris, fructu e rubro flavescente. *Rudb. it.* 9. *Lapp.* 99.

Rubus palustris, foliis ribis. *Frank. spec.* 37.

Chamaerubus foliis ribis. *Bauh. pin.* 480.

Chamaemorus. *Raj. syn* 3. *p.* 260.

Chamaemorus norvagica. *Lind. wibs.* 8.

Morus norvagica. *Till. ab.* 47. *ic.* 159.

Chamaerubus caule unifolio & bifolio, foliis nonnullis trilobatis, aliis quinquelobis laciniatis, lobis acute serratis, unifloro : bacca erecta pedunculo brevi e sinu folii egrediente. Maji initio ad ripam Fluminis in
Comitatu Annae, ubi montes coeruleos pervadit, solo pingui fructum im-
maturum ferentem vidi. *Clayt. n.* 857.

RUBUS caule suberecto leviter aculeato, foliis ternatis, fructu nigro.

Rubus americanus magis erectus, spinis rarioribus, stipite coeruleo. *Pluckn.
alm.* 325.

Rubus idaeus magis erectus, spinis mitioribus, fructu nigro ex acinis minoribus composito. *Clayt. n.* 940.

*Veram esse Rubi speciem docent specimina floribus onusta. Observatio Raji
suppl. dendr. p.* 76. *hic loci nullius usus.*

FRAGARIA flagellis reptatricibus. Linn. vir. 45.

Fragaria flagellis reptans. *Linn. hort. cliff.* 192.

Fragaria virginiana fructu coccineo. *Morif. hist.* 11. *p.* 186.

Fragaria. *Clayt. n.* 939.

POTENTILLA foliis digitatis, caule repente, pedunculis unifloris. Linn. fl.
fuec. 418.

Potentilla foliis digitatis longitudinaliter patenti-ferratis, caule repente.
Linn. hort. cliff. p. 194.

Pentaphyllum vulgare. *Clayt n.* 699.

POTENTILLA caule fruticofo. Linn. hort. cliff. 193. Fl. fuec. 416.

Pentaphylloides fruticofa. *Raj. fyn.* 3. *p.* 256.

Pentaphylloides fruticofum. *Raj. fyn.* 2. *p.* 398. *ic.*

Pentaphylloides rectum fruticofum eboracenfe. *Morif. hift.* 11. *p.* 193.

Pentaphylloides rectum frutefcens. *Walth. hort.* 95. *t.* 17.

Pentaphyllum fruticofum. *Clayt. n.* 818.

GEUM floribus erectis, fructu globofo, feminum cauda uncinata nuda. Linn.
hort. cliff. 195. var. β.

Caryophyllata virginiana albo flore minore, radice inodora. Herman. lugdb.
*Clayt. Nam nulla nota fpecifica differt, fed folia ovata magis acuminata &
vix divifa funt, ac ftipulæ laciniatæ.*

Claffis XIII.

POLYANDRIA

MONOGYNIA.

A*CTÆA racemis longiffimis.*

Actæa racemis longiffimis fructibus unicapfularibus. *Linn. fpec.* 504.

Chriftophoriana americana procerior & longius fpicata. *Dill. elth.* 79. *t.* 67.
f. 78.

Chriftophorianæ facie herba fpicata ex provincia Floridana. *Pluckn. amalth.* 54.
t. 383. *f.* 3.

Anonymos foliis Chriftophorianæ foetidis, planta alta, magna, rudimentis
florum fpicatim difpofitis. Nec flores perfectos, nec femen unquam vidi. *Clayt. n.* 305.

Noftratibus Rich-weed & aliquibus Black-Snake-root. *Cold. noveb.* 125.
De viribus confer Act. Phil. Lond. Vol. 20. *n.* 246. *pl.* 41.

CHELIDONIUM glabrum pedunculis unifloris. Linn. hort. upf. 137.

Chelidonium pedunculis unifloris. *Linn. hort. cliff.* 201.

Papaver corniculatum luteum. *Bauh. pin.* 171.

Papaver corniculatum flavo flore. *Cluf. hift.* 2. *p.* 93.

Glau-

Glaucium flore luteo. *Tourn. inft.* 254.

Glaucium maritimum, flavo flore, foliis longis hirfutis craffis mollibus, ad coftam ufque varie incifis, filiqua longa magna fungofa bivalvi, duas feminum feries continente. *Clayt. n.* 276.

SARRACENA foliis ftriftis. Linn. fpec. 520.

Sarracena foliis rectis. *Linn. bort. cliff.* 497.

Sarracena foliis longioribus & anguftioribus. *Catefb. car.* 2. *t.* 69.

Coilophyllum virginianum, longiore folio erecto, flore luteo. *Morif. bift.* 111. *p.* 533.

Bucanephyllon elatius virginianum f. Limonio congeneris altera fpecies elatior, foliis triplo longioribus. *Pluckn. alm.* 72. *Amalth.* 46. *t.* 152. *f.* 3. *&* 376. *f.* 5.

Thuris limpidi folium. *Bauh. bift.* 1. *p.* 307. *Dalech. bift.* 1754. *Lob. adv.* 430.

Sarracena floribus flavis; foliis erectis buccinae fimilibus, folliculo ad ora inftructis. Initio aprilis in paludofis floret. Hic vulgo Side fadle flower, in Carolina Boreali Trumpet flower vocatur. *Clayt. n.* 559.

SARRACENA foliis gibbis. Linn. hort. cliff. 497.

Sarracena foliis brevioribus latioribus. *Catesb. car.* 11. *t.* 70.

Sarracena canadenfis foliis cavis & auritis. *Tourn. inft.* 657.

Coilophyllum virginianum breviore folio, flore purpurafcente. *Morif. bift.* 111. *t.* 533.

Bucanephyllum americanum, limonio congener dictum. *Pluckn. alm.* 71. *Amalth.* 46. 376. *f.* 6.

Nepenthes americanum flore majore. *Breyn. prodr.* 2. *p.* 76.

Limonium peregrinum, foliis forma floris ariftolochiae. *Bauh. pin.* 192.

Limonio congener. *Cluf. bift.* 2. *p.* 82.

Sarracena flore purpureo: foliis brevioribus cavis & auritis, margine extante longitudinaliter decurrente. *Clayt.* 717.

SANGUINARIA Linn. hort. cliff. 202.

Sanguinaria minor, flore fimplici. *Dill. elth.* 335. *t.* 252. *f.* 327.

Chelidonium majus canadenfe acaulon. *Corn. canad.* 212. *Morif. bift.* 11. *p.* 257. *t.* 11. *f.* 1.

Sanguinaria flore fimplici fpeciofo albo, decem vel pluribus petalis in orbem pofitis conftante, in uno caule unico: foliis glaucis varie angulatis, vafculo unicapfulari, radice tuberofa, exterius obfcure rubente, intus aurantii coloris. Omnes plantae partes, praecipue radix, fucco faturate aureo fcatent, quem Indi Puccoon vocant. Primo vere floret. *Clayt. n.* 247.

Blood—root. *Cold. noveb.* 126.

PODOPHYLLUM foliis peltatis lobatis. Linn. fpec. 505.

Podophyllum. *Linn. bort. cliff.* 202. *Hort. upf.* 137.

Anapodophyllon canadenfe Morini. *Tourn. inft.* 239. *Catefb. car.* 1. *p.* 24. *t.* 24.

Den-

Dentaria monophyllos, anapodophyllon parifienfibus. *Morif. blef.* 258.
Nymphææ congener alpina. *Pluckn. alm.* 267.
Papaveri affinis montana aconitifolia, ranunculi nemorenfis radice. *Herm. lugdb.* 476.
Herbæ paris affinis bifolia, pomum majale Londinenfibus. *Raj. hift.* 671.
Solano congener monophyllum aut diphyllum, aconiti folio, flore albo. *Morif. hift.* 111. *p.* 533.
Ranunculi facie peregrina. *Joncq. parif.* 153.
Aconiti folio humilis, flore albo unico campanulato, fructu cynosbati. *Mentz. pug. t.* 2.
May—apple. Radix eft emetica. *Clayt. n.* 255.

PODOPHYLLUM foliis binatis femicordatis. Linn. fpec. 505.
Podophylli vel Nelumbonis fpecies foliis reniformibus, in petiolis longiffi-mis erectis e radice immediate egreffis, binatim difpofitis, fubtus glau-cis: fructu magno coriaceo lutefcente uniloculari, per maturitatem ad apicem operculi inftar horifontaliter dehifcente: feminibus oblongis lu-cidis fpadiceis. Flores nondum videre licuit. Maji initio folo fubhu-mido & fertiliffimo fub arborum excelfarum tegumine, convallibus & clivis montium collegi. *Clayt. n.* 854.

NYMPHÆA foliis integerrimis cordatis, calyce tetraphyllo, corolla multiplici. Linn. mat. med. 258.
Nymphæa calyce tetraphyllo, corolla multiplici. *Linn. fl. lapp.* 219. *Hort. cliff.* 203. *Fl. fuec.* 427.
Nymphæa alba major. *Bauh. pin.* 193.
Nymphæa alba. *Bauh. hift.* 3. *p.* 770. *Dod. pempt.* 585.
Leuconymphæa, Nymphæa alba major. *Boerh. ind. alt.* 1. *p.* 281.
Nymphæa alba, flore pleno odorato. *Clayt. n.* 949.

NYMPHÆA foliis cordatis dentatis. Linn. fl. zeyl. 194. Spec. 511.
Nymphæa indica, flore candido, folio in ambitu ferrato. *Sloan. jam.* 120. *Hift.* 1. *p.* 252. *Raj. fuppl.* 630.
Lotus ægyptia. *Alp. ægypt.* 103.
Hanc in New Jerfay crefcentem obfervavit D. Kalm.

MIMOSA aculeis undique fparfis folitariis, foliis duplicato—pinnatis, caule angulato. Linn. hort. cliff. 209.
Mimofa aculeata foliis bipinnatis foliolis incurvis, caule angulato. *Linn. fpec.* 522.
Acacia maderaspatana fpinofa, pinnis veluti lunulatis, nervo pinnularum ad unum latus vergente. *Pluckn. alm.* 4. *t.* 122. *f.* 2.
Intfia. *Rheed. mal.* 6. *p.* 7. *t.* 4.
Mimofa floribus & filiquis in capitula rotunda digeftis. *Clayt. n.* 416.

L   *TILIA*

TILIA floribus nectario instructis. Kalm. Linn. spec. 514.

Tilia ampliffimis glabris foliis, noftrati fimilis. *Pluckn. mant.* 181.

Tilia foliis majoribus mucronatis. *Clayt. fl. virg.* 58.

TRIGYNIA.

ACONITUM foliorum laciniis linearibus, fuperne latioribus linea exaratis. Linn. hort. cliff. 412. Flor. fuec. 442.

Aconitum magnum purpureo flore, vulgo Napellus. *Bauh. hift.* III. p. 655.

Aconitum Lycoctonum f. Napellus vulgaris. *Cluf. hift.* 2. p. 96.

Napellus. *Dod. pempt.* 442.

Napellus verus. *Lob. hift.* 387.

Aconitum cœruleum f. Napellus 1. *Bauh. pin.* 183.

Aconitum cœruleum f. Napellus. *Clayt. n.* 518.

DELPHINIUM nectariis diphyllis, foliis palmatis, laciniis fere integris. Linn. hort. cliff. 213. · *Laciniis integerrimis.* Hort. upf. 150. Mat. med. 269.

Delphinium platani folio, Staphifagria dictum. *Tourn. inft.* 428.

Staphifagria. *Cæfalp. fyft.* 584. *Clayt. n.* 918.

Staphis agria. *Bauh. pin.* 324. *Bauh. hift.* III. p. 641. *Morif. hift.* III. p. 465. t. 3. f. 1. *Dod. pempt.* 366.

PENTAGYNIA.

AQUILEGIA nectariis rectis, ftaminibus corolla longioribus. Linn. hort. upf. 153.

Aquilegia corolla fimplici, nectariis fere rectis. *Linn. hort. cliff.* 215. *Cold. noveb.* 129.

Aquilegia pumila præcox canadenfis. *Corn. canad.* 60.

Aquilegia virginiana flore rubente. *Pluckn. alm.* 38.

Aquilegia præcox canadenfis; flore externe rubicundo, medio luteo. *Morif. hift.* III. p. 457. t. 2. f. 4.

Aquilegia floribus rubentibus, foliis dilute viridibus. *Clayt. n.* 338.

Virginian Ivy. Clayt. n. 25.

    CAL. Perianthium *pentaphyllum, germini infidens, coloratum, foliis lineari-lanceolatis, petalis anguftioribus, vix brevioribus, deciduum.*

    COR. Petala *quinque, lanceolata, æqualia, patentia.*

    STAM. Filamenta *numerofa, viginti vel plura, corollâ breviora.* Antheræ *fubrotundae, erectae.*

    PIST. Germen *turbinatum, fub receptaculo floris.* Styli *quinque, coaliti, breviffimi.* Stigmata *obtufa.*

    PER. . .

SEM.

SEX...

Folia oppofita, petiolata, ovata, glabra, fuperne ferrata. Ramos excipit corymbus ex pluribus minoribus corymbulis oppofitis compofitus. Flores albi. Caulis fcandit, radicesque exferit Hederæ inftar, quibus arboribus adhæret.

POLYGYNIA.

LIRIODENDRUM. Linn. hort. cliff. 223. Hort. upf. 154.
Tulipifera arbor virginiana. *Herm. lugdb.* 612.
Tulipifera virginiana, tripartito aceris folio, media lacinia velut abfciffa. *Pluckn. alm.* 379. *t.* 117. *f.* 5. & *t.* 248. *f.* 7. *Raj. bift.* 1798. *Catefb. car.* 1. *p.* 48.
Tulipifera caroliniana, foliis productioribus magis angulofis. *Pluckn. alm.* 379. *t.* 68. *f.* 3.
Arbor virginiana tulipifera, Poplar vulgo. *Clayt. n.* 16.
White—wood & Canoe—wood—tree noftratibus. *Colden. noveb.* 130.

MAGNOLIA foliis ovato—lanceolatis. *Linn. hort. cliff.* 222.
Magnolia lauri folio, fubtus albicante. *Dill. eltb.* 207. *t.* 168. *Catefb. car.* 1. *p.* 39.
Swamp—Laurel. *Clayt. n.* 34.
Magnolia ampliffimo flore albo, fructu coeruleo. *Plum. gen.* 38.
Tulipifera americana laurinis foliis averfa parte rore coeruleo tinctis, conibaccifera. *Pluckn. alm.* 379. *t.* 68. *f.* 4.
Laurus tulipifera, baccis calyculatis. *Raj. bift.* 1690.
Laurus tulipifera, foliis fubtus ex cinereo & argenteo purparafcentibus. *Raj. bift.* 1798.

MAGNOLIA flore maximo albo foetido, foliis deciduis amplis, florem ad ramulorum feriem fphaerice cingentibus, fructu majori. Umbrella—tree. *Clayt. n.* 24.
Magnolia ampliffimo flore albo, fructu coccineo. *Catesb. car.* 11. *t.* 80.

MAGNOLIA flore albo, folio majore acuminato, fubtus haud albicante. Magnitudine & craffitie fpecies omnes fuperat. *Clayt. n.* 404. *Catesb. car. app. tab.* 15.

ANONA foliis ovali—lanceolatis glabris nitidis planis. *Linn. hort. cliff.* 222.
Anona indica, fructu conoide viridi, fquamis veluti aculeato. *Pluckn. alm.* 32. *t.* 135. *f.* 2.
Anona. *Comm. hort. amft.* 1. *p.* 133. *p.* 69.
Anona americana fructu majore, Soortfak parvum vulgo. *Herm. lugdb.* 645.
Anona indica latifolia, fructu fquamofo afpero, feminibus ex flavo nigricantibus turgido. *Pluckn. olm.* 31. *t.* 134. *f.* 2.
Anona maxima foliis latis fplendentibus, fructu maximo viridi conoide, tuberculis feu fpinulis innocentibus afpero. *Sloan. jam.* 103. *Hift.* 11. *p.* 166. *t.* 225.

Gau-

Guanabanus fructu e viridi lutefcente molliter aculeato. *Plum. gen.* 43.
Araticu prima feu fimpliciter dicta. *Raj. hift.* 1651.
Araticu porche. *Marcgr. braf.* 93. *Pif. braf.* 69.
Zuurfak. *Mer. fur.* 14.
Frutex floribus pentapetalis campanulatis flavefcenti-fufcis, foliis longis
  acuminatis alternis, ramulis lentis, fructu magno carnofo, pulpa molli
  foetida repleto (duobus vel tribus plerumque fimul junctis) in cellulas
  quafi transverfim partito, unaquaque femen unicum latum magnum lucidum continente. Papaw—tree. *Clayt. n.* 58.

ANEMONE foliis trilobis integerrimis. Linn. fpec. 538.
Hepatica. *Linn. bort. cliff.* 223. & *Flor. fuec.* 445.
Hepatica trifolia flore coeruleo. *Cluf. hift. p.* ccxlvii.
Hepatica trilobata verna, flore coeruleo, foliis ferrugineis. *Clayt. n.* 328.

ANEMONE caule ramofo, petalis lanceolatis. Roy. prodr. p. 588.
Anemone pedunculis alternis longiffimis, fructibus cylindricis, feminibus
  hirfutis muticis. *Linn. fpec.* 540.
Anemone virginiana tertiae Matthioli fimilis, flore parvo. *Herm. lugdb.* 645.
Anemone flore unico albo, foliis Ranunculi. *Clayt. n.* 529.

CLEMATIS foliis ternatis, foliolis cordatis fcandentibus ferrato-angulatis.
  Linn. amoen. iv. p. 275.
Clematis foliis pinnatis, foliolis cordatis inaequaliter incifo-crenatis. *Linn.
  bort. cliff.* 225.
Clematitis fylveftris latifolia. *Bauh. pin.* 300.
Clematis latifolia dentata. *Bauh. hift.* 1. p. 125.
Atragene theophrafti. *Cluf. hift.* 1. p. 122.
Viorna vulgi. *Lob. hift.* 345.
Vitalba. *Caefalp. fyft.* 543. *Dod. pempt.* 405.
Clematitis aquatica trifoliata, late fcandens, floribus albis odoratis. *Clayt.
  n.* 270.

*CLEMATIS erecta humilis, non ramofa, foliis fubrotundis, flore unico ochro-
  leuco.* Banift. virg. Pluckn. mant. 51. t. 379. f. 5.
Clematitis fylveftris, flore coerulefcente erecto, petalis ad oram reflexis,
  foliis amplis latis mollibus, ex adverfo ad fingulos nodos absque pediculis binis (interdum ternis) muricatis, caule haud ramofo. *Clayt. n.* 296.
? Clematis foliis fimplicibus lanceolatis. *Linn. bort. cliff.* 225.

CLEMATIS foliis compofitis & decompofitis, foliolis quibusdam trifidis.
Clematis purpurea repens, petalis florum coriaceis. *Raj. hift.* 1928.
Scandens caroliniana planta viornae foliis. *Petiv. ficc.* 27.
Flammula fcandens, flore coriaceo claufo. *Dill. elth.* 144. t. 118. f. 444.
Clematitis flore purpureo. *Clayt. n.* 411.

TH4

THALICTRUM caule unifloro, ex eodem puncto foliis quatuor fimplicibus inftructo.

Anonymos flore fingulari albo nudo hexapetalo, petiolo longo tenuiffimo infidenti, foliis femper quatuor, aquilegiæ nonnihil fimilibus, pediculis longis tenuibus infidentibus. Hujus fructum nunquam vidi. *Clayt. n.* 294.

THALICTRUM floribus diorcis.

Thalictrum caule paniculato, feminibus pedunculatis, ftylis germine longioribus. *Fl. virg.* 62.

Thalictrum flore albo, foliis aquilegiæ, caule glabro flavefcente. *Clayt. n.* 266.

    Germina, quamprimum Corolla definit, reflectuntur ftylis filiformibus longis inftructa, quæ tranfeunt in femina obverfe—ovata, triangularia, definentia in pedicellos, ftylos tandem demittentia. Caulis ramofiffimus eft, & rami finguli paniculati absque ullis foliolis ad pedunculorum propriorum exortum.

THALICTRUM feminibus triangularibus pendulis, ftipulis ad fubdivifiones foliorum. Linn. hort. cliff. 226.

Thalictrum canadenfe. *Corn. can.* 186.

Thalictrum canadenfe caule purpurafcente, aquilegiæ foliis, florum ftaminibus albis. *Tourn. inft.* 271.

Thalictrum majus, foliis aquilegiæ, flore albo. *Morif. bift.* 111. *p.* 325. *t.* 20. *f.* 15.

An Flammulæ quædam fpecies. *Clayt. n.* 846?

RANUNCULUS fructu oblongo, foliis inferioribus palmatis, fummis digitatis. Linn. hort. cliff. 230.

Ranunculus Apii folio lævis. *Bauh. pin.* 108. *Clayt. n.* 405.

Ranunculus paluftris flore minimo. *Bauh. bift.* 111. *p.* 858.

Ranunculus fylveftris 1. *Dod. pempt.* 426.

Ranunculus paluftris rotundiore folio. *Lob. bift.* 382.

RANUNCULUS feminibus aculeatis, foliis fimplicibus palmatis incifis. Linn. hort. cliff. 229.

Ranunculus paluftris echinatus. *Bauh. pin.* 180.

Ranunculus aquatilis rectus, foliis pallidioribus hirfutis: floribus parvis fugacibus, pediculis longis infidentibus. Aprilis initio ad paludum margines folo lutofo floret. *Clayt. n.* 740.

RANUNCULUS calycibus retroflexis, pedunculis fulcatis, caule erecto, foliis compofitis. Linn. fl. fuec. 469.

Ranunculus radice fimplici globofa. *Linn.* hort. cliff. 230.

Ranunculus bulbofus. *Lob. ic.* 606.

Ranunculus pratenfis radice verticilli modo rotunda. *Bauh. pin.* 179.

Ranunculus vernus pratenfis vulgaris, flore flavo. *Clayt. n.* 739.

Folia

Folia minora funt, & magis hirfuta. Calyx ut in Europea, omnino re-
flexus; & pedunculi fulcati.

RANUNCULUS *calycibus patulis, pedunculis fulcatis, ftolonibus repentibus,*
foliis compofitis. Linn. fl. fuec. 468.
Ranunculus foliis ternatis, foliolis petiolatis trifidis incifis, medio produ-
ctiore, caule multifloro. *Linn. hort. cliff.* 250.
Ranunculus repens flore luteo fimplici. *Bauh. hift. III. p.* 419.
Ranunculus pratenfis procumbens aut inclinans hirfutus. *Morif. hift. II.*
p. 439. *t.* 29. *f.* 18.
Ranunculus pratenfis & hortenfis, reptante cauliculo. *Lob. hift. III. p.* 379.
Ranunculus hortenfis 1. *Dod. pempt.* 425.
Ranunculus pratenfis repens hirfutus. *Bauh. pin.* 179. *Clayt. n.* 473.
        Ab hoc foliis glabris & feminibus aculeatis differt Ranunculus foliis ter-
natis, foliolis petiolatis, ferratis: terminatrice reliquis majore trifido:
floribus paucis luteis: feminibus aculeatis. *Clayt. n.* 700.

RANUNCULUS *foliis radicalibus cordatis crenatis, caulinis ternatis angulatis,*
caule fubtrifloro. Linn. fpec. 551.
Ranunculus folio fubrotundo virginianus, flore parvo, molliori folio. *Herm.*
lugdb. 514.
Ranunculus foliis radicalibus reniformibus crenatis petiolatis: caulibus paucis digitatis feffilibus, flore luteo. *Clayt. n.* 701.

RANUNCULUS *aquaticus altiffimus: floribus in panicula albis: foliis lanceo-*
lato-fagittatis, femiamplexicaulibus.
In palude coenofiffima impervia extenfiffima juxta agros D. Humfredi Broo-
kes Comit. Gulielmi regis de longa fluvium Mattapony dictum, hippa-
gine trajiciens junii initio florentem vidi, & tunc juncos, fcirpos, arun-
dines, aliafque paludum foboles fupereminuit.   An Damafonium maximum plantaginis folio, flore flavefcente, fructu globofo. *Plum. amer.*
An Ranunculus aquaticus plantaginis folio, flore albo, calyce purpureo.
Plum. *Clayt.*

RANUNCULUS *foliis fubmerfis capillaceis.* Linn. fl. fuec. 472.
Ranunculus foliis inferioribus capillaceis, fuperioribus peltatis. *Linn. fl.*
lapp. 234.
Ranunculus aquaticus folio rotundo & capillaceo. *Bauh. pin.* 180. *Morif.*
hift II. p. 442. *t.* 29. *f.* 31.
Ranunculus aquaticus albus lato & foeniculi folio, italicus. *Barr. obf.* 584.
Ranunculus aquatilis. *Dod. pempt.* 387.
Ranunculoides foliis variis. *Vaill. act.* 1719. *p.* 49.
Ranunculus aquaticus flore flavo, foliis infimis tenuiffime ad modum foe-
niculi divifis. *Clayt. n.* 885.

                                                                CAL-

CALTHA. Linn. fl. lapp. 227. Fl. fuec. 473. Cold. noveb. 141.

Caltha paluſtris. *Bauh. hiſt.* 111. *p.* 470. *Dod. pempt.* 598. *Lob. hiſt.* 323.

Caltha paluſtris flore ſimplici. *Bauh. pin.* 276.

Populago flore majore. *Tourn. inſt.* 273.

Pſeudohelleborus ranunculoides rotundifolius ſimplex. *Moriſ. hiſt.* 111. *p.* 461. *t.* 2. *f.* 1.

Populago aquatica, floribus ſpecioſis flavis, foliis ſerratis lunulato—reniformibus. *Clayt. n.* 522.

HELLEBORUS caule inferne anguſtato multifolio multifloro, foliis caule brevioribus. Linn. hort. cliff. 227.

Helleborus caule multifloro folioſo, foliis pedatis. *Linn. ſpec.* 558.

Helleborus niger fœtidus. *Bauh. pin.* 185.

Helleborus niger ramoſus anguſtifolius ſemper virens elatior. *Moriſ. hiſt.* 111. p. 459. *t.* 4. *f.* 6.

Helleborus niger ſylveſtris adulterinus etiam hyeme virens. *Bauh. hiſt.* 111. p. 880.

Helleboraſter maximus, flore & ſemine prægnans. *Lob. hiſt.* 387.

Seſamoides magnum cordi, & Conſiligo ruellii. *Lob. hiſt.* 387.

Enneaphyllon. *Cæſalp. ſyſt.* 583.

Helleborus niger, flore viridi ad oram dilute purpureo, foliis digitatis, pediculis alatis. Ad Lumbricos extirpandos a nonnullis ſatis audacter teneris infantibus exhibetur. Pulvere foliorum puerorum pediculos enecant Indigenæ. *Clayt. n.* 323.

Claſſis XIV.

DIDYNAMIA

GYMNOSPERMIA.

TEUCRIUM foliis linearibus trifidis integerrimis. Linn. hort. upſ. 160.

Teucrium foliis ſimpliciter trifidis. *Linn. hort. cliff.* 301.

Chamæpitys lutea vulgaris, ſive folio trifido. *Bauh. pin.* 249.

Chamæpitys vulgaris odorata flore luteo. *Bauh. hiſt.* 111. *p.* 295.

Chamæpitys 1. *Dod. pempt.* 46.

Chamæpitys vulgaris flore flavo. *Clayt. n.* 443.

TEUCRIUM foliis ovato—lanceolatis ſerratis, caule erecto, racemo terminali, verticillis hexaphyllis. Linn. ſpec. 564.

Teucrium foliis lanceolatis ſerratis petiolatis, floribus ſolitariis. *Fl. virg.* 64.

Scoro-

Scorodonia, feu potius Scordium flore rubente, foliis longis rugofis, forma Salviæ fimilibus, fubtus incanis, odore Allii præditis, radice reptatrice. *Clayt. n.* 135.

TEUCRIUM foliis ovatis, inæqualiter ferratis, floribus racemofis, racemis terminatricibus.
Scorodonia flore rubente, foliis Urticæ profunde ferratis, pediculis longis infidentibus. *Clayt. n.* 117,

SATUREIA foliis ovatis ferratis, corymbis terminalibus dichotomis. Linn. fpec. 568.
Thymus foliis ovatis acuminatis ferratis, corymbis lateralibus terminatricibusque pedunculatis. *Fl. virg.* 64.
Chamædrys verna odoratiffima. *Banift.*
Calamintha mariana mucronatis rigidioribus & crenatis foliis, flofculorum calyculis villis argenteis fummo margine fimbriatis. Dittany h. e. Dictamnus vulgo. *Pluckn. mant.* 35. *t.* 344. *f.* 2.
Calamintha erecta virginiana, mucronato folio glabro, Pulegium virginianum quibusdam, aliis Dictamnus virginianus dicta. *Morif. hift.* 111. *p.* 413. *t.* 19. *f.* 7. *Raj. fuppl.* 309.
Calamintha autumnalis, flore purpureo, foliis latioribus odoratis. Antifebrilis effe cenfetur. *Clayt. n.* 197.
   Calyx interne tomentofus eft, ac tomento clauditur.

HYSSOPUS caule acute quadrangulo glabro. Linn. hort. upf. 163.
Brunella bracteis lanceolatis. *Linn. hort. cliff.* 316.
Nepeta caule acute quadrangulo. *Linn. vir.* 58.
Sideritis canadenfis altiffima, fcrophulariæ folio, flore flavefcente. *Tourn. inft.* 192.
Betonica virginiana elatior, foliis fcrophulariæ glabris, flore ochro—leuco. *Morif. hift.* 111. *p.* 365. *f.* 11. *t.* 4. *f.* 11. Pluckn. alm. 67. *t.* 150 *f.* 3.
Betonica maxima folio Scrophulariæ, floribus incarnatis. *Herm. parad.* 106.
Betonica alba frutefcens, floribus dilute flavis; in fpicas longas denfiffime ad ramulorum finem ftipatis. *Clayt. n.* 168.

AGASTACHE. Clayt.
Betonica vel potius Brunella humilior, flore dilute carneo, calycibus rubris verticillatim per intervalla in fpicis laxis mollioribusque difpofitis: fingulo verticillo bracteis duabus mollibus lanceolatis fuffulto, foliis Scrophulariæ. Montium incola Augufto florens.
Species plantæ præcedentis num. 168. fed novum genus cenfeo. Agaftache infcribam, quafi herba multas & prægrandes fpicas ferens. *Clayt. n.* 912.

NE-

NEPETA *floribus interrupte spicatis pedunculatis.* Linn. hort. cliff. 310.
Cataria major vulgaris. *Tourn. inst.* 202.
Nepeta folio Melissæ graveolens, floribus pallide cœruleis. *Clayt. n.* 43.

NEPETA *foliis lanceolatis, capitulis terminalibus, staminibus flore longiori-*
bus. Linn. spec. 571.
Clinopodium foliis lanceolatis, capitulis terminatricibus. *Linn. hort. cliff.* 305.
Clinopodium amaraci foliis, floribus albis. *Pluckn. alm.* 110. *t.* 85. *f.* 2.
Clinopodium flore albo ramofius, angustioribus foliis glabris virginianum.
Morif. hift. 111. *p.* 374. *t.* 8. *f. ult.*
Clinopodium foliis parvis angustis vix odoratis, nonnihil incanis: flo-
ribus albicantibus in corymbos fphæricos ad caulis finem denfe coactis;
caule erecto. *Clayt. n.* 898.
    *Facies & habitus Clinopodii, a quo genere distinguitur Labio inferius cre-
nato & staminibus flore longioribus.*

MENTHA *floribus spicatis, foliis oblongis ferratis.* Linn. hort. upf. 168.
Mentha angustifolia spicata. *Bauh. pin.* 227.
Mentha III. IV. *Dod. pempt.* 95.
Mentha aquatica spicata: foliis oblongis viridibus ferratis.   Crefcit in um-
brofis humidioribus circa fontes. *Clayt.* 654.

LAMIUM *foliis floralibus fessilibus, amplexicaulibus obtufis.* Linn. hort.
cliff. 314. Cold. noveb. 144.
Lamium folio caulem ambiente, minus. *Bauh. pin.* 231.
Galeopfis folio caulem ambiente minor. *Riv. mon.* 63.
Morfus gallinæ, folio hederulæ, alterum. *Lob. ic.* 463.
Galeopfis five Lamium rubrum, primo vere florens, flore rubro, chamæ-
ciffi folio fœtido. *Clayt. n.* 331.

STACHYS *foliis lanceolatis fessilibus, bafi attenuatis.* Linn. hort. cliff. 310.
Sideritis vulgaris, hirfuta, erecta. *Bauh. pin.* 232.
Sideritis vulgaris hirfuta. *Bauh. hift.* 111. *p.* 425. *Morif. hift.* 111. *p.* 387.
t. 12. *f.* 1.
Sideritis vulgaris. 1. *Cluf. hift.* 11. *p.* 39.
Galeopfis floris galea rubente, labello pallido purpureis lineis intus notato,
foliis oblongis ferratis acuminatis, fpinulis obfitis, inferioribus pediculis
infidentibus. *Clayt. n.* 271.

MARRUBIUM *denticulis calycinis fetaceis uncinatis.* Linn. hort. cliff. 312.
Marrubium album vulgare. *Bauh. pin.* 230. *Morif. hift.* 111. *p.* 376. *t.* 9. *f.* 1.
Marrubium album. *Bauh. hift.* 111. *p.* 316.
Marrubium vulgare. *Cluf. hift.* 11. *p.* 34.
Marrubium foliis rugofis tomentofis, flore albicante.   In obftructione pul-
monum, hepatis & in tuffi utilis. *Clayt. n.* 792.

LEONURUS foliis caulinis lanceolatis—trilobis. Linn. hort. cliff. 313. Fl. suec. 496.

Marrubium Cardiaca dictum. *Bauh. pin.* 230.

Cardiaca floribus carneis, verticillis quasi lanatis. *Clayt. n.* 26.

TRICHOSTEMA staminibus longissimis exsertis. Linn. spec. 598.

Scutellaria coerulea, majoranae foliis, americana. *Raj. app.* 311. *n.* 9.

Cassida mariana majoranae folio. *Petiv. sicc.* 23.

Moldavica Melissa foliis oblongis mollibus, floribus violaceis, ex alis foliorum, pediculis longis insidentibus, odore grato resinoso. *Clayt. n.* 177.

TRICHOSTEMA foliis setaceis.

Anonymos aquatica flore flavo dipetalo clauso fumariae aemulo, calcari destituto, in uno caule unico; caule aphyllo; humilis: foliis angustis, gramineis: radice fibrosa. *Clayt. n.* 41.

MELISSA pedunculis axillaribus dichotomis folio longioribus, caule decumbente. Linn. spec. 593.

Melissa floribus ex alis superioribus, pedunculo dichotomo, caule procumbente. *Linn. hort. cliff.* 308.

Calamintha pulegii odore, seu Nepeta. *Bauh. pin.* 228.

Calamintha flore minore, odore pulegii. *Bauh. hist.* III. p. 229.

Calamintha pulegii odore, foliis latioribus. *Boerh. ind. alt.* I. p. 175.

Calamintha altera, odore gravi pulegii. *Lob. hist.* 275.

Pulegium sylvestre sive Calamintha altera. *Dod. pempt.* 98.

Calamintha praealta, odore gravi, foliis leviter dentatis, flore pallide coeruleo e longo pediculo prodeunte. Uterina est, mensesque pellit. *Clayt. n.* 198.

MELISSA floribus verticillatis subsessilibus secundum longitudinem caulis.

Pulegium erectum odore vehementi, flore violaceo, radice nequaquam reptatrice. *Clayt. n.* 514. *Cold. noveb.* 143. *Halselq. vir. pl.* 405.

Caules erecti. Facies omnino Calaminthae Pulegii odoris foliis latioribus Boerhavii. Verticilli pedunculo communi non relaxantur, sed arcte in verticillum congeruntur flores, dispositi secundum totam longitudinem caulis inferne & superne. Folia ovata petiolata tribus, duabus, vel unica crena notantur obtusiuscula, utrinque viridia.

CLINOPODIUM foliis linearibus acuminatis, capitulis terminatricibus. Linn. hort. cliff. 305.

Satureja virginiana. *Herm. parad.* p. 218.

Clinopodium foliis parvis angustis, vix odoratis, floribus albicantibus, in umbellis sphaericis ad caulis finem collectis, caule infirmo. *Clayt. n.* 141.

CLINOPODIUM foliis aliquantum latioribus, in planta paucioribus: caule infirmo, plerumque fupino. *Clayt.*

CLINOPODIUM foliis Rorifmarini multis, floribus albis purpureo—maculatis, in umbellis latioribus ad caulis finem denfe coactis. *Clayt.*

ORIGANUM foliis ovatis, fpicis laxis erectis confertis, paniculatim digeftis. Linn. hort. cliff. 305. Fl. fuec. 480.
Origanum fylveftre. *Bauh. pin.* 223.
Origanum rotundifolium , floribus purpurafcentibus , caule fupino. *Clayt.* n. 310.

PRUNELLA foliis ovato—oblongis petiolatis. Linn. fpec. 600.
Brunella bracteis cordatis. *Linn. hort. cliff.* 316.
Brunella major, folio non diffecto. *Bauh. pin.* 260.
Brunella. *Fuchf. hift.* 621. *Dod. pempt.* 136.
Prunella flore minore vulgaris. *Bauh. hift.* 111. *p.* 428.
Vulneraria eft. *Clayt. add.*

PRUNELLA fylveftris autumnalis , floribus dilute—purpureis, capitulis denfe fipatis. Clayt. n. 170.
Prunella glabra, flore cœruleo, major. *Banift.*
Brunella major mariana flore amplo cœruleo. *Pluckn. mant.* 33.

SCUTELLARIA floribus lævibus carina fcabris , racemis lateralibus foliofis. Linn. fpec. 598.
Scutellaria foliis ovato-lanceolatis petiolatis, racemis foliolofis. *Fl. virg.* 67.
Scutellaria foliis cordato—lanceolatis ferratis, pedunculis multifloris. *Roy. prodr.* 311.
Scutellaria paluftris virginiana major, flore minore. *Morif. hift.* 111. *p.* 416. *Raj. fuppl.* 310.
Caffida aquatica , flore minimo pallide—cœruleo, foliis veronicæ. Autumno floret. *Clayt.* n. 280.

SCUTELLARIA foliis feffilibus ovatis, inferioribus ferratis, fuperioribus integerrimis. Linn. fpec. 599.
Scutellaria foliis integerrimis. *Fl. virg.* 67.
Scutellaria cœrulea virginiana glabra, lamii aut potius teucrii folio, minor. *Pluckn. alm.* 338. *t.* 313. *f.* 4.
Scutellaria teucrii folio marilandica. *Raj. fuppl.* 310.
Caffida flore variegato, foliis longis anguftis. *Clayt.* n. 105.

SCUTELLARIA foliis lanceolatis. Fl. virg. 167. Linn. fpec. 599.
Caffida mariana hyffopi folia. *Petiv. act. phil.*
Caffida flore albo, hyffopi folio. *Clayt.* n. 261.

SCUTELLARIA foliis ovatis, utrinque acutis, obtuse ferratis.
Scutellaria virginiana foliis dentatis. *Morif. hift.* III. *p.* 416. *t.* 19. *f.* 3.
Caffida foliis Betonicæ, flore ex albo & violaceo variegato. *Clayt. n.* 758.
    obs. *Bracteæ feu folia floralia parva, ovata integerrima, corollis dimidio*
breviora.

PHRYMA. Linn. amœn. III. 19. Spec. 601.
Verbena racemo fimpliciffimo, floribus feffilibus, calycibus fructus refle-
    xis, racemoque appreffis. *Fl. virg.* 7.
Leptoftachya. *Mitch. gen.* 9.
Verbenaca mariana Rofæ Chinenfis folio, feminibus deorfum tendentibus.
    Petiv. muf. n. 694.
Verbenæ facie Anonymos, foliis latis crenatis acuminatis, ex adverfo bi-
    nis: floribus purpurafcentibus, galea bifida reflexa, labello tripartito,
    in fpicam longam difpofitis: calyce tenui canaliculato deorfum nutante,
    & ad oram villofo, femen unicum triticeum continente. In umbrofis
    viget. *Clayt. n.* 129.
    Non parum habet fimilitudinem cum Circææ foliis, Amaranthi ficuli Bocco-
ne fpica floribus parvis purpureis propendentibus Herba floridana. Pluckn.
amalth. 59. *t.* 380. *f.* 5.

A N G I O S P E R M I A.

BARTSIA foliis alternis. Linn. hort. cliff. 32. Cold. noveb. 148.
Horminum tenui coronopi folio virginianum. *Morif. hift.* III. *p.* 395.
Clandeftinæ Tournefortii vel Lathreæ Linnæi affinis, flore pallido tenui
    membranaceo, in capitulum congefto, perianthio longo viridi, ad finem
    coccineo, occultato, cui fubeft folium tripartitum, primo viride, po-
    ftea ad finem etiam coccineum. Labium fuperius floris longum fornica-
    tum, inferius breve tripartitum, vix confpicuum. Capfula fubrotunda,
    obtufa, bilocularis, bivalvis, elaftice in duas partes dehifcens, femina
    minima lucida propellens. *Clayt. n.* 239.

RHINANTHUS corollarum fauce patente, foliis finuato—dentatis.
Digitalis lutea foliis incifis: an Rhinanthi fpecies antheris ftaminum hirfu-
    tis bifidis. *Clayt. n.* 488.

SCHWALBEA.
Euphrafia major mariana, floribus fpicatis amplis: tubis longioribus, fum-
    mis oris profunde incifis. *Pluckn. mant.* 73. *t.* 348. *f.* 2.
Schwalbea flore atro—rubente inferne tubulato, fuperne in duo labia divi-
    fo, quorum fuperius integrum & fornicatum, inferius tripartitum: foliis
    mollibus hirfutis alternis, ad alam florifera: caule fimplici non ramofo.
    Majo floret. *Clayt. n.* 33.

                                 Caulis

'Caulis *fimplex*, *non ramofus*, *erectus*, *pubefcens*, *tetragonus*. Folia *lanceolata*, *pubefcentia*. Flores *ex fummis alis alterni*, *feffiles*, *calyce pubefcente ftriato*: Corolla *atro—rubens*, *inclinata*.

PEDICULARIS caule fimplici, *floribus capitatis*, *foliis pinnatifidis crenulatis.*
Pedicularis virginiana filicis folio, flore ochroleuco. *Pluckn. alm.* 283.
Pedicularis minor. *Dill. giff.* 61. & *app.* 40.
Pedicularis verna filicis folio, flore purpurafcente. *Clayt. n.* 252. *Cold noveb.* 147.

CHELONE foliis lanceolatis ferratis oppofitis, *fummis quaternis.* Linn. hort. cliff. 493.
Chelone acadienfis flore albo. *Tourn. act.* 1706.
Chelone flore albo, in fummo caule difpofito, foliis longis in acumen definentibus, ex adverfo absque pediculis binis. In aquis & paluftribus autumno floret. *Clayt. n.* 10. Hujus varietas eft

Digitalis Mariana Perficæ folio. Pet. act. Lond. n. 406. p. 405. n. 49.
Arbor Guainumbæ aviculæ. the Humming—Bird—tree. *Joffelin in Rar. Nov. Angl. Raj. fuppl.* 397.
Digitalis Mariana ferratis denfioribus rigidis & anguftis foliis, femine Fagopyri. *Pluckn. mant.* 64. *t.* 348. *f.* 1.
Chelone floribus fpeciofis pulcherrimis colore Rofæ damafcenæ. *Clayt. n.* 274.

CHELONE caule foliisque hirfutis. Linn. fpec. 611. Ludw. gen. 323.
Anonymos flore pallide cœruleo digitalis inftar in fummis caulibus difpofito; foliis villofis acuminatis atro—virentibus, ex adverfo absque pediculis binis, fœtidis; caule hirfuto duro nigricante, vafculo parvo conico bicapfulari. Majo floret. Digitalis flore pallido tranfparenti, foliis & caule molli hirfutie imbutis. *Banift. virg. Clayt. n.* 39.
Digitalis Virginiana, Panacis Coloni foliis, flore amplo pallefcente. *Pluckn. mant.* 64.

GERARDIA foliis linearibus. Linn. fpec. 610.
Digitalis foliis linearibus, floribus remotis. *Fl. virg.* 160.
Digitalis rubra minor, labiis florum patulis, foliis parvis anguftis. *Banift. virg.*
Digitalis virginiana rubra, foliis & facie antirrhini vulgaris. *Pluckn. mant.* 65. *t.* 388. *f.* 1.
Huic Folia *linearia*, *oppofita*. Rami *oppofiti*. Calyces *monophylli*, *quinquedentati*, *minimi*. Capfulæ *globofæ*, *calyce minores*. Corolla vero *Bignoniæ potius*. Quantum ex fpeciminibus Collinfonianis obfervare licuit, dantur hujus plurimæ varietates, quoad magnitudinem Corollæ, ejusque colorem, ramulorum diftantiam, ac pofitionem.

GE-

GERARDIA *foliis lanceolatis pinnato-dentatis, caule simplicissimo.* Linn. spec. 610.

Anonymos floribus flavis speciosis digitali æqualibus, e foliorum alis absque pediculis singulis egressis, longis tubulatis, ad oram in quinque rotunda segmenta expansis, foliis oblongis integris acuminatis adversis, caulibus lentis ligneis, capsula Digitalis. Videtur esse Digitalis lutea elatior Jaceæ nigræ foliis. *Banist. virg.* Clayt. n. 91.

Hujus datur alia Species, quæ omnibus notis convenit, exceptis foliis, quæ Quercus in modum divisa sunt. *Clayt. an Pluckn. t.* 386. *f.* 1.

GERARDIA *foliis oblongis duplicato-serratis, caule paniculato, calycibus crenatis.* Linn. spec. 611.

Pedicularis foliis lanceolatis pinnatifidis serratis, floribus pedunculatis. *Fl. virg.* 68.

Digitalis mariana filipendulæ folio. *Pet. act. n.* 246. *p.* 405. *n.* 50. *Raj. suppl.* 397.

Digitalis verbesinæ foliis e regione binis, Americana, capsularum apicibus longissimis filamentis donata. *Pluckn. mant.* 64.

Anonymos frutescens, floribus amplis luteis longis tubulatis, ad oram quinquefariam divisis, Digitali similibus, odore Leucoji lutei, calycibus foliaceis, foliis parvis Filipendulæ instar incisis, viscosis, adversis, vasculo oblongo nigro acuminato, bicapsulari, seminibus parvis nigris fœto. An Digitalis lutea altera foliis tenuius dissectis, thecis florum foliaceis Banisteri? Digitalis Virginiana, foliis Rutæ caninæ divisuris, floribus amplis ex luteo pallescentibus. *Pluckn. mant.* 64. Clayt. n. 192.

ANTIRRHINUM *foliis linearibus alternis, corollis biantibus, labio inferiore explanato.* Linn. spec. 618.

Antirrhinum caule simplicissimo longissimo; foliis caulinis linearibus, stolonum procumbentium lanceolatis minimis. *Fl. virg.* 67.

Linaria caule simplici, floribus violaceis, foliis Lini. Clayt. n. 256.

ANTIRRHINUM *foliis hastatis alternis, caule flaccido.* Linn. hort. upf. 175.

Antirrhinum foliis alternis hastatis. *Linn. hort. cliff.* 323.

Linaria minima hirsuto folio acuminato, in basi auriculato, flore luteo minimo. *Morif. hist.* 11. *p.* 503.

Elatine. *Clayt. n.* 435.

BIGNONIA *foliis pinnatis, foliolis incisis, geniculis radicatis.* Linn. hort. cliff. 317. Hort. upf. 178.

Bignonia fraxini foliis, flore coccineo minore. *Catesb. car.* 1. *tab.* 65.

Bignonia scandens, arborescens, flore specioso croceo, foliis fraxini. Plantæ succus facultate venenosa præditus esse fertur. Clayt. n. 225.

BIGNO-

BIGNONIA foliis ovato—lanceolatis conjugatis integerrimis. Roy. prodr. 290.
Gelseminum sive Jasminum luteum odoratum virginianum scandens semperviren. Yellow Yessamy. *Park. theat. p.* 146. *Catesb. car.* 1. *t.* 53.
Syringa volubilis virginiana myrti majoris folio, alato semine, floribus odoratis. *Pluckn. alm.* 359. *t.* 112. *f.* 5.
Bignonia minor volubilis, floribus flavis pulchris odoratissimis: foliis oblongo—lanceolatis adversis petiolatis: caule nonnihil lignoso. Plagis australibus invenienda. *Clayt. n.* 803.

BIGNONIA foliis conjugatis cirrhosis, foliolis cordatis, foliis imis ternatis. Linn. vir. 60.
Bignonia scandens, flore atro—flavo minori subtus albicante variis lineis notato: foliis oblongis, acuminatis; non pinnatis, quinis; caule capreolis donato; siliqua longa lata compressa. Bignonia latifolia scandens. *Plum.* Viribus virulentis (sed deterioribus) cum priore convenit. *Clayt. n.* 100.

SCROPHULARIA foliis cordatis serratis acutis, basi rotundatis; caule obtuse tetragono. Linn. hort. upf. 177.
Scrophularia foliis cordatis oppositis racemo terminatrice. *Fl. virg.* 71.
Scrophularia marilandica, longe profunde serrato urticæ folio. *Raj. suppl.* 396.
Scrophularia floris tubo brevi, viridi, tumescente, galea etiam viridi reflexa, labello ferrugineo bifido; foliis latis, acuminatis, serratis, adversis, pediculis longis, & inter se contrariis insidentibus, odore sambuci præditis. *Clayt. n.* 220.

ERINUS floribus lateralibus sessilibus, foliis lanceolatis subdentatis. Linn. spec. 630.
Buchnera foliis acutis dentatis. *Linn. hort. cliff.* 501. *Ubi pro* Africa *lege* Virginia & Pensilvania.
Euphrasia floridana lysimachiæ siliquosæ glabræ foliis, quadrato caule ramosior. *Pluckn. amalth.* 83. *t.* 393. *f.* 3.

BUCHNERA foliis dentatis oppositis. Linn. spec. 630.
Cortusæ sive Verbasci species caule non ramoso, floribus violaceis infundibuliformibus quinquefariam ad oram divisis, in summitate caulis in spicam tenuem dispositis: foliis villosis rugosis oblongis acuminatis, ad margines serratis, ex adverso binis: capsulæ calycibus quinquefidis occultantur, & in duo loculamenta verbasci instar dividuntur. *Clayt. n.* 142.

OBOLARIA. Linn. hort. cliff. 323.
Orobanche virginiana radice fibrosa, summo caule foliis subrotundis. *Pluckn. alm.* 273. *t.* 209. *f.* 6. *Raj. suppl.* 595.
Orobanche virginiana radice coralloide, summo caule foliis subrotundis. *Morif. hift.* III. *p.* 504. *t.* 16. *f.* 23.

Ano-

Anonymos humilis Aprili florens; floribus pallide rubentibus, in summitate caulis inter folia congeftis: foliis brevibus, extremitate latis, fubtus purpureis. *Clayt. n.* 286.

OROBANCHE caule unifloro. Linn. fpec. 633.
Orobanche aut Helleborine affinis marilandica caule nudo, unico in fummitate flore. *Raj. fuppl.* 595.
Gentiana minor aurea, flore fimplici amplo deflexo pallide florefcente. *Pluckn. mant.* 89. *t.* 348. *f.* 3.
Aphyllon. *Mitch.* 25.
Dentariæ five Anblato Cordi affinis, flore pallide cœruleo, galea bifida, laciniis acutis furfum fpectantibus, labio trifido, in caulis faftigio unico, calyce tumefcente hirfuto, obfolete rubente, in quinque acutas lacinias fiffo, caule fingulari tenui hirfuto aphyllo. Planta eft rariffima, Majo florens. *Clayt. n.* 387.
Radix teres, fquamas aliquot emittens, producit vaginam fpathaceam (quam Plucknetius tab. 348. n. 3. plane neglexit.) Ex hac oritur fcapus fpithamæus, filiformis, nudus, erectus, apice florem fuftentans cernuum.

OROBANCHE caule ramofo, corollis quadridentatis. Linn. fpec. 632.
Orobanche caule ramofo, floribus diftantibus. *Fl. virg.* 168.
Orobanche minor virginiana lignofior, per totum caulem floribus minoribus onufta. *Morif. hift.* 111. *p.* 502. *t.* 16. *f.* 9. *& Raj. fuppl.* 595.
Caprariæ affinis caule ramofo aphyllo angulato duro fufco fragili, radice tuberofa rugofa. Locis fterilibus ad arborum floret radices. Hanc ad Taxi radicem clivo luteo umbrofo confiti juxta magnam paludem Poropotauk—fwamp dictam Septembri inveni. Fructificationis partes hæ funt.
CAL. *Perianthium* monophyllum, parvum, ventricofum, dilute cœruleum, purpureis lineis erectis notatum: *ore* quinquefido, *laciniis* brevibus purpureis, æqualibus, acutis.
COR. monopetala, tubulofa, quadrangularis, calyce triplo longior, angulis purpureis, limbo quadrifido: laciniis æqualibus, brevibus, acutis.
STAM. *Filamenta* quatuor, filiformia, longitudine æqualia, corollâ paulo breviora. *Antheræ* incumbentes, connexo—conniventes.
PIST. *Germen* ad fundum Tubi corollæ ovatum. *Stylus* filiformis, fub corollæ fuperiore angulo inclinatus, eoque paulo longior. *Stigma* obtufum, rotundum.
PER. *Capfula* purpurea, fubrotunda, plana, compreffa acumine, unilocularis, bivalvis.
SEM. numerofa minima lutea. *Clayt. n.* 604.

MIMULUS Linn. act. upf. A. 1741. Hort. upf. 176. Ic. & Def. p. 82.
Cynorhynchium. *Mitch. nov.*
Digitalis cœrulea, floribus in fiftulam contractis virginiana. an Digitalis
vir-

virginiana lyſimachiæ facie, foliis ſubrubentibus, flore violaceo minore. *Moriſ. præl.* 259. *Pluckn. alm.* 131.

Digitalis perfoliata glabra, flore violaceo minore. *Moriſ. biſt.* 11. *p.* 479. *t.* 8. *f.* 6. peſſ. *Raj. biſt.* 769.

Lyſimachia galericulata ſ. Gratiola elatior non ramoſa, flore majori cœru- leo, intus luteo notato, galea bifida, reflexa aſarinæ inſtar, labio tri- partito, e foliorum alis unico, pediculo brevi inſidente, egreſſo: foliis oblongis acuminatis ferratis adverſis: calyce monophyllo, integro tubu- lato canaliculato, ad oram in quinque ſegmenta leviter inciſo : caule glabro ſucculento, tetragono, fragili. Locis madidis gaudet. *Clayt. n.* 130. *Cold. novtb.* 151.

RUELLIA foliis petiolatis, floribus verticillatis ſubſeſſilibus. Linn. hort. upſ. 178.

Ruellia foliis petiolatis fructu feſſili conferto. *Linn. hort. cliff.* 318.

Ruellia ſtrepens, capitulis comoſis. *Dill. eltb.* 300. *t.* 249. *f.* 321.

.Ruelliæ ſpecies flore amplo cœruleo inferne tubulato, ſuperne in quinque ſegmenta expanſo, cito marceſcente, in ſummo caule & ad nodos flo- rens; foliis oblongis hirſutis ferratis, ex adverſo binis, vaſculo longo rotundo, bicapſulari, ſemine compreſſo. *Clayt. n.* 85. & 98.

* Hujus Species humilior flore rubente, & Varietas flore albo. *Clayt.*

VITEX. Dod. pempt. 774.

Vitex foliis anguſtioribus, Cannabis modo diſpoſitis, floribus cœruleis. *Tourn. inſt.* 604.

Agnus caſtus. *Herm. lugdb.* 11.

Agnus folio non ferrato. *Baub. biſt.* 1. *p.* 205.

Vitex floribus cœruleis. *Clayt. n.* 506.

Claſſis XV.

TETRADYNAMIA

SILICULOSA.

LEPIDIUM foliis lanceolato—linearibus ferratis. Linn. hort. cliff. 331.

Lepidium gramineo folio, five Iberis. *Tourn. inſt.* 216.

Iberis latiore folio. *Baub. pin.* 97.

Iberis cardamantica. *Lob. biſt.* 111.

Iberis. *Baub. biſt.* 11. *p.* 918. *Dod. pempt.* 714.

Lepidium flore albo, foliis longis anguſtis Naſturtii fervidis. *Clayt.*

Tblaſpi pumilum flore albo, folio molli incano hirſuto. *Clayt.*

N CO-

COCHLEARIA *foliis pinnatifidis*. Linn. hort. cliff. 331.
Nasturtium sylvestre capsulis cristatis. *Tourn. inst.* 214. *Boerh. ind. alt.* 11. *p.* 8.
Coronopus ruellii, sive Nasturtium verrucosum. *Bauh. hist.* 11. *p.* 919.
Ambrosia campestris repens. *Bauh. pin.* 138.
Cornu cervi alterum genus. *Dod. pempt.* 110.
Nasturtium supinum capsulis verrucosis. *Raj. syn.* 111. *p.* 304. *Clayt. n.* 876.

THLASPI *siliquis verticaliter cordatis*. Linn. fl. lapp. 252.
Thlaspi sativum, Bursa pastoris dictum. *Raj. hist.* 838.
Bursa pastoris major, folio sinuato. *Bauh. pin.* 108.
Bursa pastoria. *Bauh. hist.* 11. *p.* 936. *Dod. pempt.* 103.
Bursa pastoris vulgaris. *Clayt. n.* 752.

DRABA *scapo nudo, foliis hispidis*.
Alysson sive Paronychia vulgaris, primo vere florens, flore albo, petalis
ad apicem bifidis, caule tenui aphyllo rubente, foliis crassis succulentis
villosis, siliqua longa lata compressa. *Clayt. n.* 324.

DRABA *caulibus nudis, foliis incisis*. Linn. hort. cliff. 335. Flor. suec. 523.
Draba vulgaris caule nudo, polygoni folio hirsuto. *Dill. giss.* 40. *& gen.* 122.
Alysson vulgare, polygoni folio, caule nudo. *Tourn. inst.* 217.
Bursa pastoris minor loculo oblongo. *Bauh. pin.* 108. *Morif. hist.* 11. *p.* 305.
t. 20. *f.* 6.
Bursa pastoris minima, oblongis siliquis, verna, loculo oblongo. *Bauh.*
hist. 11. *p.* 937.
Bursæ pastoris affinis herbula humilis. *Cæsalp. syst.* 366.
Paronychia vulgaris. *Dod. pempt.* 112.
Paronychia alsinefolia. *Lob. hist.* 249. *Dalech. hist.* 1214.
Alysson primo vere florens, foliis tenuioribus oblongis acuminatis leviter
villosis, humi sphærice stratis, siliqua breviore & latiore. *Clayt. n.* 325.

SILIQUOSA.

RAPHANUS *siliquis ovatis angulatis monospermis*. Linn. hort. cliff. 340.
Fl. suec. 569.
Raphanistrum siliquosum monospermum maritimum anglicum, foliis cras-
sioribus latioribus. *Herm. lugdb.* 520.
Crambe maritima, foliis erucæ latioribus, fructu hastiformi. *Tourn. inst.* 212.
Cakile maritima angustiore (& ampliore) folio. *Ej. cor.* 40.
Cakile sive Eruca maritima latifolia. *Bauh. hist.* 11. *p.* 868.
Cakile serapionis. *Lob. hist.* 110.
Cakile maritima succulenta, floribus albicantibus: foliis lanceolato-oblon-
gis, antrorsum obtuse crenatis, petiolis longis striatis plerumque con-
volutis: siliqua fungosa angulata striata acuminata articulata, interno-
diis

diis binis, in quorum fingulo unicum femen oblongum. Ad Littus promontorii Point—Comfort dicti Comitatus Gloceftriæ occurrit. *Clayt. n.* 732.

CARDAMINE foliis pinnatis, floribus tetrandris. Linn. hort. cliff. 336.
Flor. fuec. 562.
Cardamine fubhirfuta, minore flore. *Dill. giff.* 76.
Cardamine fylveftris minor italica. *Barr. rar.* 44. *t.* 455.
Cardamine impatiens altera·hirfutior. *Raj. hift.* 815.
Sifymbrium cardamine hirfutum minus, flore albo. *Bauh. hift.* 11. *p.* 888.
Nafturtium aquaticum minus. *Bauh. pin.* 104.
Cardamine pumila flore albo, fapore acri. *Clayt. n.* 370.

CARDAMINE foliis pinnatis, foliolis lanceolatis, bafi unidentatis. Linn.
fpec. 656.
Alyffum foliis radicalibus pinnatis, in orbem pofitis, caulinis lanceolatis,
filiculis compreffis. *Fl. virg.* 170.
Nafturtium burfæ paftoris folio virginianum flore albo, filiqua compreffa.
Pluckn. alm. t. 101. *f.* 4.
Alyffum floribus albis; foliis pinnatis auritis rubentibus. *Clayt. n.* 462.

ARABIS foliis ovatis denticulatis glabris.
Cochlearia flore majore. Banift. *Pluckn. mant.* 135.
Hefperis flore fpeciofo albo, foliis integris acuminatis alternis, infimis
fubtus purpureis, caulibus fupinis, filiqua longa tenui. Tota planta
Cochleariæ fapore prædita. *Clayt. n.* 45.

ARABIS foliis glabris radicalibus lyratis, caulinis linearibus. Linn. fpec. 665.
Cheiranthus caule filiformi lævi; foliis lanceolatis, infimis incifis. *Fl. virg.* 76.
Hefperis maritima flore albo, foliis infimis incifis, fuperioribus anguftis
integris, fapore miti. *Clayt. n.* 56. *&* 394.

ARABIS foliis lanceolatis integerrimis petiolatis. Linn. vir. 64. Fl. fuec. 567.
Turritis foliis lanceolatis integris petiolatis, ad exortum ramorum folitariis.
Linn. hort. cliff. 339.
Turritis vulgaris ramofa, *Tourn. inft.* 224.
Burfa paftoris, five Pilofella filiquofa. *Bauh. hift.* 11. *p.* 870.
Burfæ paftoris fimilis filiquofa major, feu majoribus foliis. *Bauh. pin.* 108.
An Turritis flore albo? *Clayt. n.* 815.

ARABIS foliis integris.
Arabis foliis ovatis vix dentatis, fcabris, ad terram confertis. *Haller. fol.*
p. 562. *n.* 8.
Turritis minor, foliis imis Bellidis, integris, hirfutis humifufis, fupremis
lanceolato—oblongis, ad ramulorum exortum folitariis, cito marcefcen-
tibus; flore albo, pufillo, calyce paulo longiore. Ad finem Aprilis inter
avenas floret. *Clayt. n.* 745.

ARA-

ARABIS foliis amplexicaulibus dentatis, caule recto simplici flosculis terminato.
Caule non ramoso, nec diffuso differt ab Arabi foliis amplexicaulibus. *Linn. hort. cliff.* 335.
Hesperis foliis oblongo—lanceolatis alternis serratis, semiamplexicaulibus, caule non ramoso, flore amplo albo. Ad ripam fluvii com. Annæ solo fertili crescit. *Clayt. n.* 880.

ARABIS foliis caulinis lanceolatis dentatis glabris. Linn. spec. 665.
Eruca virginiana bellidis majoris folio. *Pluckn. alm.* 136. *t.* 86. *f.* 8.
Turritis foliis lanceolatis dentatis radicalibus maximis, siliquis compressis falcatis. *Fl. virg* 77.
Anonymos foliis in terræ superficiem stratis longis angustis, ad modum Cardui leviter incisis, nonnihil rigidis, subtus purpureis, superne mollibus viridibus concavis acuminatis : siliqua longa paululum falcata tenui compressa lucida, seminibus tenuissimis ala membranacea Leucoji instar cinctis; flore albicante parvo pendulo inodoro. *Clayt. n.* 400.

ERYSIMUM siliquis scapo appressis. Linn. hort. cliff. 337.
Erysimum siliquis cauli appressis. *Linn. fl. suec.* 554.
Erysimum vulgare. *Bauh. pin.* 100. *Morif. hist.* 11. *p.* 218. *t.* 3. *f.* 1. *Clayt. n.* 750.
Erysimum tragi flosculis luteis, juxta muros proveniens. *Bauh. hist.* 11. *p.* 863.
Iris sive Erysimum. *Dod. pempt.* 714. *Lob. ic.* 206.

SISYMBRIUM foliis pinnatis, foliolis subcordatis. Linn. hort. cliff. 336.
Sisymbrium aquaticum. *Tourn. inst.* 226.
Sisymbrium aquaticum vulgo crescione. *Cæsalp. syst.* 362.
Sisymbrium cardamine, sive nasturtium aquaticum. *Bauh. hist.* 11. *p.* 884.
Nasturtium aquaticum supinum. *Bauh. pin.* 104. Flore albo. *Morif. hist.* 11. *p.* 223. *t.* 4. *f.* 8.
Nasturtium aquaticum. *Dod. pempt.* 592. *Clayt. n.* 528.

SISYMBRIUM petalis calyce minoribus, foliis decomposito-pinnatis. Linn. fl. suec. 553.
Sisymbrium corolla calyce minore, foliis multifidis linearibus. *Linn. fl. lapp.* 261.
Sisymbrium annuum, absinthii minoris folio. *Tourn. inst.* 228.
Sophia Chirurgorum. *Lob. ic.* 738. *Hist.* 426. *Clayt. n* 881.
Seriphium absinthium. *Fuchs. hist.* 11.
Nasturtium sylvestre, tenuissime divisum. *Bauh. pin.* 105.

Classis XVI.

MONADELPHIA

DECANDRIA.

GERANIUM *pedunculis bifloris , foliis multifidis , pericarpiis birsutis.*
Geranium pedunculis bifloris, calycibus ariftatis, foliis multifidis, pericarpiis hirfutis. *Roy. prodr.* 351.
Geranium columbinum carolinum , capfulis nigris hirfutis. *Dill. elth.* 162. *t.* 135.
Geranium columbinum flore carneo, foliis diffectis. *Clayt. n.* 372.

GERANIUM *pedunculis bifloris , caule bifido erecto , foliis fummis feffilibus.*
Geranium batrachioides Americanum maculatum, floribus obfolete coeruleis. *Dill. elth.* 158. *t.* 132.
Geranium flore fpeciofo dilute rubente inodoro, purpureis lineis notato, foliis incifis. *Clayt. n:* 307.

POLYANDRIA.

STEWARTIA. Linn. act. upf. A°. 1741. p. 79. t. 2. Catesb. car. app. p. 13.
Malachodendron. *Mitch. gen.* 16. & *Plant. Collinf. n.* 8. & 375.
Anonymos magnolia affinis, foliis ovato—oblongis acuminatis ferratis fubtus pallidioribus. Fine maji floret & umbrofis folo pingui & humido gaudet. *Clayt. n.* 734.

SIDA *foliis lanceolato—rhomboideis ferratis.* Linn. hort. cliff. 346. Hort. upf. 199.
Malvinda unicornis, folio rhomboide, perennis. *Dill. elth.* 216. *t.* 172. *f.* 212.
Althæa carpini folio, flofculis luteis. *Bocc. fic.* 11. *t.* 6. *f.* 2.
Alcea pernambuccana, carpini folio, flofculis minimis lutèis, femine fimplici roftro donato. *Morif. hift.* 11. *p.* 528.
Plura fynonyma ftudiofe collegit Celeb. Linnæus in *Flor. zeylan.* § 252.
Abutilon flore parvo luteo, foliis parvis ferratis odore Pimpinellæ fanguiforbæ præditis, \caulibus ramulisque duris lignofis. *Clayt. n.* 131.

SIDA *foliis fubrotundo—cordatis acuminatis.* Linn. hort. cliff. 346. Hort. upf. 198.
Abutilon. *Dod. pempt.* 656.
Abutilon cortice cannabino , flore luteo , foliis mollibus cordiformibus, fubtus incanis, capfulis roftratis. *Clayt. n.* 441.
Althæa theophrafti, flore luteo. *Bauh. pin.* 316.
Althæa altera, five Abutilon. *Camer. epit.* 668.

NA-

NAPÆA pedunculis involucratis angulatis, foliis scabris, floribus dioicis.
Linn. amœn. III. . 18.

Abutilon folio profunde dissecto, pedunculis multifloris, mas. *Ebret.*
pict. 8. *f. distincta.*

Abutilon folio profunde dissecto, pedunculis multifloris, femina. *Ebret.*
pict. 7. *f.* 1.

Althæa magna aceris folio, cortice cannabino, floribus parvis, femina ro-
tatim in summitate caulium, singula singulis cuticulis rostratis cooperta
ferens. *Banist. virg.* 1928.

Alcea perennis septem pedes alta; foliis peltatis, imis heptapartitis angustis, profunde & obtuse crenatis, petiolis longissimis affixis; superioribus quinquepartitis, & supremis tripartitis.

Napæa a Νάπη, saltus, lucus vel vallis, quia alpium vallibus, ubi primo in-
venta fuit, insigniter viget. Nymphæ etiam poetarum, quæ talibus lu-
cis præerant, Napææ vocantur.

In valle magna occidentali solo lapidibus calcariis referto inter montes cœ-
ruleos & boreales comitatus Augustæ crescit. *Clayt. n.* 922.

MALVA caule repente, foliis cordato—orbiculatis, obsolete quinquelobis.
Linn. hort. cliff. 347.

Malva sylvestris folio subrotundo. *Bauh. pin.* 314.

Malva sylvestris perennis procumbens, flore minore albo, folio rotundo.
Morif. hist. 11. *p.* 521. *t.* 17. *f.* 7.

Malva sylvestris repens pumila. *Lob. hist.* 371. *Dalech. hist.* 586.

Malva vulgaris, flore minore, folio subrotundo. *Bauh. hist.* 1. *p.* 267.

*HIBISCUS foliis ovatis acuminatis serratis, caule simplicissimo, petiolis flo-
riferis.* Linn. hort. upf. 205.

Hibiscus foliis ovatis crenatis, angulis lateralibus obsoletis. *Linn. hort.*
cliff. 349.

Ketmia americana populi folio. *Tourn. inst.* 100.

Alcea rofea peregrina, forte Rofa moscheutos plinii. *Corn. canad.* 144. *t.* 145.
Morif. hist. 11. *p.* 532. *t.* 19. *f.* 6.

Ketmia palustris frutescens, flore maximo candido, umbilico purpureo;
foliis aceris mollibus. Radix paregorica est. *Clayt. n.* 122.

HIBISCUS foliis inferioribus cordatis acuminatis, foliis inferioribus hastatis.
Fl. virg. 171. Linn. spec. 697.

Alcea maderafpatana, trilobis f. hastatis foliis glabris, pericarpio tantum-
modo villofa. *Pluckn. alm.* 15. *t.* 127. *f.* 2?

Hibiscus floribus rubris, foliis ad cordis formam accedentibus serratis:
cortice glabro viridi: seminibus solitariis vasa chymica retorta referentibus. In paludofis falfis initio Augusti floret. *Clayt. n.* 567.

* *Ketmia flore carneo speciofo, umbilico purpureo, foliis prioris. Clayt.*

Classis

Claffis XVII.

DIADELPHIA
HEXANDRIA.

FUMARIA *scapo nudo*. Linn. hort. cliff. 351.
Fumaria filiquosa lutea. *Banist. virg.*
Fumaria filiquosa, radice grumosa, flore bicorporeo ad labia conjuncto, virginiana. *Pluckn. alm.* 162. *t.* 90. *f.* 3.
Capnorchis americana. *Boerb. ind. alt.* 1. *p.* 309.
Fumaria filiquosa radice grumosa, e pluribus bulbis carnosis extus rubescentibus composita: flore luteo, bicorporeo, ad labia conjuncto. *Clayt. n.* 625.

OCTANDRIA.

POLYGALA *floribus imberbibus, foliis quaternis.* Linn. amœn. 11. 138.
Polygala foliis quaternis. *Fl. virg.* 80.
Polygala quadrifolia feu cruciata, floribus ex viridi rubentibus in globum compactis Banist. *Raj. suppl.* 639.
Polygala flore ex viridi rubente in globum compacto quadrifolia feu cruciata. *Clayt. n.* 157.

POLYGALA *floribus imberbibus, spicatis, floribus remotis, foliis linearibus verticillatis, caule herbaceo ramoso.* Linn. spec. 706.
Polygala caulibus filiformibus, foliis linearibus alternis, pedunculis spicatis. *Fl. virg.* 172.
Polygala mariana quadrifolia minor, spica parva albicante. *Pluckn. mant.* 153. *t.* 438. *f.* 4.
Polygala quadrifolia minima marilandica, spicis florum parvis albentibus. *Raj. suppl.* 639.
Polygala floribus herbaceis spicatis: foliis angustissimis alternis: caule tenui capillari. *Clayt. n.* 563.

POLYGALA *floribus imberbibus spicatis, caule erecto herbaceo simplicissimo, foliis lato—lanceolatis.* Linn. amœn. 11. 139.
Polygala caule simplici erecto, foliis ovato—lanceolatis alternis integerrimis, racemo terminatrice erecto. *Fl. virg.* 80.
Seneca officinarum. *Geoffr. mat.* 2. *p.* 137.
Senega, Seneca, Seneka *Indis Pensilvanis.*
Plantula marilandica caule non ramoso, spica in fastigio singulari, gracili, e flosculis albis composita, an Polygalæ species? *Raj. suppl.* 640.

Poly-

Polygala virginiana foliis oblongis, floribus in thyrfo candidis, radice alexipharmaca. *Mill.*

Polygala floribus albis in fpicam tenuem digeftis. Rattle-Snake-root. *Clayt.* n. 414.

> *Plucknetius Tab.* 439. *& 453. depingit duas plantas huic valde fimiles. Caules fimpliciffimi absque ramis, teretes, glabri, vix pedales, debiles. Folia ovato-lanceolata, glabra, integerrima, lævia, in petiolos vix manifeftos definentia, fuperiora fenfim majora. Spica laxa ex floribus alternis feffilibus terminat caulem mediante pedunculo foliis breviore. Flores albi, alæ fubrotundæ. Crifta nulla. Vires hujus plantæ recenfent Linn. orat. de Tell. incr. præfat. Naucler. defcr. hort. upf. 2f. Haffelq. vir. plant. p. 402. Imo integram hujus plantæ hiftoriam dedit Kiernander in differt. de rad. Senegæ. p. 12.*

POLYGALA foliis linearibus, capitulis fubrotundis.

Polygala mariana anguftiore folio, flore purpureo. *Pluckn. mant.* 153. t. 438. f. 5.

Polygala foliis anguftis ftellatim pofitis, floribus fpicatis albicantibus e foliorum alis. *Clayt.* n. 5.

Hujus varietas eft

Polygala caule aphyllo cærulefcente glauco fucculento crithmi inftar, floribus dilute purpureis in fpica parva ad caulis cacumen congeftis, radice fœtida. Clayt. n. 933.

POLYGALA floribus imberbibus globofo-capitatis, caule erecto herbaceo, fimpliciffimo: foliis lanceolatis obtufiufculis. Linn. amœn. 11. t. 40.

Polygala foliis lanceolatis alternis, caule fimpliciffimo, corymbo terminatrice capitato. *Fl. virg.* 80.

Polygala rubra virginiana, fpica parva compacta. *Pluckn. alm.* 300.

Polygala mariana, floribus rubris capitatis. *Petiv. muf.* 462.

POLYGALA foliis latioribus, ex adverfo binis, floribus purpureis, in fummo caule fpicatim difpofitis. Clayt.

POLYGALA caule aphyllo cærulefcente glauco fucculento Crithmi inftar, floribus rubentibus in capitula parva congeftis, radice fœtida. Clayt.

POLYGALA foliis oblongis, floribus fpeciofis aureis, in capitulum rotundum congeftis. Clayt.

DECANDRIA.

LUPINUS calycibus alternis inappendiculatis, labio fuperiore emarginato, inferiore integro. Linn. fpec. 721.

Lupinus calycibus alternis, radice perenni repente. *Fl. virg.* 172.

Lupinus cæruleus minor perennis virginianus repens. *Morif. hift.* 11. p. 87. t. 7.

Lupinus

Lupinus radice reptratrice perenni. *Roy. prodr.* 531.

Lupinus floribus cœruleis inodoris, in ſpicas longas digeſtis, radice reptatrice. *Clayt. n.* 779.

*In Calyce conſiſtit eſſentia nominis ſpecifici. Differt a Lupino ſylveſtri
flore cœruleo Bauh. pin.* 348, *quod calyces deſtituantur appendiculis ſeu foliolis minimis lateralibus.*

*CROTALARIA foliis ſolitariis, petiolis decurrentibus membranaceis emargi-
natis.* Linn. hort. cliff. 356. Variet.

Crotalaria ſagittalis glabra, longioribus foliis, Americana. *Pluckn. alm.* 122.
t. 277. *f.* 2.

Crotalaria parva foliis integris longis anguſtis, ad finem obtuſis mollibus,
villoſis, alternis; floribus parvis flavis, calycibus fere occultatis; caule
alato; ſiliqua nigra, veſicæ inſtar inflata, unicam ſeminum reniformium
lucidorum ſeriem continente. *Clayt. n.* 126.

ROBINIA pedunculis racemoſis, foliis pinnatis. Linn. hort. upſ. 212.

Robinia aculeis geminatis. *Linn. hort. cliff.* 354.

Pſeudoacacia ſiliquis glabris. *Boerh. ind. alt.* 2. *p.* 39.

Acacia americana ſiliquis glabris. *Raj. hiſt.* 1719.

Acaciæ affinis virginiana ſpinoſa, ſiliqua membranacea plana, floribus albis papilionaceis anagyridis modo in uvam propendentibus. *Pluckn. alm.* 6.
t. 73. *f.* 4.

Pſeudoacacia floribus albis racematim congeſtis pendulis odoratis, foliis
pinnatis. Sweet—ſmelling Locuſt. Radix viridis contuſa Glycirrhizæ
ſpirat odorem. *Clayt. n.* 50.

*VICIA pedunculis multifloris, petiolis cirrhiferis, ſtipulis quaternis acuminatis,
caule fruticoſo.*

Vicia montana maxima, flore pulchro e rubro & albo variegato, foliorum
pinnis magnis. In State—river—mountain florentem Majo collegi. *Clayt.
num.* 868.

VICIA leguminibus ſeſſilibus ſubbinatis erectis, foliis retuſis, ſtipulis notatis.
Linn. ſpec. 736.

Vicia leguminibus erectis, petiolis polyphyllis, foliolis acumine emarginatis, ſtipulis dentatis. *Linn. hort. cliff.* 368. *Fl. ſuec.* 601.

Vicia ſativa alba. *Bauh. pin.* 344.

Vicia multifolia verna, floribus ex albo & rubro variegatis. *Clayt. n.* 738.
Hujus elegans varietas eſt

*VICIA leguminibus adſcendentibus, pedunculis erectis unifloris, petiolis
polyphyllis cirrhiferis, foliolis acumine emarginatis, ſtipulis tridentatis.*
Clayt. n. 925.

VICIA

VICIA foliis pinnatis abruptis.

Cicer aftragaloides virginianum hirfutie pubefcens, floribus amplis fubrubentibus. An Cicer montanum lanuginofum erectum. *Baub. pin. D. Banifter. Pluckn. alm.* 103. *t.* 23. *f.* 2. *Raj. fuppl.* 451.

Onobrychis foliis hirfutis, floribus in fpica pendula denfe ftipatis, vexillo luteo, & carina rubra, filiquis compreffis erectis hirfutis, feminum unicam feriem continentibus. *Clayt. n.* 38.

VICIA pedunculis multifloris, ftipulis fuperne tantum acuminatis.

Aracus fylveftris floribus cœruleis fpicatim denfe difpofitis. *Clayt. n.* 303.

Aracus floribus albis in capitulum congeftis. *Clayt.*

DOLICHOS pedunculis communibus longiffimis, leguminibus teretibus.

Phafeolus volubilis, flore fpeciofo rubro, vexillo pro floris modo amplo rotundo, pediculo fex vel feptem uncias longo erecto infidente, filiqua fimplici glabra rotunda tumefcente. Wild Peafe. *Clayt. n.* 115.

DOLICHOS foliolis ovatis, intermediis petiolatis, leguminibus teretiufculis compreffis.

Phafeolus flore purpureo, filiqua compreffa. *Clayt. n.* 213.

DOLICHOS foliolis ovatis obtufis, pedunculis multifloris racemofis, petalis æqualis magnitudinis & figuræ.

Phafeolus foliis glabris lucidis, ex quorum alis flores purpurafcentes pedunculo longiffimo tenui fpicatim exeunt, filiquis longis tumidis, feminibus pro plantæ modo magnis reniformibus repletis. *Clayt. n.* 121.

DOLICHOS caule perenni, fpicis longiffimis, pedicellis geminis, leguminibus acuminatis compreffis. Linn. fpec. 726.

Dolichos caule lignofo, pedunculis ex ala plurimis; floribus fpicatis, legumine longo, apice furfum acuminato. *Fl. virg.* 172.

Phafeolus floribus purpureis fpicatis: foliis amplis, filiqua pifi hortenfis. *Clayt. n.* 568.

CYTISUS floribus magnis fpeciofis, faturate violaceis, fpicatim in fummitate caulis laxe difpofitis, terminatricibus: foliis trifoliatis lutefcente—viridibus: caule duro virente angulofo fucculento. Ad ripam fluminis comit. Annæ loco faxofo inter montes crefcit, & initio Maji flores oftendit. *Clayt. n.* 869.

GLYCINE foliis ternatis tomentofis, racemis axillaribus breviffimis, leguminibus difpermis. Linn. fpec. 754.

Ononis caule volubili. *Fl. virg.* 81.

Anonis phafeoloides fcandens, floribus flavis feffilibus. *Dill. elth.* 30. *t.* 26.

Trifolium nunc volubile, nunc erectum; flore majori luteo, ad genicula in fummo caule absque pediculis congefto; foliis latis rugofis; filiquis hirfutis latis fufcis compreffis, duo vel tria femina nigra fplendentia continen-

tinentibus. Datur varietas caule erecto, foliis acuminatis longioribus &
anguftioribus. *Clayt. n.* 588.

GLYCINE foliis ternatis birfutis, racemis lateralibus. Linn. fpec. 754.
Glycine foliis ternatis. *Fl. virg.* 85.
Phafeolus marianus fcandens, floribus comofis. *Petiv. muf.* 453.
Phafeolus fylveftris late fcandens, floribus cœruleis in racemos parvos ad
genicula congeftis: foliis hirfutis: filiqua fimplici: feminibus intus pur-
pureis maculis notatis, unica ferie difpofitis. Madidis & umbrofis viget.
Clayt. n. 182.

*GLYCINE foliis ternatis nudiusculis, caule pilofo, racemis pendulis, bracteis
ovatis.* Linn. fpec. 744.
Glycine foliis ternatis, pedicellis bracteatis. *Fl. virg.* 173.
Erythrina phafeoloides fcandens floribus albis in fafciculos ad genicula denfe congeftis, calyce concolore. In pedicellis ad exortum florum fqua-
mula concava rotunda pallide viridis, bracteæ inftar hæret. Siliqua &
foliis cum Glycine foliis ternatis *Flor. virg. p.* 85. convenit. Madidis
locis & umbrofis inter frutices ad finem Augufti floret. *Clayt. n.* 592.

GLYCINE foliis pinnatis alternis, foliolis ovato—lanceolatis. Linn. hort.
upf. 227.
Glycine radice tuberofa. *Linn. bort. cliff.* 361.
Aftragalus tuberofus fcandens, fraxini folio. *Tourn. inft.* 415.
Aftragalus perennis fpicatus americanus, fcandens caulibus, radice tuberofa. *Morif. bift.* 11. *p.* 102. *t.* 9. *f.* 1.
Apios americana. *Corn. canad.* 76.
Apios late fcandens, foliis glabris pinnatis Jafmini fimilibus, floribus atro-
purpureis odoratis, in fpicas longas denfas congeftis, ex alis foliorum
egreffis, pediculis brevibus infidentibus: filiquis fimplicibus feminibus
cylindricis fœtis; radice tuberofa. *Clayt. n.* 127.

*ASTRAGALUS caulefcens diffufus, leguminibus fubcylindricis mucronatis,
foliolis fubtus fubvillofis.* Linn. fpec. 757.
Aftragalus canadenfis, flore viridi flavefcente. *Tourn. inft.* 416.
Aftragalus floribus in fpica viridi flavefcentibus, caule fufco fruticofo, filiquis brevibus tumidis, radice repente. *Clayt. n.* 565.

HEDYSARUM foliis ternatis, fcapo florifero nudo, caule foliofo angulato.
Linn. fpec. 749.
Hedyfarum caule florifero nudo longiffimo, foliofero angulato. *Fl. virg.* 86.
Hedyfarum caule aphyllo tenui infirmo, foliis a radice afperis, in uno pe-
diculo ternis, floribus purpureis in fummo caule fpicatim pofitis. *Clayt.
n.* 124.

HEDYSARUM foliis ternatis lineari—lanceolatis; floribus paniculatis. Linn.
fpec. 749.

Hedyfarum panicula ramofa, foliolis lineari—lanceolatis. *Fl. virg.* 86.

Onobrychis mariana triphylla, Paffiflorae pentaphyllae anguftiori folio & facie, filiculis dentatis afperis. *Pluckn. mant.* 140. *t.* 432. *f.* 6.

Hedyfarum trifoliatum flore purpureo fpicato, foliis anguftis longis afperis.
Clayt. n. 184.

*HEDYSARUM foliis ternatis ovalibus, caule fruticofo, racemis ovatis,
calycibus fructibusque birfutis monofpermis.* Linn. fpec. 748.

Trifolium fruticofum hirfutum, fpicis oblongis pedunculatis. *Fl. virg.* 173.

Trifolium frutefcens, floribus albis, in fpica longa hirfuta difpofitis. *Clayt.
n.* 510.

> Spicae *oblongae obtufae.* Calyces *oblongi, birfuti, ad bafin fere quinquefidi,
acuti, erecti.* Germina *ovata birfuta.* Stamina *novem coalita, & unum
folitarium.* Folia *ternata ovata, obtufa, intermedio longiori pediculo inftructo.*
Stipulae *fubulatae.* Facies *Hedyfari trifoliati.*

*HEDYSARUM foliis ternatis obcordatis, caulibus procumbentibus, race-
mis lateralibus.* Linn. fpec. 749.

Hedyfarum caulibus procumbentibus, racemis lateralibus folitariis, petiolis pedunculo longioribus. *Fl. virg.* 86.

Hedyfarum procumbens, Trifolii fragiferi folio. *Dill. elth.* 172. *t.* 142. *f.* 169.

Trifolium fupinum floribus ex albo & rubro variegatis, pediculis longis
erectis, ex alis foliorum exeuntibus, infidentibus, in fpicam parvam
difpofitis: foliis glabris: caulibus lignofis: capfula brevi acuminata glabra compreffa, unicum femen minimum ovatum continente. Datur hujus Varietas flore albo. *Clayt. n.* 85.

*HEDYSARUM foliis ternatis fubtus fcabris, caule bifpido, floribus conju-
gatis racemofis.* Linn. hort. upf. 232.

Hedyfarum foliis ternis & folitariis, caule hifpido fruticofo. *Linn. hort.
cliff.* 363.

Hedyfarum americanum triphyllum canefcens, floribus albis fpicatis. *Boerh.
ind. alt.* II. *p.* 51.

Hedyfarum trifoliatum caule hirfuto volubili fupino, floribus albis fpicatim.
difpofitis, foliis amplis afperis albo notatis. *Clayt. n.* 200.

*HEDYSARUM foliis ternatis ovatis, floribus geminatis, leguminibus nudis
venofis monofpermis.* Linn. fpec. 749.

Hedyfarum leguminibus monofpermis, foliis ternatis, foliolis lanceolatis.
Fl. virg. 87.

? Phafeolus erectus lathyroides, flore amplo coccineo. *Sloan. jam.* 71. &
hift. 1. *p.* 183. *t.* 116. *f.* 1.

Melilotus flore violaceo, odore remiffo. *Clayt. n.* 103.

HE·

HEDYSARUM foliis ternatis, foliolis fubovatis, caule frutefcente. Fl.
virg. 174. Linn. fpec. 748.
Hedyfarum minus. *Clayt. n.* 274.

*HEDYSARUM foliis pinnatis, leguminibus articulatis pedunculatis erectis
glabris; caule fruticofo.* Fl. virg. 174. Linn. fpec. 750.
Æfchynomene foliis glaucis pinnatis. *Clayt. n.* 564. & 614.

*HEDYSARUM caule recto, foliis ternatis acutiufculis, racemis longiffimis
erectis.* Fl. virg. 87.
Hedyfarum trifoliatum floribus viridibus, foliis magnis fuperne afperrimis,
fubtus mollibus altheæ inftar. *Clayt. n.* 190.

*HEDYSARUM caule infirmo, foliis ternatis, foliolis ovato—acuminatis,
racemis pedunculo longioribus.*
Hedyfarum triphyllum fruticofum fupinum flore purpureo. *Sloan. jam.* 73.
& *hift.* 1. *p.* 185. *t.* 118. *f.* 2.
Hedyfarum trifoliatum, caule foliofo infirmo, floribus ex albo & rubro
variegatis. *Clayt. n.* 180.

*HEDYSARUM caule frutefcente ramofiffimo, foliis ternatis, foliolis fubro-
tundis, leguminibus articulatis lævibus.* Fl. virg. 174.
Hedyfarum trifoliatum filiqua breviore. *Dill. elth.* 174. *t.* 144.
Hedyfarum triphyllum marilandicum minus, filiquis compreffis articulatis
afperis brevioribus. *Raj. fuppl.* 455.
Hedyfarum foliis fubrotundis. *Clayt. n.* 516.

MEDICAGO caule erecto ramofiffimo, floribus fafciculatis terminatricibus.
Fl. virg. 86. Linn fpec. 778.
Loto affinis trifoliata frutefcens glabra. *Pluckn. mant.* 120.
Barbæ Jovis affinis frutefcens, floribus ex albo & rubro variegatis, a medio
ad caulis cacumen ex alis foliorum denfe ftipatis; foliis ex uno pediculo ternis, quafi canitie tectis: capfula parva compreffa acuminata, unicum femen reniforme continente. *Clayt. n.* 191.

Barbæ Jovis alia fpecies, floribus albis: foliis, capfulis, femineque cum
praecedente convenit. *Clayt.*

MEDICAGO caule erecto vix ramofo, racemo denfe fpicato terminatrice. Clayt.
n. 191.

*TRIFOLIUM fpicis bifloris feffilibus, involucris bifpidis infundibuliformibus,
foliis lanceolatis.* Linn. fpec. 773.
Trifolium caule pilofo, foliolis fubferratis, floribus lateralibus feffilibus
fubfolitariis, leguminibus ovatis. Fl. virg. 84.
Anonis mariana lutea, foliis anguftioribus. *Petiv. ficc.* 84.
Loto affinis lagopoides novanglicana, frutefcens, foliis ternis, fubtus feri-

O 3   cea

cea lanugine argentatis, monospermos. *Pluckn. mant.* p. 120.

Trifolii species erecta, floribus aureis in summo caule congestis: foliis angustis hirsutis serratis: capsula simplici brevi villosa tumente, unico vel duobus seminibus reniformibus repleta. *Clayt.* n. 92.

TRIFOLIUM capitulis fructiferis reflexis, leguminibus trispermis. Linn. spec. 766.

Trifolium leguminibus polyspermis, foliolis obverse ovatis denticulatis, floribus tetrapetalis, capitulis fructiferis reflexis. *Fl. virg.* 84.

Trifolium montano simile virginianum, floribus amoene purpureis amplioribus & magis patulis, summo caule glomerulis per maturitatem reflexis. *Pluckn. mant.* 185.

Trifolium supinum caulibus hirsutis non spinosis, floribus rubentibus in capitula rotunda ad caulium cacumen & ex alis foliorum dense congestis, calycibus in quinque acuta segmenta incisis, foliis mollibus albo notatis, leviter serratis, instar Anonidis auritis, capsula parva duo vel tria semina continente. *Clayt.* n. 289.

TRIFOLIUM capitulis subrotundis, flosculis pedunculatis, leguminibus tetraspermis, caule procumbente. Linn. hort. cliff. 375.

Trifolium pratense album vulgare odoratum. *Morif. hist.* 11. p. 137. t. 12. f. 2.

Trifolium pratense flore albo minus & faemina glabrum. *Bauh. hist.* 11. p. 380.

Trifolium pratense album. *Bauh. pin.* 327.

Trifolium supinum floribus albis in glomerulis rotundis, pediculis longis insidentibus, flosculis exaridis pallide rubentibus & deorsum tendentibus. *Clayt.* n. 390.

TRIFOLIUM caule simplicissimo, erecto, lignoso, vix ramoso, foliis lanceolato—linearibus birsutis, flosculis fasciculatis terminatricibus.

Trifolium erectum haud ramosum, foliis longis angustis hirsutis, floribus purpureis sessilibus terminatricibus. *Clayt.* n. 934.

TRIFOLIUM non ramosum: folio subrotundo hirsuto, pedunculis plurimis longis, e caulis fastigio umbellatim quasi egressis: calycibus capsulisque multis. Clayt. add.

TRIFOLIUM leguminibus spicatis reniformibus nudis monospermis, caule procumbente. Linn. hort. cliff. 375.

Trifolium pratense luteum capitulo breviore. *Bauh. pin* 328.

Trifolium pratense luteum mas, flore minore, semine multo. *Bauh. hist.* 11. p. 380.

Melilotus lutea minima hirsuta procumbens, spica breviore densissime disposito, seminis pericarpio renali nigro. *Morif. hist.* 11. p. 162. t. 16. f. 8.

Melilotus capsulis reni similibus in capitulum congestis. *Tourn. inst.* 407.

Melilotus minor. *Raj. hist.* 952.

Medica pratensis lutea, radice perenni, fructu racemoso nigro, non grata

ju-

jumentis. *Pluckn. alm.* 243.

Trifolium vernum pumilum arvenfe repens, flore parvo luteo in capitula congefto. *Clayt. n.* 336.

TRIFOLIUM floribus racemofis, leguminibus nudis difperfis, caule erecto. Linn. hort. cliff. 376. variet. *a.*

Melilotus officinarum germaniæ, flore albo. *Bauh. pin.* 331.

Melilotus fruticofa candida major. *Morif. hift.* 11. *p.* 161.

Lotus fylveftris, flore albo. *Tabern. hift.* 893.

Melilotus flore albo frutefcens. *Clayt. n.* 954.

Melilotus flore albo frutefcens, odore fortiori. *Clayt.*

TRIFOLIUM fpicis villofis ovalibus, dentibus ca'ycinis fetaceis æqualibus. Linn. hort. cliff. 374.

Trifolium arvenfe humile fpicatum five Lagopus. *Bauh. pin.* 328.

Trifolium lagopoides purpureum arvenfe humile annuum five Lagopus minimus vulgaris. *Morif. hift.* 11. *p.* 141. *t.* 13. *f.* 8.

Lagopus. *Dod. pempt.* 577. *Lob. hift.* 498.

Lagopus trifolius quorundam. *Bauh. hift.* 11. *p.* 377.

Lagopus anguftifolia minor erectior. *Barr. rar. t.* 901.

Lagopus humilis flore dilute purpureo, thyrfis mollibus denfe ftipato. *Clayt. n.* 483.

CLITORIA foliis ternatis, calycibus cylindricis. Linn. fpec. 753.

Clitorius marianus trifoliatus fubtus glaucus. *Petiv. ficc.* 55.

Clitorius trifoliatus volubilis flore ex albo & violaceo variegato, vexillo fpeciofo magno, ex alis foliorum egreffo: foliis virentibus, forma Phafeoli fed minoribus: filiquis fimplicibus longis, nonnihil tumefcentibus acuminatis, femine rotundo vifcofo fœtis. *Clayt. n.* 108.

CLITORIA foliis ternatis, calycibus campanulatis.

Clitoria foliis pinnatis. *Linn. hort. cliff.* 360. caule volubili. *ibid. p.* 499.

Clitorius trifolius, flore minore cœruleo. *Dill. elht.* 90. *t.* 76. *f.* 87.

Clitorius alter trifoliatus volubilis, plantis vicinis circumvolutus, flore ejusdem coloris fed majore & rotundiore vexillo, iisdem foliis, filiquis fimplicibus longiffimis tenuibus compreffis in acumen longum acutum excurrentibus, femine intus cylindrico glabro unica ferie difpofito. *Clayt. n.* 112.

CRACCA leguminibus retrofalcatis compreffis villofis fpicatis, calycibus lanatis, foliolis ovato—oblongis acuminatis. Linn. amœn. 111. 18. Spec. 752.

Clitoria foliis pinnatis, caule decumbente. *Linn. hort. cliff.* 498. *Fl. fuec.* 283.

Orobus virginianus foliis fulva lanugine incanis, foliorum nervo in fpinulam abeunte. *Pluckn. mant.* 147. *Raj. fupp.* 450.

Erebinthus. *Mith. gen.* 8. & *Plant. collinfon. n.* 72 & 98.

Onobrychidis fpecies foliis amplis glabris pinnatis, impari in extrema cofta

folio,

folio, caulibus fupinis, flore fpeciofo rubro, fed marcefcente pallide carneo, in fummitate pediculis longis tribus vel quatuor fimul congeftis, filiqua compreffa unicam feminum feriem continente. *Clayt. n.* 102.

Claffis XVIII.

POLYADELPHIA

POLYANDRIA.

Hypericum *floribus digynis, foliis linearibus.*
Hypericum virginianum parvum fruticofum, ramulis equifeti. *Pluckn. alm.* 189.
Hypericum caule quadrato hirfuto, flore aureo, foliis minimis hirfutis, cauli tam arɛte appreffis, ut vix confpicuis. *Clayt. n.* 135.

HYPERICUM floribus digynis, foliis ovatis feffilibus.
Centaurium luteum aquaticum perfoliatum flore flavo, foliis fubrotundis glaucis. *Clayt. n.* 232.

HYPERICUM floribus trigynis, caule fruticofo brachiato, foliis ovato—lanceolatis.
Hypericum parvum frutefcens, foliis parvis glabris craffis, caule compreffo ligneo, flore luteo tetrapetalo. *Clayt. n.* 170. *Cold. noveb.* 172.

HYPERICUM floribus femitryginis, ftaminibus corolla brevioribus, caule fruticofo fempervirente.
Hypericum frutefcens foliis oleæ anguftis, fuperne non nihil albefcentibus, fruɛtu triloculari, trifariam dehifcente, fpicatim laxe difpofito. Vel Spiræa falicis folio. An Hypericum frutefcens luteum phyllyreæ foliis Banift. *Virg.* Eft femper virens & flores fert fpeciofos luteos. *Clayt. n.* 552. & 800.
  Piftillum *primo integrum, mox in tres partes ad dimidium finditur.* Fruɛtus *bilocularis.* Flores *intermedii feffiles.* Folia *lanceolata.* Rami *tenelli tetragoni.*

HYPERICUM floribus trigynis, caule tereti: braɛteis calycibusque integerrimis.
Hypericum non ramofum, floribus in fummis caulibus flavis: foliis punɛtatis quafi perforatis. *Clayt. n.* 796.
  Convenit cum Hyperico floribus trigynis, calycum ferraturis capitatis Linn. bort. cliff. 380. *caule minus ramofo & omnino tereti, neque ancipiti, neque angulofo. Sed differt ab eo braɛteis & calycum ferraturis integerrimis neque capitatis.*

HYPERICUM paluftre, flore aureo pentapetalo: foliis glabris, lanceolato-oblongis: caule rotundo glabro, in fummitate ramofo. *Clayt. n.* 638.
  HY-

HYPERICUM flore carneo, foliis ferrugineis lineis & maculis nonnunquam notatis, primo afpectu quafi perfoliatis, caule atro—purpureo. *Clayt.*

Lafiantho affinis foliis ovatis integris: flore fpeciofo albo, exterius pubescente, fundo rubro. *Clayt.*

ASCYRUM foliis ovatis. Linn. hort. cliff. 494.

Hypericum pumilum femper virens, caule compreffo ligneo ad bina latera alato, flore luteo tetrapetalo f. Crux Sti. Andreæ, Banifter. *Raj. fuppl.* 495.
St. Andrews—wort. *Pluckn. mant.* 104.

Androfæmum flore luteo tetrapetalo, foliis oblongis glabris craffis, caule duro compreffo ligneo. *Clayt. n.* 230.

Hypericoides frutescens erecta flore luteo. *Plum. gen.* 51.

Claffis XIX.

SYNGENESIA.

POLYGAMIA ÆQUALIS.

TRAGOPOGON *foliis radicalibus lyratis rotundatis, caulinis indivifis.* Linn. fpec. 789.

Tragopogon caule ramofo, foliis lanceolatis feffilibus amplexicaulibus dentatis. *Fl. virg.* 91.

Tragopogon flore magno fulphureo fpeciofo, caule ftriato, foliis longis laciniatis anguftis, ad margines fpinulis mollibus obfitis. Florem habet mane expanfum, meridie claufum, calyce tunc figuram conicam affumente, feminibus Tragopogonis flore purpureo, fed minoribus. *Clayt. n.* 309.

PRENANTHES flofculis plurimis, foliis baftatis angulatis. Linn. hort. cliff. 383. Cold. noveb. 173.

Prenanthes novanglicanus chenopodii foliis, floribus candidis. *Vaill. act.* 1721.
Sonchus novanglicanus, chenopodii foliis, radice bulbofa, fanguineo caule, floribus ramofis candidiffimis. *Pluckn. amalth.* 195.

Prenanthes folio fcabro incifo, capitulis florum pendulis, floribus dilute luteis, petalis paucis conftantibus. Tota planta lacte vifcofo fcatet. *Clayt. n.* 15. *&* 284.

PRENANTHES autumnalis, flore dilute purpureo deorfum nutante, fpicatim ad caulem difpofito, foliis fcabris incifis, caule fingulari. *n.* 310. Præcedentis *varietas eft.* Dr. Witts Snake—root. *Præfentaneum eft remedium contra morfus Caudifonae. Adverf. Collins.*

CHO-

CHONDRILLA foliis dentatis, lobis acutis: caule fingulari, glabro, feminudo, fuperne ramofo.
Chondrilla flore fulphureo: foliis dentatis, lobis acutis: caule fingulari glabro feminudo, ad faftigium in plurimos ramulos divaricato. Ad finem Junii floret. *Clayt. n.* 643.

HYOSERIS foliis lanceolatis finuato—dentatis glabris, fcapis unifloris. Fl. virg. 90.
Dens Leonis parvus, flore aureo. *Clayt. n.* 376.
   Calycis folia *lanceolata, plurima, æqualia, nequaquam imbricata.* Semina *tetragona truncata, calyce breviora, coronata pappo fimplici feu capillari, intra quem fquamæ aliquot albæ fubrotundæ breviffimæ itidem femina coronant, & pappum exteriorem deprimunt.*

HIERACIUM foliis cuneiformibus hirtis, caule nudo craffiffimo erecto. Fl. virg. 89. *Linn. fpec.* 800.
Hieracium fruticofum latifolium, foliis punctulis & venis fanguineis notatis. *Banift. virg.*
Hieracium marianum perelegans, lapathi venis fanguineis infcripti foliis, flore parvo flavefcente. *Pluckn. mant.* 102.
Hieracium luteum, caule ramofo aphyllo, foliis maculis & venis fanguineis notatis. *Clayt. n.* 386.

HIERACIUM caule paniculato fubnudo, foliis radicalibus obovatis integerrimi s pilofis. Linn. fpec. 802.
Hieracium foliis radicalibus obverfe ovatis pubefcentibus, caulinis ovatis amplexicaulibus, floribus paniculatis, caule erecto. *Fl. virg.* 90.
Hieracium luteum foliis Pilofellæ. *Clayt. n.* 447.
   Proxime accedit ad Hieracium glaucum pilofum, foliis parum dentatis Dill. elth. t. 149. *f.* 179. *Sed foliis differt obtufioribus, radicalibus fere feffilibus vix dentatis, caule erecto tenuiori, inferne tantum pilofo, & foliis dimidio minoribus.*

LEONTODON foliis enfiformibus integris, calyce erecto fimplici. Linn. fpec. 798.
·Leontodon foliis linearibus integris, calyce erecto fimplici. *Fl. virg.* 90.
Dens.Leonis foliis integris vel leviffime tantum incifis, flore fpeciofo faturate aureo. *Clayt. n.* 29. & 383.
   Calyx *ex duplici foliorum ordine compofitus, glaber, æqualis, absque ullis ad bafim fquamulis, quarum defectu potius Leontodoni, quam Hyoferidi adfcribi debet: pappo tamen fimplici cum Hyoferide convenit.* Folia *linearia, five graminea, vel enfiformia, communiter indivifa, glabra, viridia.* Scapus *nudus, foliis duplo longior, uniflorus.*

LEONTODON calyce inferne reflexo. Linn. hort. cliff. 280.
Dens leonis, qui Taraxacon officinarum. *Vaill. act.* 1721. *p.* 230.
                                   Dens

Dens leonis latiore folio. *Baub. pin.* 126. *Tourn. inst.* 460.
Dens leonis vulgaris. *Morif. hist.* 111. *p.* 74.
Dens leonis. *Dod. pempt.* 636.
Hedypnois five Dens leonis fuchfii. *Baub. hift.* 11. *p.* 1035.
Aphaca. *Cæfalp. fyft.* 508.
Dens leonis vulgaris. *Clayt. n.* 694. *Cold. noveb.* 177.

Alter autumnalis, flore amplo fpeciofo unico. *Clayt.*

SONCHUS pedunculis bifpidis , floribus racemofis , foliis lyrato—haftatis.
     Linn. fpec. 793.
Chondrilla foliis pinnato—haftatis denticulatis. *Fl. virg.* 89.
Sonchus lævis floridanus ari vel fagittariæ foliis finuatis. *Pluckn. amalth.* 195.
Chondrilla fylveftris alta, flore cœruleo fpeciofo: foliis finuatis longis acu-
     minatis alternis, leviter hirfutis: caule ad cacumen ramofo, femine ni-
     gro, pappis albis & quafi argenteis inftructo. *Clayt. n.* 139.

SONCHUS caule glabro erecto longiffimo , foliis pinnato—haftatis & indivifis.
Sonchus altus caule glabro virginianus Banift. *Pluckn. alm.* 355.
Sonchus altiffimus flore flavefcente, caule glabro, foliis integris & inter-
     dum laciniatis. *Clayt. n.* 204.

SONCHUS pedunculis tomentofis. Linn. fl. fuec. 1643.
Sonchus annuus ramofus diffufus, foliis laciniatis. *Linn. fl. lapp.* 289. *Hort.
     cliff.* 384.
Sonchus lævis laciniatus latifolius. *Baub. pin.* 124.
Sonchus afper laciniatus (& non laciniatus) *Baub. pin.* 124.
Sonchus lævis vulgaris, & Sonchus afper vulgaris. *Clayt. n.* 751.

ELEPHANTOPUS foliis integris ferratis. Linn. hort. cliff. 390.
Elephantopus foliis ovatis ferratis. *Linn. hort. upf.* 247.
Elephantopus conyzæ folio. *Vaill. act.* 1719. *p.* 409. *Dill. elth.* 126. *t.* 106. *f.* 126.
Scabiofæ affinis anomala fylvatica, enulæ folio, fingulis flofculis albis,
     in eodem capitulo perianthia habentibus, femine pappofo. *Sloan. fl.* 127.
     Hift. 1. *p.* 263. *t.* 156. *f.* 1. 2.
Echinophoræ affinis mariana, fcabiofæ pratenfis folio integro, capitulo
     fplendente lævi, fummo caule coronata. *Pluckn. mant.* 66. *t.* 388. *f.* 6.
Echinophoræ indicæ affinis, femine & floribus in capitulis, feu potius ca-
     pitulis lævibus in caulium cymis prodeuntibus. *Pluckn. alm.* 132.
Ana—fchovadi. *Rheed. mal.* 10. *p.* 13. *t.* 7.
Elephantopus foliis obverfe lanceolato—oblongis rigidis : flore faturatius
     purpureo: caule fufco hirfuto. *Clayt. n.* 655.

ELEPHANTOPUS foliis tomentofis.
Elephantopus foliis primulæ veris mollibus rugofis integris hirfutis, caule
     etiam hirfuto dichotomo, foliis paucis minoribus veftito, flofculis pur-

pureis capitulis congeftis, in fummis ramulis difpofitis, quibus concava rigida duo vel tria fubfunt folia. *Clayt. n.* 148.

Differt ab Elephantopo Dillenii foliis oblongis, quæ in Virginica ovata funt; dein foliis fcabris, quæ in Virginica funt tomentofa utrinque.

ARCTIUM foliis cordatis inermibus petiolatis. Linn. fpec. 816.
Arctium. *Cæfalp. fyft.* 488. *Linn. hort. cliff.* 391. *Fl. fuec.* 651.
Perfonata five Lappa major vel Bardana. *Baub. hift.* 111. *p.* 570.
Bardana five Lappa major. *Dod. pempt.* 38.
Lappa major feu Arctium Diofcoridis. *Baub. pin.* 198. *Clayt. n.* 929.

SERRATULA foliis linearibus, calycibus fquarrofis. Linn. hort. cliff. 392.
Cirfium tuberofum, capitulis fquarrofis. *Dill. elth.* 83. *t.* 71. *f.* 82.
Eupatorio affinis americana bulbofa, floribus fcariofis calyculis contectis.
   Pluckn. alm. 142. *t.* 177. *f.* 4.
Stoebe virginiana tuberofa latifolia, capitulis feffilibus, fquamis foliaceis
   acutis donatis. *Morif. hift.* 111. *p.* 137. *t.* 27. *f.* 10.
Cirfium parvum, foliis anguftis integris rigidis, in mucronem rigidum de-
   finentibus, flore purpureo pulchro, fquamis calycis in fpinulas hamatas
   definentibus, radice tuberofa. *Clayt. n.* 14.

SERRATULA foliis linearibus, floribus feffilibus lateralibus fpicatis, caule fimplici. Linn. fpec. 819.
Serratula foliis linearibus, floribus folitariis feffilibus. *Fl. virg.* 92.
Cirfium tuberofum, lactucæ capitulis fpicatis. *Dill. elth.* 85. *t.* 72. *f.* 83.
Cirfium non ramofum, foliis plurimis rigidis peranguftis, flores ferens multos
   parvos rubentes in fpica, ad caulem feffiles, radice tuberofa. *Clayt. n.* 237.
Radix eft difcutiens, hinc Throat—wort. *Adverf. Collinfon.*

*SERRATULA foliis lanceolatis integerrimis, calycibus fquarrofis peduncu-
   latis obtufis lateralibus.* Linn. fpec. 818.
Cirfium non ramofum foliis latioribus, flores ferens pauciores majores, fquamis hiantibus armatos, pediculis curtis infidentibus, radice etiam tuberofa. *Clayt. n.* 651. *eft* Jacea altera non ramofa, tuberofa radice: foliis
   latioribus: flores ferens pauciores majores, fquamis hiantibus armatos,
   & pediculis curtis infidentes. *Banift. virg. de qua confulendus* Dillenius
   Hort. elth. p. 83.

*SERRATULA foliis ovato—oblongis acuminatis ferratis, floribus corymbo-
   fis, calycibus fubrotundis.* Fl. virg. 92. Linn. fpec. 818.
Centaurium medium marianum, folio integro cirfii noftratis fpinulis fimbriato. *Pluckn. mant.* 48.
Serratula marilandica, foliis glaucis, cirfii inftar denticulatis. *Dill. elth.*
   354. *t.* 262. *f.* 341.
Jacea floribus purpureis multis in fummis caulibus, foliis longis anguftis
                                                                     falicis

· faficis nonnihil æmulis. *Clayt. n.* 15. & 175.

*CARDUUS calyce inermi, foliis lanceolatis, fubtus tomentofis, caule fo-
liofo unifloro.* Fl. virg. 92. Linn. fpec. 824.
Cirfium minus virginianum fingulari capitulo, caule foliofo. *Morif. hift.* 111.
p. 150. & *Raj. fuppl.* 197.
Carduus foliis amplis laciniatis, fpinulis mollibus armatis, fubtus incanis,
capitulis tumefcentibus, fpinulis nigris hamatis plurimis denfe obfitis,.
flore fingulari fpeciofo purpureo. *Clayt. n.* 193.

CARDUUS foliis finuatis decurrentibus, fuperficie pilofis, floribus terminatricibus, etiamque ex alis. Caulis hirfutus ftriatus rigidus ramofus.
Flores purpurei. Squamæ calycinæ fpinula lineari terminatæ. Receptaculum pilofum. Semina pappo plumofo abfque ftipite coronantur.
Clayt. n. 659.

CARDUUS foliis interrupte cum impari pinnatis: foliolis decurrentibus
feffilibus: lobis finuato—dentatis, denticulis fpinofis. Folia fubtus tomentofa, fuperne hirfuta. Caulis hirfutus ramofiffimus. Flores purpurei ex
alis, & ramulorum terminatrices. Squamæ calycinæ fpinula recta longa
ftraminea terminatæ. Crefcit fecus vias publicas & in incultis fterilibus
agris. *Clayt. n.* 666.

CARDUUS foliis latioribus, faturate viridibus, in caule paucioribus:
flore amplo fpeciofo rubro terminatrice. *Clayt.*

Cirfium altiffimum foliis alternis feffilibus, fuperne faturate viridibus glabris,
inferne tomentofis: inferioribus lanceolatis finuatis, denticulis fpinofis:
caule tomentofo, ad faftigium nonnunquam in binos, tres, quatuorve
ramulos divaricato, capitulis junioribus fphæricis, fpinulis nigris hamatis inermibus denfe obfitis: flore fpeciofo purpureo terminatrice. Solo
lutofo fubhumido locis umbrofis Augufto floret. *Clayt. n.* 663.

CARLINA foliis feffilibus finuatis, angulis fpinofis, caule unifloro.
Atractylis flore magno luteo, foliis rigidis ad modum Cnici calycem cingentibus. *Clayt. n.* 397. & 478. *Fl. virg.* 91.

CNICUS caule diffufo, foliis dentato-finuatis. Linn. hort. cliff. 394. Mat.·
med. 379.
Cnicus fylveftris hirfutior, five Carduus benedictus. *Bauh. pin.* 378.
Carduus luteus procumbens fudorificus & amarus. *Morif. hift.* 111. p. 160.
t. 34. f. 1.
Carduus benedictus. *Bauh. hift.* 111. p. 75. *Dod. pempt.* 736.
Carduus fanctus, five Carduus benedictus. *Cæfalp. fyft.* 534.
Carduus benedictus caulibus infirmis fupinis, flore flavo. *Clayt. n.* 926.

BIDENS corona feminum retrorfum aculeata, feminibus erectis. Linn. hort. cliff. 399.

Bidens americana apii folio. *Tourn. inft.* 462.

Ceratocephalus corindi foliis glabris, flore luteo radiato. *Vaill. act.* 1720. p. 424.

Chryfanthemum americanum, cordis indi folio. *Herm. parad.* 123. *t.* 123.

Chryfanthemum aquaticum, foliis multifidis cicutæ nonnihil fimilibus, virginianum. *Herm. lugdb.* 416.

Chryfanthemum cannabinum bidens virginianum, cicutariæ foliis, flofculis conniventibus. *Morif. hift.* 111. *p.* 17.

Bidens præalta floribus luteis vix radiatis, foliis alatis & Apii inftar incifis, odore dauci præditis, femine bidentato tenui nigro, veftibus tenaciter adhærente. Spanish—Needle. *Clayt. n.* 176.

BIDENS aquatica humilior, foliis quafi pinnatis, impari ad finem lobo aliis longe majori & acuminato; flore femineque cum priori convenit. *Clayt. n.* 235. *Cold. noveb.* 183.

CACALIA caule herbaceo foliis fubcordatis dentato finuatis, calycibus quinquefloris. Linn. fpec. 835.

Cacalia virginiana glabra, foliis deltoidibus finuatis, fubtus glaucis. *Morif. hift.* 111 *p.* 49. *t.* 15. *f.* 7.

Kleinia caule herbaceo, foliis haftato—fagittatis denticulatis, petiolis fuperne dilatatis. *Linn. hort. upf.* 254.

Porophyllum foliis deltoidibus angulatis. *Fl. virg.* 94.

Nardus americana procerior foliis cœfiis. *Pluckn. alm.* 251. *t.* 102. *f.* 2. *Raj. fuppl.* 242.

Eupatorio affinis præalta non ramofa, foliis triangularibus amplis crenatis, alterno ordine pofitis, fuperne glaucis, fubtus albicantibus, pediculis longis infidentibus, floribus dilute luteis parvis, e tribus vel quatuor flofculis compofitis, calyce canaliculato albicante, caule glabro rotundo glauco. Tota planta præter flores calycesque pulvere albicante minutiffimo tegitur. *Clayt. n.* 133.

EUPATORIUM foliis feffilibus amplexicaulibus diftinctis lanceolatis. Linn. hort. upf. 254.

Eupatorium virginianum, flore albo, foliis menthæ anguftioribus feffilibus minutim dentatis. *Morif. hift.* 111. *p.* 98. *n.* 13. *Raj. fuppl.* 188.

Eupatorium floribus albis, foliis femiamplexicaulibus lineari—lanceolatis oppofitis ferratis. *Clayt. n.* 820.

EUPATORIUM foliis lanceolatis nervofis: inferioribus extimo fubferratis, caule fuffruticofo. Linn. hort. upf. 253.

Eupatorium virginianum, longiffimis & anguftiffimis foliis. *Morif. hift.* 111. *p.* 97. *Raj. fuppl.* 187.

Eupa-

Eupatorium frutefcens annuum : floribus albis : foliis lanceolatis, infimis ferratis, fuperioribus integris anguftioribus. *Clayt. n.* 896.

EUPATORIUM foliis ternis. Linn. fpec. 837.

Eupatorium caule erecto, foliis ovato—lanceolatis, ferratis, petiolatis ternatis. *Fl. virg.* 178.

Eupatorium cannabinum, foliis in caule ad genicula ternis marilandicum. *Raj. fuppl.* 189.

Eupatorium floribus albis, in panicula laxa terminatrice difpofitis : foliis ovato—lanceolatis, petiolatis, ad genicula femper ternis, per intervalla haud femipedalia a fe invicem diftantibus: caule fingulari non ramofo. In folo pingui & umbrofis locis inter Verbefinas & Serratulas initio Augufti floret. *Clayt. n.* 620.

EUPATORIUM foliis fubverticillatis lanceolato—ovatis ferratis petiolatis rugofis. Linn. fpec. 838.

Eupatorium foliis verticillatis. *Cold. novrb.* 180.

Eupatorium foliis ovato—lanceolatis obtufe ferratis in petiolos definentibus. *Fl. virg.* 93.

Eupatorium canadenfe elatius, longioribus foliis rugofis integris & caulibus ferrugineis. *Morif. bift.* 111. *p.* 97. *t.* 13. *f.* 4.

Eupatorium folio enulæ. *Corn. canad.* 72.

Eupatorium altiffimum, floribus multis dilute purpureis, in fummo caule racematim congeftis, foliis longis rugofis, Salviæ nonnihil æmulis, quadratim pofitis, caule non ramofo glabro rotundo. *Clayt. n.* 162.

EUPATORIUM foliis cordato—ovatis obtufe ferratis petiolatis, calycibus multifloris. Linn. fpec. 838.

Eupatorium foliis cordatis ferratis petiolatis. *Fl. virg.* 94.

Eupatorium fcorodoniæ folio, flore cœruleo. *Dill. elth.* 140. *t.* 114. *f.* 139.

Eupatorium floribus fpeciofis cæruleis denfe coactis, folio oblongo muricato & ferrato. *Clayt. n.* 179.

Hujus varietas eft

Eupatorium floribus rubenti—cœruleis, in corymbos convexos & tenuiores congeftis, caulibus plerumque fupinis. *Clayt. n.* 680. *cui refpondet* Eupatorium marianum fcrophulariæ foliis, capitulis globofis, colore cœleftino. *Pluckn. tab.* 394. *f.* 4.

EUPATORIUM foliis connatis tomentofis. Linn. hort. upf. 253. Cold. noveb. 181.

Eupatorium foliis connatis. *Linn. hort. cliff.* 396.

Eupatorium virginianum, falviæ foliis longiffimis acuminatis, perfoliatum. *Pluckn. alm.* 140. *t.* 86. *f.* 6.

Eupatorium virginianum, mucronatis rugofis & longiffimis foliis perfoliatum. *Morif. bift.* 111. *p.* 97.

Eupa-

Eupatorium perfoliatum aquaticum: foliis rugofis longiffimis, in acumen longum definentibus, flore albo. *Clayt.*

EUPATORIUM foliis ovatis obtufe ferratis petiolatis trinerviis, calycibus fimplicibus. Linn. fpec. 839.

Eupatorium caule erecto ramofo, foliis ovatis obtufe ferratis petiolatis. *Fl. virg.* 177.

Eupatoria valerianoides flore niveo, teucrii foliis cum pediculis, virginiana. *Pluckn. alm.* 141. *t.* 88. *f.* 3.

Eupatorium floribus niveis in corymbos laxiores congeftis: foliis viridi-lutefcentibus ovatis, obfolete ferratis, petiolis brevibus affixis: caule in fummitate plerumque ramofo: radice aromatica. Pafcuis & clivis arenofis Septembri floret. *Clayt. n.* 603. *&* 918.

EUPATORIUM foliis ovato—lanceolatis fimplicibus, obtufe ferratis.

Eupatorium floribus albis in fummis caulibus denfe congeftis, foliis in caule plurimis longis anguftis muricatis. *Clayt. n.* 207.

EUPATORIUM caule volubili, foliis cordatis acutis dentatis. Linn. hort. cliff. 396. Hort. upf. 253. Cold. noveb. 182.

Clematitis novum genus, cucumerinis foliis, virginianum. *Pluckn. alm.* 109. *t.* 163. *f.* 3.

Eupatorium americanum fcandens, haftato magis aculeato folio. *Vaill. act.* 1719. *p.* 401.

Eupatorium aquaticum fcandens, floribus albicantibus odoratis, foliis cordiformibus crenatis mucronatis, pediculis longis infidentibus. *Clayt. n.* 147.

AGERATUM foliis ovato—cordatis rugofis, floralibus alternis, caule glabro. Linn. fpec. 839.

Eupatorium foliis ovatis ferratis petiolatis, caule glabro. *Linn. hort. upf* 254.

Eupatorium caule erecto foliis cordatis ferratis. *Linn. hort. cliff.* 396.

Eupatorium fcrophulariæ foliis glabris, flore albo. *Morif. hift.* 111. *p.* 98. *t.* 18. *f.* 11.

Valeriana urticæ folio, flore albo. *Corn. canad.* 20. *t.* 21.

Eupatorium floribus albis umbellatim quafi difpofitis, foliis urticæ, pediculis longis infidentibus, ad nodos binis. Black—Stikweet a colore caulis. *Clayt. n.* 199.

POLYGAMIA SUPERFLUA.

ARTEMISIA foliis ramofis linearibus., caule procumbente. Linn. hort. cliff. 403.

Artemifia foliis multifidis linearibus, caule procumbente. *Linn. fl. fuec.* 668.

Artemifia tenuifolia. *Dod. pempt.* 33. *Vaill. act.* 1719. *p.* 376.

Abrotanum campeftre. *Bauh. pin.* 136. cauliculis rubentibus. *Tourn. inft.* 459.

Arte-

Artemisia foliis tenuiter incisis, santolinæ foliis similibus, floribus luteis plurimis, in spicis pendulis dense dispositis, caule unico ligneo hirsuto rubente. *Clayt. n.* 167.

GNAPHALIUM caule simplicissimo, foliis radicalibus ovatis maximis, sarmentis procumbentibus. Linn. spec. 850.
Gnaphalium stolonibus reptatricibus longissimis, foliis ovatis, caule capitato. *Fl. virg.* 95.
Gnaphalium plantaginis folio virginianum. White Plantain. *Pluckn. alm.* 171. *t.* 348. *f.* 9.
Helichryfum humile Plantaginis folio. *Vaill. act.* 1719.
Elichryfo affinis foliis tuffilaginis sed minoribus, subtus incanis & tomentosis, superne ferrugineis rugofis duris. *Clayt. n.* 287.

GNAPHALIUM foliis lanceolatis, caule tomentoso ramoso, floribus terminalibus glomeratis conicis. Linn. spec. 851.
Gnaphalium foliis lanceolatis, caule tomentoso, corymbis supradecompositis, floribus seffilibus confertis. *Fl. virg.* 95.
Elichryfum latifolium erectum, floribus conglobatis. *Tourn. inst.* 453.
Elichryfum foliis dilute flavefcentibus longis anguftis tomentofis, capitulis luteis lucidis colorem diu retinentibus, odore refinofo. *Clayt. n.* 203.

GNAPHALIUM foliis lanceolatis nudis, caule erecto simplicissimo: floribus spicatis & lateralibus. Roy. prodr. 148.
Elichryfum spicatum obtusifolium basi anguftiore. *Dill. elth.* 151. *t.* 109. *f.* 132.
Elichryfum capitulis parvis purpureis lucidis, foliis alba lanugine tectis, odore refinofo. *Clayt. n.* 385.

GNAPHALIUM caule ramoso diffufo: floribus confertis lana tectis. Linn. hort. cliff. 402.
Gnaphalium minus latioribus foliis. *Bauh. pin.* 263.
Gnaphalium unico cauliculo. *Bauh. hist.* 111. *p.* 160.
Gnaphalium plateau 3. *Cluf. hist.* 1. *p.* 329.
Filago erecta latifolia, capitulis tomentofis. *Boerh. ind. alt.* 1. *p.* 119.
Filago feu Impia capitulis lanuginofis. *Vaill. parif.* 52.
Gnaphalium minimum humile, Herba Impia dictum. *Clayt. n.* 756.

BACCHARIS foliis lanceolatis ferrato—dentatis, corymbis foliofis. Fl. virg. 96. Linn. spec. 861.
Conyza americana frutefcens foetidiffima. *Dill. elth.* 106. *t.* 89. *f.* 105.
Eupatorium floribus albis. *Clayt. n.* 159 & 451.

BACCHARIS foliis obverfe—ovatis, superne emarginato—ferratis. Linn. hort. cliff. 405.
Senecio virginianus arborefcens atriplicis folio. *Raj. hist.* 1799.

Q

Pfeu-

Pfeudohelichryfum virginianum frutefcens, halimi latioris foliis glaucis. *Morif. hift.* 111. *p.* 90. *t.* 10. *f.* 4.

Elychryfo affinis virginiana frutefcens, foliis chenopodii glaucis. *Pluckn. alm.* 134. *t.* 27. *f.* 2.

Argyrocome virginiana, atriplicis folio. *Petiv. gazoph.* *t.* 7. *f.* 4.

Conyza virginiana halimi folio. *Tourn. inft.* 455.

Senecio arborefcens halimi folio, feminibus quafi pappo argenteo inftructis, plurimis. *Clayt. n.* 240.

ERIGERON caule fimpliciffimo, fæpius bifloro, folio caulino femiamplexicauli.
After vernus caule fufco hirfuto infirmo fingulari, vix foliato, florem plerumque unicùm, cujus petala marginalia alba funt, difcum flavefcentem cingentia, in faftigio ferente. *Clayt. n.* 375.
In Phytophylacio Collinfoniano datur Varietas caule multifloro.

ERIGERON foliis lanceolato—ovatis villofis, ferraturis apice cartilagineis.
Linn. hort. upf. 259.
Baccharis foliis ovato—lanceolatis ferratis, caule herbaceo. *Fl. virg.* 96.
Conyzæ affinis floribus purpureis, foliis amplis integris viridi—fufcis mollibus odoratis. *Clayt. n.* 165.

ERIGERON floribus paniculatis. Linn. hort. cliff. 407. Hort. upf. 258.
Conyza annua acris alba elatior, linariæ foliis. *Morif. bift.* 111. *p.* 115.
Conyzella. *Dill. gen.* 142. *Giff.* 160.
Conyza canadenfis annua acris alba, linariæ folio. *Bocc. ficc.* 85. *t.* 46.
Virga aurea virginiana annua. *Zanon. bift.* 205. *Tourn. inft.* 484.
Conyza foliis anguftis longis, in caule plurimis, flore minimo dilute luteo, vix confpicuo, nunc radiato, nunc nudo, barbulis paucis fugacibus. Tota planta eft odorifera. *Clayt. n.* 449.

*ERIGERON foliis anguftis, coronæ petalis paucis longis anguftiffimis albis, medio nigricante. *Clayt. n.* 236.

SOLIDAGO paniculato—corymbofa, racemis reflexis., floribus confertis adfcendentibus. Linn. hort. cliff. 409. *Foliis trinerviis fubferrato—fcabris.* Linn. hort. upf. 259.
Noftratibus Gulden—rod. *Cold. noveb.* 188.
Virga aurea anguftifolia, panicula fpeciofa, canadenfis. *Pluckn. alm.* 387. *t.* 235. *f.* 2.

SOLIDAGO caule obliquo, pedunculis erectis foliofis, ramofis, foliis lanceolatis integerrimis. Linn. hort. cliff. 409.
Virga aurea mexicana. *Baub. pin.* 517.
Virga aurea mexicana limonii folio. *Dodart. act.* 4. *p.* 219. *t.* 219.
Solidago maritima foliis lanceolatis amplexicaulibus glabris, odore conyzæ five erigeronis floribus paniculatis *Hort. cliff. p.* 407. præditis, caule

fuc-

fucculento rotundo lutefcente. Augufto in litore promontorii Point Comfort dicti gemmas & ramulos ex alis emittentem inveni. *Clayt. n.* 773.

*SOLIDAGO caule flexuofo, foliis ovatis acuminatis ferratis, racemis late-
ralibus fimplicibus.* Roy. prodr. 161.
Virga aurea montana fcrophulariæ folio roberti ic. *Pluckn. alm.* 39•.
   t. 235. *f.* 3.
Virga aurea canadenfis foliis fcrophulariæ dodart. *Morif. bift.* 111. *p.* 124.
Virga aurea montana latiore folio glabro. Hort. reg. par. *Boerb. ind. alt.*
   1. *p.* 97.
Afteris alia fpecies. *Clayt. n.* 917.

ASTER ramis divaricatis, foliis ovatis ferratis, floralibus integerrimis. Linn.
   fpec. 873.
After caule infirmo, foliis ovatis acuminatis integerrimis, pedunculis unifloris nudis, calycibus fimplicibus. *Fl. virg.* 99.
After americanus latifolius albus, caule ad fummum brachiato. *Pluckn. alm.*
   56. *t.* 79. *f.* 1.
After petalis florum marginalibus albis latis paucis, difco flavefcente, caule infirmo. *Clayt. n.* 143.

ASTER foliis linearibus integerrimis, caule paniculato. Linn. hort. cliff. 408.
After americanus multiflorus, flore albo bellidis, difco luteo. *Sch. bot. par.*
After novæ angliæ linariæ foliis, chamæmeli floribus. *Herm. parad.* 95. *t.* 95.
   Vaill. act. 1720. *p.* 403.
Virga aurea canadenfis humilior, folio linariæ. *Tourn. inft.* 485.
After vernus caule fingulari, vix foliofo, in cacumine ramofo, petalis flo-
   rum marginalibus albis, difco aureo, foliis ad imum fubrotundis craffis
   ferratis. Radii interdum albi, interdum cœrulei. Vere floret. *Clayt. n.* 72.

ASTER foliis linearibus acutis, caule corymbofe ramofiffimo. Linn. hort.
   cliff. 408.
After tripolii flore, anguftiffimo & tenuiffimo folio. *Herm. fl. lugd. fl.* 23.
Tripolium flore unico caulem terminante, cujus radii purpurei & longi,
   & flofculi in medio flavefcentes, foliis longis glaucis gramineis. *Clayt.*
   n. 241.

*ASTER caule fimpliciffimo: foliis ovatis feffilibus integerrimis, racemo ter-
   minatrice.* Fl. virg. 178. Linn. fpec. 874.
After purpureus non ramofus: foliis parvis rigidis: floribus concoloribus
   feriatim ad caulem difpofitis. *Clayt. n.* 607.
   *Flores verfus fummitatem in alis foliorum folitarii, breviffimis infident
   pedunculis, qui foliolis linearibus fparfis inftruuntur. Folia verfus fummitatem fenfim minora evadunt.*

ASTER floribus terminatricibus folitariis, foliis linearibus alternis. Fl. virg. 98. Linn. fpec. 874. Cold. noveb. 196.

After foliis parvis rigidis crebris, caule non ramofo ligneo infirmo, flore unico fpeciofo, barbulis purpureis longis, flofculis in difco ferrugineis, calyce fquamofo tumido & rotundo. *Clayt. n.* 9.

Ab Aftere marilandico Rorismarini foliis angustioribus in caule crebris inordinatis, floribus in fummitate paucis Raj. fuppl. 165. *differt flore folitario caulem albidum terminante.*

ASTER foliis lanceolato—linearibus alternis integerrimis femiamplexicaulibus, floribus capitato—terminatricibus. Linn. hort. cliff. 408.

After novæ angliæ altiffimus hirfutus floribus ampliffimis purpureo—violaceis. *Herm. parad.* 98. *Clayt. n.* 244.

ASTER foliis cordato—lanceolatis undulatis, floribus racemofis adfcendentibus. Linn. hort. cliff. 408.

After novæ angliæ purpureus, virgæ aureæ facie & foliis undulatis. *Herm. parad.* 96. *t.* 96.

After virginianus comofus, foliis latioribus & flofculis minimis cœruleis. *Morif. hift.* 111. *p.* 120.

Virga aurea patula, foliis undulatis, floribus dilute purpurafcentibus. *Tourn. inft.* 484.

After ferotinus. *Clayt. n.* 920.

ASTER caule paniculato, pedunculis racemofis, pedicellis foliofis, foliis linearibus integerrimis. Fl. virg. 100. Linn. fpec. 875.

After ericoides dumofus. *Dill. elth.* 40. *t.* 36. *f.* 40.

After ferotinus floribus parvis albis, difco ferrugineo, in umbellas tenues difpofitis minimis. Hujus datur alia Species fpicatim florifera. *Clayt. n.* 194.

ASTER caule fubnudo filiformi fubramofo, pedunculis nudis, foliis radicalibus lanceolatis obtufis. Fl. virg. 49. Linn. fpec. 876.

After paluftris foliis bellidis non ferratis, barbulis tenuibus albis, difco luteo, caule viridi hirfuto erecto. Vere floret. *Clayt. n.* 391.

ASTER caule corymbofo, foliis lanceolatis reflexis, floribus folitariis, calycibus patulis. Roy. lugdb. 168.

After virginianus pyramidatus bugloffi foliis afperis, calycibus fquamulis foliaceis. *Mart. cent.* 19. *t.* 19.

After foliis lanceolatis femiamplexicaulibus crenatis fcabris, ramis unifloris foliofis. *Fl. virg.* 99.

After grandiflorus afper, fquamis reflexis. *Dill. elth.* 41. *t.* 36. *f.* 31.

After foliis parvis auritis vifcofis, flore fpeciofo, difco aureo, barbulis cœruleis, calyce fquamofo foliaceo tumido. *Clayt. n.* 239.

ASTER

ASTER foliis cordatis acutis ferratis petiolatis, Jummis ovatis amplexicauli-. bus: caule fubfruticofo.
After ferotinus, floribus in umbellula tenui laxa flavis: femiflofculis in radio niveis acuminatis: foliis inferioribus acute cordatis ferratis petiolatis alternis, fupremis minoribus amplexicaulibus, caule ramofo fubligneo fufco. Crefcit faxofis lutofis & umbrofis, plagis occidentalibus montofis folummodo inveniendus. Initio Septembris floret. *Clayt. n.* 767.

ASTER ramofus petiolis foliofis, foliis lineari—lanceolatis villofis.
After floribus flavis, in fummis caulibus tenuiter congeftis, foliis anguftis longis gramineis tomentofis, caulem ample&tentibus. *Clayt. n.* 218.
  Facie accedit ad Aflerem purpureum elatiorem floridanum gramineis foliis argenteo—fericeis. Pluckn. t. 374. *f.* 1.

ASTER foliis lanceolatis feffilibus alternis integerrimis, calycibus alternis imbricatis tomentofis ereRis.
Virga aurea. *Clayt. n.* 239.

ASTER caule terminato corymbo, foliis lanceolatis integerrimis fubtus pilofis.
After foliis rigidis integris oblongis auriculatis, floribus flavis fpeciofis, in umbellam ad finem ramulorum coa&tis. *Clayt. n.* 160.

INULA foliis ovatis rugofis, fubtus tomentofis, calycum fquamis ovatis.
  Linn. amœn. 1. p. 410. Mat. med. 392.
After foliis ovatis rugofis fubtus tomentofis amplexicaulibus, calycum fquamis ovatis patulis. *Linn. bort. cliff.* 407.
After omnium maximus Helenium di&tus. *Tourn. infl.* 482.
Helenium f. Exula Campana præalta, foliis longis, latis, fubtus incanis, fuperne virentibus rugofis; flore fpeciofo flavo: difco nigricante. *Clayt.*

SENECIO foliis pinnato—finuatis amplexicaulibus, floribus nudis fparfis.
  Roy. prodr. 165.
Senecio foliis pinnatifidis denticulatis laciniis æqualibus patentiffimis, rachi lineari. *Linn. bort. cliff.* 406.
Senecio minor vulgaris. *Bauh. pin.* 131. *Clayt.*

SENECIO foliis pinnato—lyratis, laciniis lacinulatis. Linn. hort. cliff. 406.
  Caule ere&o. Linn. fl. fuec. 688.
Jacobæa vulgaris laciniata. *Bauh. pin.* 131.
Jacobæa flore aureo, foliis tenuiter incifis. Pratis madidis vere invenienda. *Clayt. n.* 299.

SENECIO foliis ovatis inæqualiter dentatis indivifis, corymbo terminatrice inæquali.
Baccharis feu Conyza magna, flore luteo fpeciofo, foliis amplis laciniatis odoratis. *Clayt. n.* 204.

Q 3   *SENE-*

SENECIO *foliis crenatis, infimis cordatis petiolatis, superioribus pinnatifidis, laciniis exterioribus majoribus.* Fl. virg. 98. Linn. spec. 870.
Jacobæa virginiana foliis imis alliariæ glabris, caulescentibus Barbareæ. *Morif. hist.* III. *p.* 110. *Raj. suppl.* 180.
Jacobæoides foliis imis Alliariæ, caulescentibus Jacobææ D. Sarracin. *Vaill. act.* 1720.
Jacobæa flore aureo verna, foliis infimis rotundis ad marginem serratis, pediculis longis insidentibus, supremis laciniatis ad margines etiam serratis, leviter superne lanatis, radice parva atro—rubente, odore grato prædita. Madidis & umbrosis gaudet. Majo floret. *Clayt. n.* 249. & 286.

DORONICUM *foliis subcordatis crenatis petiolatis.*
Doronicum foliis Plantaginis, in superficie terræ cruciatim positis, caule unico fere nudo, in binos vel ternos ramulos divaricato, flore speciofo flavo. *Clayt. n.* 37.

DORONICUM *foliis inferioribus integris, superioribus laciniatis, caule multiflore.*
Doronicum vernum flore aureo, foliis tomentosis, pediculis longis insidentibus, imis integris, supremis laciniatis, radice reptatrice. *Clayt. n.* 44. *Semina Radii sunt pappofa.*

HELENICUM *foliis decurrentibus.* Linn. hort. cliff. 418. Hort. upf. 266.
After floridanus aureus caule alato, summa parte brachiato, petalorum apicibus profunde crenatis. *Pluckn. amalth.* 43. *t.* 372. *f.* 4.
Heleniaftrum folio longiore & anguftiore. *Vaill. act.* 1720. *p.* 406.
Chryfanthemum americanum perenne, caule alato, folio angufto glabro. *Morif. hist.* III. *p.* 24. *t.* 6. *f.* 74.
After luteus alatus. *Corn. canad.* 62. *t.* 63.
Chamæmelo affinis flore aureo concolore fpeciofo, barbulis deorfum nutantibus, foliis oblongis integris acuminatis, leviter serratis, adverfis. Tota planta amaritudine notabili prædita. Aquofis gaudet, ac Autumno floret. In febribus tertianis utilis effe creditur. Datur alia Species humilior foliis lanceolatis hirfutis craffis mollibus, alternis, serraturis paucis ad margines obfitis, caule alato, floribus aureis. *Clayt. n.* 202.

Ptarmicæ affinis altiffima frutefcens annua: foliis amplis acuminatis viridibus mollibus, ex adverfo binis, pediculis longis infidentibus: floribus flavis, umbellatim in fummis ramulis pofitis, vix radiatis, barbulis fugacibus cito caducis: caule quadrato alato, femine bidentato. Stickweet. *Clayt.*

CHRYSANTHEMUM *foliis amplexicaulibus oblongis fuperne serratis, inferne dentatis.* Linn. hort. cliff. 416.
Chryfanthemum foliis oblongis serratis. *Linn. fl. lapp.* 310.
Bellidioides vulgaris. *Vaill. act.* 1720. *p.* 362.
Bellis fylveftris caule foliofo major. *Baub. pin.* 261.

Bellis

Bellis polyclonos fylveftris major; caulé foliofo. *Morif. bift.* III. *p.* 28.
Bellis major. *Bauh. bift.* III. *p.* 114. *Dod. pempt.* 265.
Leucanthemum vulgare. *Tourn. inft.* 492.
Leucanthemum flore fpeciofo albo, difco atro—purpureo, foliis ad margines incifis odoratis. *Clayt. n.* 68.

ANTHEMIS receptaculis conicis, paleis fetaceis, feminibus nudis. Linn. fl. fuec. 703.
Buphthalmum florum difcis ovatis caule ramofo, foliis duplicato—pinnatis linearibus. *Fl. virg.* 101.
Chamæmelum fœtidum. *Bauh. pin.* 135.
Chamæmelum annuum præcox fœtidum femine aureo. *Morif. bift.* III. *p.* 36.
Chamæmelum fœtidum, five Cotula fœtida. *Bauh. bift.* III. *p.* 120.
Cotula fœtida vulgaris. *Clayt. n.* 436.

ACHILLEA foliis duplicato—pinnatis glabris, laciniis linearibus acutis laciniatis. Linn. hort. cliff. 413. n. 7.
Millefolium vulgare album. *Bauh. pin.* 140. *Cluyt.*
Achillea foliis pinnato—pinnatis. *Linn. fl. lapp.* 311.
Achillea vulgaris flore albo. *Vaill. act.* 1720. *p.* 415. *Hujus varietas eft*
Millefolium purpureum majus. *Bauh. pin.* Confer *Hort. cliff.* 413.

BUPHTHALMUM calycibus foliofis, foliis lanceolato—ovatis ferratis trinerviis, bafi hinc anguftioribus. Linn. hort. upf. 264.
Helianthus foliis ovatis acuminatis ferratis, pedunculis longiffimis. *Fl. virg.* 179.
Chryfanthemum fcrophulariæ foliis americanum. *Pluckn. alm.* 99. *t.* 22. *f.* 1.
Corona folis altiffima virgæ aureæ foliis. *Tourn. inft.* 490. *Clayt. n.* 208.
Chryfanthemum canadenfe elatius, virgæ aureæ vel fcrophulariæ foliis. *Tourn. fchol.* 199.
Chryfanthemum virginianum, foliis glabris fcrophulariæ vulgaris æmulis. *Morif. bift.* III. *p.* 24.

BUPHTHALMUM foliis oppofitis lanceolatis, petiolis bidentatis. Linn. hort. cliff. 415.
Afterifcus frutefcens, leucoji foliis fericeis & incanis. *Dill. elth.* 44. *t.* 38. *f.* 44.
Corona folis americana frutefcens, lychnidis folio, flore luteo. *Plum. fpec.* 10. *Tourn. inft.* 490.
Chryfanthemum fruticofum maritimum, foliis glaucis oblongis, flore luteo. *Sloan. jam.* 125. *Hift.* I. *p.* 260.
Chryfanthemum maritimum flore flavo concolore, unico in uno caule, eumque terminante: cauliculo brevi vel nullo: flofculis in difco e fquamarum finubus exeuntibus, fquamis flore marcefcenti in rotunditatem coactis, foliis craffis fucculentis virentibus, ad caulem anguftis & ad finem latis rotundis, ex adverfo binis, ad margines interdum minime crenatis;

natis, duabus aut pluribus breviffimis mollibus fpinulis armatis: radice
longa albicante non fibrofa. *Vid. Catesb. car.* 1. *t.* 93. *Clayt. n.* 242.

VERBESINA floribus corymbofis, foliis lanceolatis petiolatis. Fl. virg. 102.
Linn. fpec. 901.

Ptarmicæ affinis humilior floribus albis, foliis amplis acuminatis viridibus
mollibus alternatim pofitis, caule vix alato, femine bidentato. White
Stickweed. *Clayt. n.* 166.

VERBESINA foliis oppofitis lanceolatis ferratis. Linn. hort. cliff. 500.
Bidens americana flore albo, folio non diffecto. *Tourn. inft.* 462.
After flore minore albo, caule rubente afpero. *Plum. fpec.* 20.
Santolina furinamenfis, folio conjugato chamænerii, calyce minus fquamofo,
flore albo, femine angulofo umbilicato. *Boerb.*
Scabiofa conyzoides americana latifolia, capitulis & floribus albis parvis.
.. *Pluckn. alm.* 335. *t.* 109. *f.* 1. *Morif. bift.* 111. *p.* 47. *t.* 13. *f.* 16.
Eupatoriophalacron balfaminæ feminæ folio, flore albo difcoide. *Vaill.*
Dill. elth. 138. *t.* 113. *f.* 137.
Bidens aquatica foliis glabris anguftis leviter ferratis, flore albicante, bar-
bulis minimis caducis, caule rotundo glabro indeterminato, odore re-
miffo. *Clayt. n.* 163.

SIGESBECKIA petiolis decurrentibus, calycibus nudis. Linn. fpec. 900.
Verbefina foliis ovatis petiolatis decurrentibus oppofitis, flofculis radiorum
folitariis. *Fl. virg.* 179.
Chryfanthemum frutefcens femine bidentato. *Clayt. n.* 511.
. *Caulis quadrangularis erectus brachiatus. Folia oppofita, ovata, ferrata,*
acuminata, in petiolos definentia, qui per caulis angulos decurrunt, eosque
membranaceis angulis inftruunt. Corymbi caulem ramosque terminantes
lutei. Flofculi in difco plures hermaphroditi, in radio unicus flofculus ligu-
latus, longus, bifido apice, femineus. Semina utrisque floribus duabus pa-
leis coronantur. Receptaculum commune planum nudum. Calyx oblongus.

TETRAGONOTHECA doronici maximo folio. Dill. elth. 378. *t.* 283. *f.* 365.
Corona folis foliis amplis rigidis integris adverfis, floribus magnis flavis,
difco per maturitatem nigricante, calyce quatuor foliolis tumefcentibus
. cincto, radice craffa odorata. *Clayt. n.* 97.
Mellon—appel flower. *Mitch. pl. cell. n.* 84.

POLYGAMIA FRUSTRANEA

HELIANTHUS foliis ovatis crenatis trinerviis fcabris, fquamis calycinis
erectis, longitudine difci. Fl. virg. 103. Linn. fpec. 906.
Corona folis minor, difco atro—rubente. Dill. elth. 1. *p.* 94.
Corona folis flofculis in difco nigricantibus, petalis marginibus flavis:
foliis

foliis afperrimis paucis auritis, ex adverfo binis auriculatis: caule hirfuto nigricante. *Clayt. n.* 136.

Alia fpecies iisdem floribus, fed foliis lævioribus quadratim pofitis. *Clayt.*

HELIANTHUS foliis linearibus.
Flos folis marianus foliis alternis anguftiffimis fcabris. *Petiv. muf.* 644.
Coreopfis femine calyculo quadridentato aculeato coronato. *Clayt. n.* 13.

HELIANTHUS foliis lanceolatis fcabris; caule ftricto inferne glabro. Linn.
fpec. 905.
Helianthus foliis lanceolatis feffilibus. *Fl. virg.* 104.
Chryfanthemum virginianum altiffimum anguftifolium puniceis caulibus.
Morif. hift. 111. *p.* 24. *t.* 7.
Chryfanthemum virginianum elatius anguftifolium, caule hirfuto viridi.
Pluckn. alm. 99. *t.* 159. *f.* 5.
Corona folis caule nigro, foliis oblongis acuminatis rugofis auriculatis
adverfis, flore flavo, in fingulo caule unico, difco purpureo. *Clayt.*
n. 109.

HELIANTHUS foliis lanceolatis ferratis lævibus. Fl. virg. 104. Linn.
fpec. 906.
Chryfanthemum paluftre, foliis odore grato præditis. *Clayt. n.* 195.
> *Floris Radius piftillo caret. Semina duplici palea fubulata inftruuntur. Palea*
> *receptaculi coloratæ funt. Difcus planus, & pedunculi longi erecti. Calyx*
> *fimplex, foliolis lanceolatis.*

HELIANTHUS foliis ovato-cordatis, nervis intra folium unitis. Linn.
fpec. 905.
Helianthus radice tuberofa. *Linn. bort. cliff.* 419.
Corona folis parvo flore, tuberofa radice. *Tourn. inft.* 489.
Helenium indicum tuberofum. *Bauh. pin.* 177.
Chryfanthemum latifolium brafilianum. *Bauh. prodr.* 70.
Helianthus radice tuberofa efculenta. Hierufalem Artichok. *Clayt.*

RUDBECKIA foliis compofitis laciniatis. Linn. vir. 88. Hort. upf. 269.
Rudbeckia foliis compofitis. *Ejusd. bort. cliff.* 420.
Aconitum helianthemum canadenfe. *Corn. canad.* 1.
Obelifcotheca hydrophylli folio, lobis latioribus. *Vaill. act.* 1720. *p.* 426.
Chryfanthemum americanum perenne, foliis divifis dilutius virentibus, majus. *Morif. hift.* 111. *p.* 22. *t.* 6. *f.* 13.
Obelifcotheca floribus flavis, barbulis novem longis bifidis concoloribus,
deorfum tendentibus in radio, difco conico: foliis infirmis pinnatis,
foliolis decurrentibus & incifis cum impari maximo laciniato, fupremis
potius omnino laciniatis, foliolo terminatrice majore, petiolis & rachi
rubentibus: caule ramofo, pulvere albefcente minutiffimo fuperficiem

R   tegen-

tegente, & maculis longis rubentibus hinc inde notato. In Sylvis Occidentalibus non procul a montibus Septembri floret. *Clayt. n.* 539.

RUDBECKIA foliis inferioribus trilobis , superioribus indivisis. Linn. hort. upf. 269.

Rudbeckia foliis trilobis. *Fl. virg.* 180.

Obeliscotheca trifido folio. *Vaill. act.* 1720. *p.* 426.

Chryfanthemum cannabinum virginianum, hirfutum difco magno, petalis aureis radiato. *Pluckn. alm.* 100. *t.* 22. *f.* 2.

Chryfanthemum annuum majus virginianum , foliis laciniatis & hirfutis, umbone nigricante. *Morif. hift.* 111. *p.* 79. *n.* 87.

Rudbeckia foliis infimis haftatis, angulis ad apicem folii tendentibus rugofis hirfutis amplexicaulibus, ex adverfo binis, fuperioribus lanceolatoovatis : caulibus plurimis rubentibus: flore minore terminatrice, difco purpureo lucido conico. Augufto floret. *Clayt. n.* 657.

RUDBECKIA foliis lanceolato—ovatis alternis indivisis , petalis radii bifidis. Fl. virg. 181.

Chryfanthemum americanum doronici folio , flore perfici coloris, umbone magno prominente, ex atro—purpureo, viridi & aureo fulgente. *Pluckn. alm.* 99. *t.* 21. *f.* 1. *Catesb. car.* 11. *t.* 56.

Dracunculus virginianus latifolius, petalis florum longiffimis purpurafcentibus. *Morif. hift.* 111. *p.* 42. *t.* 9.

Ptarmica Rhaphani aquatici folio , flore amplo rubello. *Herm. lugdb. app.* 695.

Ptarmica latifolia flore amplo rubello. *D. Banifter. cat. mff. apud. Pluckn. l. c.*

Obeliscotheca integrifolia , radio pendulo angufto purpurafcente. *Dill. elth.* 396.

Obeliscotheca barbulis pallide rubentibus. Radix fapore acri & fervidiffimo ad ulcera equorum dorfalia fananda plurimum valere fertur. *Clayt. n.* 417.

Caulis pedalis fimpliciffimus, erectus, ftriatus. Folia inferiora alterna, tria vel quatuor, ex ovata figura in lanceolatam decurrentia, fuperiora paulo anguftiora, margine leviter ferrato. Flos folitarius & unicus terminatrix, calyce imbricato brevi, fquamis undique patentibus. Difcus hemifphæricus, vel femiovatus. Paleæ rigidæ, atro—purpureæ. Radius multiplex dependens longiffimus, petalis linearibus bifidis, acutis, faturate purpureis. Flores in difco hermaphroditi, in radio feminini, tamen fæpe abortientes.

Hinc differt a Rudbeckiis Calyce magis imbricato, ab Helianthe Difco convexo, ab utrisque Stylo præfente in flofculis radii. Ob faciem tamen floris ad Rudbeckias accedentis, & ob femina radii, quæ fæpe abortire videntur, potius hanc Rudbeckiis accenfere volui, quam novum genus condere, quamdiu feminum notitia latet.

RUD.

RUDBECKIA foliis indivifis fpatulato-ovatis, radii petalis emarginatis.
Linn. fpec. 907.
Rudbeckia ramis indivifis unifloris, foliis ovato—lanceolatis, hirta. *Buttn. cumon.* 227.
Rudbeckia foliis lanceolato—ovatis alternis indivifis, petalis radii integris. *Fl. virg.* 181.
Obelifcotheca integrifolia, radio aureo, umbone atro rubente. *Dill. elth.* 295. *t.* 218. *f.* 285.
Chryfanthemum helenii folio, umbone floris grandiufculo prominente. *Pluckn. alm.* 99. *t.* 242. *f.* 2. *Morif. bift.* 111. *p.* 23. *Raj. fuppl.* 210.
Obelifcotheca barbulis flavis, umbone atro—purpureo. *Clayt. n.* 490.

RUDBECKIA foliis oppofitis, lanceolato—ovatis, petalis radii bifidis. Fl. virg. 180. Linn. fpec. 907.
Buphthalmum ramofum floribus flavis, femininis in ambitu decem plerum-
que, ad apices bifidis: calyce imbricato: foliis ovato-oblongis, in acumen definentibus, petiolatis, adverfis, ferratis, fuperne afperis, inferne pallidioribus mollioribus, fuperioribus minoribus anguftioribus: feminibus angulatis folitariis, obverfe cordatis, truncatis: receptaculo convexo paleis ad apices flavis obvallato. *Clayt. n.* 609.

COREOPSIS foliis ternatis. Linn. hort. upf. 269.
Rudbeckia foliis compofitis integris. *Roy. prodr.* 181.
Ceratophyllus virginianus Triopteris foliis laevibus, fruéu luteo radiato. *Vaill. aéé.* 1720. *p.* 423.
Chryfanthemum virginianum folio acutiore laevi trifoliato, five anagyri-
dis folio. *Morif. bift.* 111. *p.* 21. *t.* 3. *f.* 44. *Raj. fuppl.* 215.
Coreopfis praealta corollae barbulis fulphureis: flofculis in medio fufcis odoratis: foliis ternatis oppofitis petiolatis: foliolis feffilibus, lanceolatis integris, medio plerumque majore: caule petiolisque albedine teéis: radice reptatrice. Umbrofis folo fubhumido & lutofo gaudet, & initio Augufti florem oftendit. *Clayt. n.* 766.

COREOPSIS foliis ovatis, inferioribus ternatis. Fl. virg. 105.
Chryfanthemum folio oblongo auriculato. *Banift.*
Chryfanthemum hirfutum virginianum, auriculato Dulcamarae folio, oéo-
petalon. *Pluckn. alm.* 101. *t.* 83. *f.* 5. & *t.* 242. *f.* 4. *Raj. fuppl.* 212.
Chryfanthemum virginianum trifoliatum humilius, obtufioribus foliis hirfutis. *Morif. bift.* 111. *p.* 21. *t.* 3. *f.* 45.
Corona folis caule aphyllo, flore fpeciofo unico, barbulis acuminatis eleganter ferratis, foliis paucis hirfutis oblongis, pediculis longis infidentibus. *Clayt. n.* 298.

COREOPSIS foliis verticillatis linearibus multifidis.
Chryfanthemum marianum fcabiofae tenuiffime divifis foliis, ad intervalla

R 2 con-

confertis. *Pluckn. mant.* 48. *t.* 344. *f.* 4.

Ceratocephalus delphinii foliis. *Vaill. act.* 1720.

Delphinii vel Mei foliis Planta, ad nodos pofitis, caule fingulari. *Clayt. n.* 308. Petalis hujus plantæ (quamvis flavis) Incolæ occidentales pannos colore rubro tingunt. *Clayt. add.*

Huc fpectant Chryfanthemum foliis ferulaceis virginianum Banift., & Chry-fanthemum peucedani foliis provinciæ Marianæ Plucknetii.

Caulis erectus, articulatus, quem ad fingula genicula cingunt Folia plurima (fex interdum) horizontaliter patentia, oppofita, primum tripartito divifa, dein aliquoties (fæpius ter) fubdivifa, laciniis æqualibus linearibus, Myriophylli, Ceratophylli & Charæ æmulis. Rami ad genicula oppofiti, caule breviores, minusque foliofi definunt in pediculos nudos erectos ternos, quandoque oppofitos, uniftoros.

Flos fingulus conftat calyce duplici, exteriore compofito ex octo foliolis linearibus, æqualibus, patentibus, longitudine interioris calycis, qui erectus, & vix ab exteriori remotus, teres, fexdecim conftat foliolis ovatis æqualibus, quorum octo exteriora, reliqua interiora.

Corolla radiata. Flofcu'i Difci ac Radii lutei, *fiftulofi, quinquefidi.* Radium *componunt octo flofculi ligulati, plani, integerrimi, ftylo deftituti. Germen breviffimum, duplici acumine obtufo inftructum.* Paleæ *germine quadruplo longiores fetaceæ, fuperne craffiores.*

COREOPSIS foliis linearibus integerrimis, caule erecto. Fl. virg. 181.

Coreopfis foliis linearibus longis integris, afperis, fparfis, feffilibus: caule ad faftigium brachiato: barbulis aureis, prælongis, bidentatis: flofculis in difco purpurafcentibus. *Clayt. n.* 667.

GENTAUREA calycibus fubulato—fpinofis, foliis linearibus integerrimis fef-filibus.

Jacea lutea annua alata tomentofa fabauda. *Morif. hift.* 111. *p.* 145. *t.* 34.

Calcitrapa floribus aureis, foliis anguftis tomentofis, Cyani agreftis fimili-bus, radice fibrofa. *Clayt. n.* 268.

CENTAUREA calycibus fubulato—fpinofis feffilibus, foliis linearibus pinna-tifidis. Linn. hort. cliff. 423.

Jacea ramofiffima, capite longis aculeis ftellatim nafcentibus armato. *Morif. hift.* 111. *p.* 144.

Jacea ftellata folio papaveris erratici. *Herm. fl.* 2. *p.* 40.

Caleitrapa officinarum flore purpurafcente. *Vaill. act.* 1718. *p.* 209.

Carduus ftellatus five calcitrapa. *Bauh. hift.* 111. *p.* 89. *Tourn. inft.* 440.

Carduus ftellatus. *Dod. pempt.* 733.

Carduus muricatus, vulgo calcitrapa dictus. *Cluf. hift.* 11. *p.* 7.

Hippophaeftum, five Hippophaës. *Col. phyt.* 107.

Calcitrapa foliis infimis finuato—dentatis, fuperioribus integris lanceolatis,

caules

caules ad divaricationes stellatim cingentibus: capitulis cylindraceis aculeis albis rectis armatis, flore purpureo. *Clayt. n.* 826.

POLYGAMIA NECESSARIA.

OSTEOSPERMUM *foliis oppositis palmatis.* Linn. hort. cliff. 424.
Corona solis arborea, folio latissimo Platani. *Boerh. ind. alt.* 1. *p.* 103.
Uvedalia virginiana, platani folio molli. *Petiv. mus.* 78. *n.* 800.
Monilifera latissimis angulosis foliis. *Vaill. act.* 1720. *p.* 374.
Chrysanthemum angulosis platani foliis, virginianum. *Pluckn. alm.* 99. *t.* 83. *f.* 3.
Chrysanthemum perenne virginianum majus, platani orientalis folio. *Morif. hist.* 111. *p.* 22. *t.* 7. *f.* 55.
Doronicum maximum americanum, latissimo anguloso folio, radice transparente. *Herm. lugdb.* 222.
Chrysanthemum angulosis Platani foliis mollibus subtus incanis, floribus luteis in summo caule umbellatim congestis. Hujus datur Varietas foliis majoribus viridioribus, & rigidioribus. *Clayt. n.* 138. *&* 221. Confer *Act. phil. num.* 532. *vol.* 27.

CHRYSOGONUM *petiolis folio longioribus.* Linn. spec. 926.
Chrysanthemum pentapetalum villoso caule. *Banist.*
Chrysanthemum disco sterili luteo, quinque barbulis concoloribus ornato, foliis serratis acuminatis mollibus subtus incanis, pediculis longis insidentibus. *Clayt. n.* 298. *pl.* 2.
Chrysanthemum virginianum villosum, disco luteo quinis petalis ornato. *Pluckn. alm.* 100. *t.* 83. *f.* 4. *&* *t.* 242. *f.* 3.
    Radius Corollæ quinque constat flosculis fœmininis ligulatis, quibus succedit semen unicum ovato—oblongum depressum, apice bifidum. Flores flosculosi in Disco hermaphroditi quidem, sed abortiunt. Hinc a Bidente differt Calyce simplici & Disca sterili. Calyx pentaphyllus patens, communis foliis lanceolatis.

SILPHIUM *foliis ternis.* Roy. prodr. 181.
Chrysanthemum virginianum foliis asperis tribus vel quaternis ad genicula sitis. *Morif. hist.* 111. *p.* 24. *t.* 3. *f.* 68.
Corona solis foliis amplis rigidis integris quadratim positis. *Clayt. n.* 119.

SILPHIUM *foliis oppositis.* Roy. prodr. 181.
Silphium. *Linn. hort. cliff.* 494.
Asteriscus coronæ solis flore & facie. *Dill. elth.* 42. *t.* 37. *f.* 42.
Silphii species caulibus plurimis rubentibus, foliis rugosis hirsutis ex adverso binis, flore minore in uno caule unico, radio singulari flavo, flosculis intus purpureis splendentibus odoratis, disco sphærico. an Obeliscothecæ species. *Vaill. Clayt. n.* 187. ?

SILPHIUM foliis oppofitis petiolatis ferratis. Linn. fpec. 920.

Silphium foliis oppofitis petiolatis. *Fl. virg.* 181.

Chryfanthemum marianum virgæ aureæ americanæ foliis, florum petalis tridentatis. *Pluckn. mant.* 46.

Silphium floribus flavis femininis feptem vel octo in ambitu, ad apices profunde trifidis: caule glabro verfus fummitatem ramofo: foliis lanceolato—oblongis, petiolatis, adverfis, acuminatis, profunde & acute ferratis, fuprema fuperficie pilis paucis breviffimis obfita: inferiore glabra pallidiore: calyce fimplici foliolis duplici ferie pofitis: feminibus quadrangulatis fufcis folitariis oblongis, apicibus truncato—concavis: receptaculo communi convexo: hermaphroditis fterilibus, paleis ad apices flavis diftinctis. *Clayt. n.* 610.

M O N O G A M I A.

LOBELIA caule erecto, foliis lanceolatis obfolete ferratis, racemo terminatrici. Linn. hort. cliff. 426.

Lobelia caule erecto, foliis lanceolatis ferratis, fpica terminali. *Linn. hort. upf.* 276.

Rapuntium galeatum virginianum, feu americanum, coccineo flore majore. *Morif. bift.* 11. *p.* 466. *t.* 5. *f.* 54.

Cardinalis rivini. *Rupp. jen.* 1. *p.* 201.

Rapuntium maximum coccineo fpicato flore. *Tourn. inft.* 163.

Rapuntium floribus pulcherrimis coccineis fpicatis. *Clayt. n.* 5.

LOBELIA caule erecto, foliis ovatis fubferratis pedunculo longioribus, capfulis inflatis. Linn. act. upf. 1741. *p.* 23. *t.* 1. Hort. upf. 276.

Lobelia caule erecto brachiato, foliis ovato—lanceolatis obfolete incifis, capfulis inflatis. *Linn. hort. cliff.* 500.

LOBELIA caulibus ramofis procumbentibus, foliis lanceolatis ferratis. Linn. hort. cliff. 426.

Rapuntium africanum minus anguftifolium, flore violaceo. *Tourn. inft.* 163.

Campanula minor africana, erini facie, caulibus procumbentibus. *Herm. lugdb.* 108. *t.* 109.

Rapuntium floribus cœruleis fpicatis. *Clayt. n.* 5.

LOBELIA caule erecto, foliis cordatis obfolete dentatis petiolatis, corymbo terminatrici. Linn. hort. cliff. 426.

Rapuntium americanum trachelii folio, flore purpurafcente. *Plum. Tourn. inft.* 163.

Rapuntium trachelii folio, flore purpurafcente. *Plum. fpec.* 1. *Clayt. n.* 196.

Rapuntium minimum flore pallide cœruleo: caulibus tenuibus infirmis: foliis parvis oblongis. In Sylvis locisque aridis & lutofis Junio floret. *Clayt. n.* 95.

Ra-

Rapuntium foliis oblongis villofis mollibus, margine leviter crenatis: floribus rubro—purpureis fpicatis: caule fingulari non ramofo. Septembris initio umbrofis & lutofis (fed rarius) floret. *Clayt. n.* 669.

VIOLA acaulis foliis pedatis feptempartitis. Linn. fpec. 933.
Viola foliis palmatis. *Fl. virg.* 107.
Viola tricolor caule nudo, foliis tenuius diffectis. *Banift. virg.*
Viola virginiana tricolor, foliis multifidis, cauliculo aphyllo *D. Banifter.*
  Pluckn. alm. 388. *t.* 114. *f.* 7. *& t.* 234. *f.* 3.
Viola mariana folio digitato. *Petiv. ficc.* 20.
Viola inodora flore purpurafcente fpeciofo, foliis ad modum digitorum incifis. *Clayt. n.* 254.

VIOLA açaulis foliis palmatis quinquelobis dentatis indivifisque. Linn. fpec. 933.
Viola foliis palmatis finuatis, ftolonum reniformibus. *Fl. virg.* 182.
Viola virginiana platani fere foliis parvis & incanis. *Pluckn. mant.* 187.
Viola alba folio fecuris amazoniæ effigie, floridana. *Ejufd. amalth.* 209.
  t. 447. *f.* 1.
Viola martia cœrulea inodora, radice tuberofa: foliis variis, aliis integris, aliis incifis. *Clayt. n.* 793.

VIOLA foliis ovato—oblongis acuminatis, ad bafin leviter auriculatis, longitudine petiolorum.
Viola foliis maximis hirfutis, ad bafin nonnihil auriculatis, e radice pedunculos emittens. Majo deflorefcentem inveni. *Clayt. n.* 892.

VIOLA caulibus adfcendentibus floriferis, foliis cordatis. Linn. hort. cliff. 427.
Viola foliis cordatis oblongis, pedunculis fubradicatis. *Linn. fl. lapp.* 277.
Viola martia inodora fylveftris. *Baub. pin.* 199.
Viola cœrulea martia inodora fylvatica, in cacumine femen ferens. *Baub. bift.* 111. *p.* 543.
Viola alba caulibus adfcendentibus floriferis pedunculatis, foliis cordatis. *Clayt. n.* 550.

VIOLA acaulis foliis oblongis fubcordatis petiolis membranaceis. Linn. fpec. 934.
Viola acaulis, foliis ovatis crenatis glabris. *Fl. virg.* 182.
Viola alba inodora. *Clayt. n.* 470.

VIOLA caulibus & pedunculis quadratis, ftipulis oblongis pinnato—dentatis, foliis ovato—oblongis crenatis. Flore eft penitus albo: *Clayt. n.* 527.

VIOLA inodora pufilla, flore lacteo, foliis parvis integris. *Clayt.*

IMPATIENS pedunculis folitariis multifloris, caule nodofo.
Balfamina lutea five Noli me tangere major, virginiana floribus faturate luteis, rubentibus maculis intus notatis. *Pluckn. alm. p.* 63. *Raj. fuppl.* 657.
Balfamina lutea five Noli me tangere, floribus aureis, rubris maculis intus nota-

notatis, foliis tenuibus glaucis chenopodii nonnihil fimilibus, caule ra-mofo rubente lucido glabro fucculento, nodis tumefcentibus. *Clayt. n.* 150. *Cold. noveb.* 207.

IMPATIENS pedunculis folitariis multifloris: foliis profunde ferratis: caule lutefcente.
Balfamina flore majore aureo, maculis omnino deftituto: foliis viridiori-bus, profundius ad margines ferratis: caule lutefcente. *Clayt. n.* 684.

Claßis XX.

GYNANDRIA.

DIANDRIA.

ORCHIS *foliis duobus inferioribus ovatis, fuperioribus ovato—oblongis, floribus ex alis fuperioribus.*
Bifolium marilandicum aquaticum forte, fpica florum breviore, floribus e finu foliorum latiorum exeuntibus. *Raj. fuppl.* 595.
Orchis Myodes floribus fpicatis, foliis amplis nervofis. *Clayt. n.* 200. *Cold. noveb.* 236.

ORCHIS *foliis radicalibus binis ovalibus, galea tripetala, neftarii labio ovat⸺ integerrimo.*
Orchis neftarii cornu longitudine germinis, labio emarginato, caule aphyl-lo, foliis ovalibus. *Linn. fpec.* 434.
Orchis flore pulcherrimo magno fpeciofo, neftarii galea faturate cœrulea, calcare niveo; foliis amplis oblongo—ovatis faturate viridibus. *Clayt. n.* 867.

ORCHIS *bulbis indivifis, neftarii labio lanceolato ciliato, cornu longiffim⸺.*
Linn. aft. upf. 1740. p. 6.
Orchis neftarii labio lanceolato ciliato, feta germine intorto longiore. *Roy. prodr.* 15.
Orchis americana calcari longiffimo, folio polygonati. *Petiv. muf.* 279.
Orchis palmata elegans lutea virginiana cum longis calcaribus luteis. *Morif. bift.* 111. *p.* 499.
Orchis tefticulata floribus niveis fpeciofis fpicatis, labello pulcherrime fim-briato plumam referente. *Clayt. n.* 560.
Calcar fubulatum eft & recurvum. Stamina longa. Folia linearia, ftriata.

OR-

ORCHIS floribus sparsis, nectario pedunculum superante, labio infimo lineari.
Orchis myodes aphyllos, autumnalis caule ferrugineo rubente, radice alba
testiculata maxima.   Radix venerem stimulat. *Clayt. n.* 315.

ORCHIS radicibus palmatis: nectarii labio trifido, integerrimo: cornu filiformi, longitudine germinis.
Orchis radice palmata: floribus obsolete luteis, in spica longa congestis:
bracteis flore longioribus: labio inferiore nectarii trifido: lacinia intermedia majore: calcari germine longiore.   Julio floret. *Clayt. n.* 639.

ORCHIS palmata maxima autumnalis sylvestris, floribus speciosis, saturate flavis, dense stipatis, foliis longis angustis. Clayt.

ORCHIS nectarii cornu setaceo, longitudine germinis, labio tripartito ciliari.
Linn. spec. 943.
Orchis marilandica spica brevi conferta, floribus parvis, calcaribus longissimis. *Raj. suppl.* 582.
Orchis floribus aureis spica habitiore congestis, bracteis longitudine floris: labio inferiore nectarii fimbriato capillaceo, seta germine breviore.
Clayt. n. 668.

ORCHIS radice palmata: foliis lilii: caule foliis minoribus alternis vestito.
Initio Julii palustribus floret. *Clayt. n.* 644.

SERAPIAS foliis ovatis radicalibus, scapo nudo multifloro.
Orchis s. Bifolium aquaticum autumnale, flore herbaceo, caule aphyllo,
foliis subrotundis plantagineis, radice palmata. *Clayt. n.* 1. & 138.

SERAPIAS caule nudo, radice palmata.
Orchidi affinis palmata, arvensis, minor, spiralis, floribus albis calcare carentibus, caule aphyllo. *Clayt. n.* 217.

NEOTTIA radicibus palmatis. Fl. virg. 111. Linn. act. upf. 1740. p. 34.
Bifolio affinis aquatica, floribus dilute luteis fimbriatis, radice palmata.
n. 15. &. 640.

NEOTTIA verna testiculata, floribus minoribus, extra ferrugineis, intus
purpureis. *Clayt.*

NEOTTIA abortiva sive Limodorum austriacum, nullis neque a radice
nec in caule foliis virentibus, equiseti nonnihil instar, floribus extra rubiginei coloris, purpureis lineis eleganter notatis, intus rubentibus pendulis, in spicam tenuem dispositis, radice carnosa longa alba rostrata.
Umbrosis autumno floret. *Clayt. n.* 149.

NEOTTIA abortiva, ab aliis speciebus, quibuscum flore, fructu, cauleque aphyllo convenit, radice rotunda differens. *Clayt.*

S   *OPHRYS*

OPHRYS bulbo *subrotundo, caule nudo, foliis lanceolatis, nectarii labio integro, petalis dorsalibus linearibus.* Linn. spec. 946.

Ophrys scapo nudo, foliis radicalibus ovato—oblongis dimidii scapi longitudine. *Fl. virg.* 185.

Bifolium scapo e medio duorum foliorum nudo, aphyllo, ad exortum tenui, paulatim versus apicem accrescente, sex vel septem capsulas sustinente: radice fibrosa carnosa viridi, foliis obvoluta, humi jacente, fibras paucas emittente, cui radix anni superioris contigua & integumentis marcidis evoluta pellucida adhæret. *Clayt. n.* 658.

Folia habet duo glabra venosa plantaginea erecta, ad basin convoluta: interdum vero tria: sed tunc infimum cæteris multo minus. Die 26. Maji Anni 1741. florentem inveni, characterem ejus conscribens.

CAL. . . . .

COR. *Petala* quinque herbacea, luteo—viridia, quorum *duo* lateralia angustissima extantia: *unum* erectum, paulo latius, & *duo reliqua* adhuc latiora, horizontaliter extensa: *labio superiore* nectarii petalis breviore, erecto, falcato: *inferiore* majore, longitudine duorum petalorum latiorum, horizontalium, & inter ea reflexo, adunco, concavo, apice paululum acuminato.

STAM. *Filamenta* duo brevissima, pistillo insidentia. *Antheræ* tectæ duplicatura biloculari labii superioris nectarii.

PIST. *Germen, Stylus* & *Stigma* ut in Ophryde *Linnæi.*

PER. *Capsula* ut in Ophryde, cum qua etiam *Receptaculo* & *Semine* convenit. *Clayt. n.* 708.

LIMODORUM. Fl. virg. 110. Linn. act. upf. 1740. p. 21. Cold. noveb. 212.

Helleborine radice arundinacea, foliis amplissimis liratis. *Plum. spec.* 9.

Helleborine virginiana bulbosa, flore atro—rubente. Banist. *Pluckn. alm.* 182.

Gladiolo narbonensi affinis planta mariana, floribus minoribus. *Petiv. muf. n.* 413.

Satyrium vernum testiculatum aquaticum, flore pulcherrimo specioso rubro in spicam tenuem disposito, foliis longis angustis. *Clayt. n.* 76.

Helleborine radice tuberosa, foliis longis augustis, caule nudo, floribus ex rubro pallide purpurascentibus Martyn. cent. I. *t.* 50. *bujus videtur varietas.*

ARETHUSA radice globosa, scapo vaginato, spatha dipbylla. Linn. amœn. III. 15. Spec. 950.

Arethusa claytoni. *Fl. virg.* 184.

Orchidion. *Mitch. nov. pl. gen.* 19. *& pl. coll. n.* 14. *Ludw. defin.* 888.

Serapias bulbis subrotundis, caule unifloro. *Linn. act. upf.* 1740. *p.* 24.

Helleborine mariana monanthos, flore longo purpurascente liliaceo. *Pluckn. mant.* 100. *t.* 384. *f.* 5.

Orchidi affinis aquatica verna exigua, flore magno specioso pulcherrimo
ruben-

rubente, in summo caule unico, foliis angustissimis virentibus, in caule paucis, plerumque nullis, radice sphærica carnosa alba singulari. *Clayt. n. 472.*

Est novi generis planta, ab omnibus Gynandriæ Diandriæ (ad quam spectat familiam) generibus differens Corolla monopetala: docetque abunde quam inepte aliqui Orchides ad tripetalas plantas reduxere, assumentos exteriora folia floris pro Calyce. hujus

COR. *monopetala, personata, bilabiata: labio superiori erecto fornicato (ni fallor) bifido: inferiore patente, integro, minore, interne barbato.*

STAM. *Filamenta duo, brevissima, stigmati insidentia.* Antheræ ovatæ.

PIST. *Germen oblongum, sub receptaculo floris. Stylus linearis, longitudine corollæ, incurvus, vestitus corollacea vagina, apice. . . . . Stigma obtusum? bifidum?*

ARETHUSA radice fibrosa, scapi folio ovali, foliolo spathaceo—lanceolato. Linn. spec. 951.

Cypripedium radice fibrosa, folio ovato—oblongo, caulino. *Linn. act. upf. 1740. p. 25.*

Cypripedium folio caulino ovato—oblongo, terminatrici setaceo plano. *Linn. hort. cliff. 430.*

Helleborine virginiana diphylla, f. Calceolus tenuiore folio, flore luteo longiore. *Morif. hift. III. p. 488. t. 11. f. 15.*

Helleborine virginiana ophioglossi folio D. Banister. *Pluckn. alm. 182. t. 93. f. 2.*

Helleborine aquatica flore in summo caule unico carneo, barba purpurea fimbriata, foliis ophioglossi, radice fibrosa. *Clayt. n. 77.*

ARETHUSA radice subpalmata, scapi folio foliologue spathaceo, petalis lanceolatis, exterioribus adscendentibus. Linn. spec. 951.

Serapias radicibus palmato—fibrosis, caule unifloro. *Fl. virg. III.*

Helleborine lilii folio caulem ambiente, flore unico hexapetalo, tribus petalis longis angustis obscure purpureis, cæteris brevioribus roseis. *Catesb. car. I. t. 58.*

Serapias foliis lanceolatis amplexicaulibus: flore carneo terminatrice, petalis tribus externis longioribus linearibus, obscure purpureis: radice palmato—fibrosa. Palustribus initio Julii floret. *Clayt. n. 635.*

CYPRIPEDIUM radicibus fibrosis, foliis ovato—lanceolatis caulinis. Linn. act. upf. 1740. p. 24.

Helleborine virginiana f. Calceolus flore luteo majore. *Morif. hift. III. p. 488. t. 11. f. 15.*

Calceolus mariæ luteus. *Morif. blef. 243.*

Helleborine Calceolus dicta mariana, caule folioso, flore luteo minore. *Pluckn. mant. 101. t. 418. f. 2.*

Cal-

Calceolus flore maximo rubente purpureis venis notato, foliis amplis hirfutis venofis, radice Dentis Canis. Moccafine. Variat flore flavo.
Clayt. n. 40.

EPIDENDRUM caule erecto fimpliciffimo nudo, racemo fimplici erecto.
Bifolium, feu potius Orchis floribus pallide rubentibus, calcare longo donatis. Fly—Orchis. *Clayt. n.* 260.

T R I A N D R I A.

SISYRINCHIUM caule foliisque ancipitibus. Linn. hort. cliff. 430. Hor.
upf. 278. Cold. noveb. 213.
Bermudiana graminea, flore minore cœruleo. *Dill. elth.* 49. *t.* 41. *f.* 49.
Sifyrinchium cœruleum parvum, gladiato caule virginianum. *Pluckn. alm.*
348. *t.* 61. *f.* 1.
Gladiolus cœruleus hexapetalus, caule etiam gladiato. *Banift. virg.* 1926.
Pfeudo—Afphodelus aquaticus floribus cœruleis, nonnunquam intus luteis,
foliis longis anguftis gladioli æmulis, radice fibrofa. *Clayt. n.* 18.

P E N T A N D R I A.

PASSIFLORA foliis trilobis ferratis. Linn. amœn. 1. p. 236.
Paffiflora foliis femitrifidis ferratis: bafi duabus glandulis convexis: lobis
ovatis. *Linn. hort. cliff.* 432. *Fl. virg.* 112.
Paffiflora foliis crenatis tripartito—divifis. *Pluckn. alm.* 281.
Granadilla folio tricufpide, late fcandens, flore amplo fpeciofo purpureo
alboque variegato, fructu magno ovato. Fructus a nonnullis inter edu-
lia habetur. *Clayt. n.* 151.

PASSIFLORA foliis trilobis cordatis æqualibus obtufis glabris integerrimis.
Linn. amœn. 1. p. 224.
Paffiflora foliis cordatis trilobis integerrimis glabris, lateribus angulatis.
Linn. hort. cliff. 431.
Paffiflora foliis trilobis integerrimis, laciniis femiovatis obtufe acutis inte-
gerrimis glabris. *Fl. virg.* 112.
Granadilla minor folio non diffecto in tres lobos veluti partito, flore dilute
luteo, fructu parvo per maturitatem nigro. *Clayt. n.* 118.

H E X A N D R I A.

*ARISTOLOCHIA foliis cordato—oblongis planis, caulibus infirmis, flexuofis,
teretibus, floribus folitariis.* Linn. fpec. 961.
Ariftolochia caulibus infirmis angulofis, foliis cordato—oblongis planis,
floribus recurvis folitariis. *Fl. virg.* 112.

Ari-

Ariſtolochia piſtolochia ſeu Serpentaria virginiana caule nodoſo. *Pluckn.*
alm. 50. *t.* 148. *f.* 5. *Catesb. car.* 1. *t.* 29.

Serpentaria virginiana officinarum. *Fiernand. rad. ſenec.* 11.

Serpentaria ſeu Piſtolochia flore atro—purpureo in terræ ſuperficiem incumbente, foliis cordiformibus. Alexipharmacis viribus pollet. *Clayt.*

Ariſtolochia humilis reſupina, foliis auriculatis acutis, flore recurvo. Serpentaria virginiana *Offic.*

Ex hac unica planta tres diverſas ſpecies finxiſſe Plucknetium, plus quam vero ſimile videtur. Quam enim appellavit *Ariſtolochiam violæ fruticoſæ foliis*, novella tantum planta eſt, opacis & umbroſis ſuccreſcens, in qua folia longiora, acutiora & vix auriculata ſunt: Eadem vero apricorum collium incola, folia gerit pro longitudine latiora, in ſinus auriculatos profundiores ad baſin exſculpta, *Ariſtolochia polyrhizos auriculatis foliis* ab eodem nominata. A quarum ſane neutra, aliter diſcrepat tertia *Piſtolochia caule nodoſo*, quam ut planta culta ab inculta: caule enim ſemper gaudet tortuoſo geniculato: & ſolo lætiore vel arato plures tales profert minus tortuoſos, quorum tamen ſingula genicula in nodulos majores tumeſcunt, qualem pinxit Catesbejus, ſylveſtrem noſtrum parum exprimentem. *Mitch. ſyn. vir.*

P O L Y A N D R I A.

DRACONTIUM foliis ſubrotundis concavis integris.

Dracontium foliis ſubrotundis vulgo Skunck—weed. *Cold. noveb.* 214.

Dracontium foliis lanceolatis. *Linn. amœn.* 11. *p.* 362.

Arum americanum betæ folio. *Catesb. car.* 11. *t.* 71.

Calla aquatilis odore allii vehemente prædita, radice repente, vulgo Pole-Cat—weed. *Clayt. n.* 17.

CAL. Communis *Spatha atro—purpurea, acuminata, ad baſin, convoluta, citiſſime marceſcens & contabeſcens.* Partialis *quadriphyllus, foliolis craſſis ſucculentis, fuſcis, brevibus, acuminatis, excavatis, inflexis, longitudine ſtyli, perſiſtentibus.*

COR. nulla. Spadix *ovato—orbiculatus, pedunculatus, ſpatha dimidio brevior, ſtaminibus foliolisque calycis undique obſitus, per maturitatem in limbum procumbens.*

STAM. Filamenta *quatuor, erecta, longitudine ſtyli perſiſtentia.* Antheræ *flavæ erectæ.*

PIST. Germen *rotundum infra ſtylum in ſpadice reconditum.* Stylus *fuſcus, conicus.* Stigma *obtuſum, vix perceptibile.*

SEM. Bacca *unica, carnoſa, globoſa, monoſperma, extus fuſca: in medulla fungoſa ſpadicis plerumque octo vel novem invenienda.*

S 3 *ARUM*

ARUM caulescens foliis ternatis.
Arisarum triphyllum altissimum, spatha & spadice omnino albo—virescentibus. *Clayt. n.* 539. *Cold. novob.* 215.

ARUM acaule foliis ternatis, foliolis oppositis extrorsum gibbis: spatha acuminata.
Arum maximum triphyllum. *Clayt. n.* 811.
    Parum differt a Dracunculo sive Serpentaria triphylla brasiliana Baub. pin. 195. & prodr. 101. Dodart. mem. 81. scilicet spatha acuminata in virginico, obtusa in brasiliano. Cætera eadem & valde affinia.

ARUM acaule foliis hastato—cordatis acutis, angulis obtusis. Linn. hort. cliff. 435.
Arum aquaticum foliis amplis sagittæ cuspidi similibus, pene viridi, radice tuberosa, rapæ simili, fervida & acerrima. *Clayt. n.* 228.

ARUM acaule, folio ternato. Fl. virg. 103. Linn. spec. 965.
Arum minus triphyllum s. Arisarum pene viridi virginianum. *Morif. hist.* III. p. 547. t. 5. f. 43.
Arisarum triphyllum, pene viridi. Banist. *Clayt. n.* 66.

ARUM folio enervi ovato.
Arum fluitans, pene nudo. *Banist. virg.*
Arum aquaticum minus s. Arisarum fluitans, pene nudo virginianum D. Banister. *Pluckn. mant.* 28.
Aronia. *Mitch. pl. gen. n.* 1. & *pl. coll. n.* 108.
Potamogeton foliis maximis glaucis, floribus luteis in spica longa dense stipatis. *Clayt. n.* 53.

Arisarum triphyllum minus, pene atro—rubente, caule quoque maculis ejusdem coloris notato. Clayt.

ZOSTERA. Linn. it. westr. 166. t. 4. f. 1.
Alga marina graminea, angustissimo folio. *Sloan. jam.* 1. p. 61.
Alga marina graminea, Sea Oar vulgo. In littoribus marinis & fluviorum ostiis ubique reperitur. Pluviis & insolatu nigrescit. *Clayt. n.* 755.

Claffis XXI.

MONOECIA

MONANDRIA.

ZANNICHELLIA. Linn. fl. lapp. 321. Hort. cliff. 437. Fl. fuec. 745.
Zannichellia paluftris major, foliis gramineis acutis, flore cum apice qua-
drangulari, embryonis clypeolis integris, & vafculo non barbato, cap-
fulis feminum ad coftam dentatis. *Michel. gen. p. 71. t. 34. f. 1.*
Aponogeton aquaticum graminifolium, ftaminibus fingularibus. *Ponted.*
antb. 117. Raj. fyn. 111. p. 135.
Algoides vulgaris. *Vaill. act. 1719. p. 15. t. 1. f. 1.*
Graminifolia. *Dill. gen. 168.*
Potamogeton capillaceum, capitulis ad alas trifidis. *Bauh. pin. 193. t. 101.*
Potamogetoni fimilis graminifolia ramofa & ad genicula polyceratos. *Pluckn.*
alm. 305. t. 102. f. 7.
Aponogetum graminifolium, foliis ad genicula quatuor, caule pellucido
albefcente; capfulis corniculatis recurvis acuminatis, quatuor plerumque
in foliorum alis feffilibus. In litore fluminis Piankilank dicti juxta hor-
tum meum inter algas & alia fluxus maris rejectamenta Maji XVIII die
inveni. *Clayt. n. 754.*

CALLITRICHE. Linn. fpec. 969.
Callitriche plinii. *Col. ecpbr. 315. t. 316.*
Corifpermum foliis oppofitis. *Linn. fl. lapp. 2. Hort. cliff. 3.*
Stellaria foliis omnibus fubrotundis. *Hall. helv. 199.*
Stellaria aquatica flore dipetalo, mafculinis alias fterilibus, femininis alias
fertilibus, in eadem planta confertis. *Clayt. n. 378.*

DIANDRIA.

LEMNA *foliis feffilibus utrinque planiufculis, radicibus folitariis.* Linn.
hort. cliff. 417.
Lenticula major monorhiza, foliis fubrotundis utrimque viridibus. *Mich.*
gen. 16. t. 11. f. 3.
Lenticula paluftris. *Clayt.*

TRIANDRIA.

COIX *feminibus ovatis.* Linn. hort. cliff. 437. Fl. zeyl. 330. Hort. upf. 281.
Lachryma Job. *Cluf. bift. 11. p. 216. Tourn. inft. 532.*

Lachryma

Lachryma Job multis, five Milium arundinaceum. *Baub. hift.* II. *p.* 449.
Lithofpermum arundinaceum. *Baub. pin.* 258.
Sefamum arundinaceum femine nudo. *Morif. hift.* III. *p.* 249. *t.* 13. *f.* I.
Sefamum arundinaceum, femine lithofpermi facie maximo duriffimo. *Herm. lugdb.* 426.
Gramen lachrymæ jobi affine, fructu in fpicam congefto. *Clayt. n.* 67.

COIX feminibus angulatis. Linn. hort. cliff. 438.
Gramen dactylon maximum americanum. *Pluckn. alm.* 174. *t.* 190. *f.* I.
Gramen dactylon indicum efculentum, fpica articulata. *Ambrof. fbyt.* 546.
Sefamum perenne indicum. *Zan. bift.* 181.
Gramen cyperoides, fpica fimplici erecta fquamofa glabra, articulata; fuprema parte florifera, inferiori feminifera. *Clayt. n.* 445.

CAREX fylveftris non ramofa: fpica mafculina unica terminatrice, plerumque quafi araneæ telis tecta: fæminina ad fingulas alas fingula: caule faturate viridi triquetro, foliis lanceolato–linearibus. Maji initio floret. *Clayt. n.* 700.

CAREX fpicis pedunculatis erectis remotis, fæmineis linearibus, capfulis obtufiusculis inflatis. Linn. fl. fuec. 765.
Carex fpicis remotis feffilibus, capfulis fubglobofis. *Linn. fl. lapp.* 333.
Cyperoides fpicis feminalibus breviter pediculatis, & inter fe & a mare remotiffimis. *Hall. belv.* 237.
Gramen cyperoides gracile alterum, glomeratis torulis fpatio diftantibus. *Morif. bift.* III. *p.* 243. *t.* 12. *f.* 18.
Gramen cyperoides fpicis parvis longe diftantibus. *Raj. hift.* 1195. *Scheucbz. gr.* 431.
Cyperoides foliis caryophyllæis, fpicis e rarioribus & tumidioribus veficis compofitis. *Mich. gen.* 61. *t.* 32. *f.* 11. *Pluckn. alm.* 178. *t.* 91. *f.* 7.
Carex femine triquetro. *Clayt. n.* 889.

CAREX fpicis pendulis, omnibus fæmineis, unica androgyna: inferne mafculina. Linn. hort. cliff. 439. Fl. fuec. 766.
Cyperoides fpica pendula breviore. *Tourn. inft.* 526.
Cyperoides fpicis feminalibus longis & afperis, e longis pediculis pendulis. *Hall. belv.* 239.
Gramen cyperoides fpica pendula breviore. *Baub. pin.* 6. *Morif. bift.* III, *p.* 242. *t.* 12. *f.* 5.
Pfeudocyperus. *Dod. pempt.* 339.
Gramen alopecuroide arundinaceum aquaticum autumnale. *Clayt. n.* 259. *pl.* 2.

CAREX caule umbellato, pedunculis fpicatis, glumis erectis.
Gramen cyperoides. *Clayt. n.* 459.
Hujus Glomeruli cum maturuerint, deorfum fpectant, binc
Cyperus marianus glomerulis deorfum fpectantibus. *Petiv. muf.* 387.

Gramen

Gramen cyperoides marilandicum polyftachion, fpicis e caulis faftigio exeuntibus, coni inverfi figura, e locuftis reflexis compofitis. *Raj. fuppl.* 621.

Cyperi genus Indianum panicula fpeciofa, fpiculis propendentibus atris. *Pluckn. t.* 415. *f.* 4.

SPARGANIUM foliis adfurgentibus triangularibus. Linn. fl. lapp. 345. Fl. fuec. 770.

Sparganium ramofum. *Bauh. pin.* 15. *Morif. hift.* 131. *p.* 247. *t.* 131. *f.* 1. *Clayt. n.* 434.

Sparganium quibusdam. *Bauh. hift.* 11. *p.* 541.

Platanaria five Butomon. *Dod. pempt.* 601.

Phleos femina. *Dalech. hift.* 1017.

TYPHA foliis fubenfiformibus, fpica mascula femineaque approximatis. Linn. it. fcan. 168. & Spec. 971. Lob. hift. 42. Linn. hort. cliff. 439.

Typha paluftris major. *Bauh. pin.* 20.

Typha paluftris altiffima, clava nigricante. Ob dulcedinem hanc plantam pappis fetisque refertam pauperes in deliciis habent. *Clayt. n.* 807.

TETRANDRIA.

URTICA foliis oppofitis ovatis, racemis bipartitis. Linn. fpec. 984.

Urtica foliis lanceolato—ovatis petiolorum longitudine, racemis dichotomis petiolo brevioribus. *Fl. virg.* 114.

Mercurialis fpecies aquatica, foliis venofis ferratis ad modum urticæ, lucidis, quafi humore oleofo madentibus, pediculis longis ex adverfo binis infidentibus, ad foliorum alas florifera: fingulis flofculis femen nigrum lucidum compreffum calyce quinquepartito expanfo fuccedit. Planta odore grato prædita. *Clayt. n.* 246.

URTICA foliis oppofitis oblongis, amentis cylindricis folitariis indivifis. Linn. fpec. 984.

Urtica foliis oblongis ferratis nervofis petiolatis. *Fl. virg.* 187.

Urtica racemofa humilior iners. *Sloan. jam.* 38. *Hift.* 1. *p.* 124. *t.* 82. *f.* 2.

Urtica aquatica frutefcens, floribus in fpicas longas ex alis foliorum egreffis, nonnullis quoque fummo caule quafi in pilulas tenues difpofitis, fpicarum cacumine foliolis coronato, foliis mitibus amplis ferratis acuminatis, ex adverfo binis, pediculis longis infidentibus. *Clayt. n.* 508.

Caulis *erectus.* Folia *oblonga, lanceolata, ferrata, nervofa, petiolata, pendula, fubtus parum villofa.* Amenta *teretia, petiolis longiora; folitaria, oppofita, feffilia, erecta.*

URTICA foliis cordato—ovatis, amentis ramofis diftichis erectis. Linn. hort. cliff. 440.

Urtica maxima racemofa canadenfis. *Morif. blef.* 323.

T Ver-

Verbena botryoides major canadenfis. *Munt. hift.* 784.

Urtica canadenfis racemofa mitior five minus urens. *Morif. hift.* 111. p. 434. *t.* 25. *f.* 2.

Urtica urens maxima foliis ampliffimis. *Clayt. n.* 884.

URTICA *minor urens, foliis profundius ferratis.* Nullibi nifi juxta domos & hortos inter rejeƈtamenta in folo pingui & lutofo obfervavi. *Clayt.*

BETULA *pedunculis ramofis.* Linn. fpec. 983.

Alnus. *Linn. fl. lapp.* 340.

Alnus rotundifolia glutinofa viridis. *Baub. pin.* 428.

Alnus communis. *Clayt. n.* 757.

BETULA *foliis cordatis oblongis acuminatis ferratis.* Linn. fpec. 933.

Betula julifera, fruƈtu conoide, viminibus lentis, cortice glabro albicante. *Clayt. n.* 523.

BETULA *foliis rhombeo—ovatis acuminatis duplicato—ferratis.* Linn. fpec. 982.

Betula foliis ovatis oblongis acuminatis ferratis. *Fl. virg.* 188.

Betula nigra virginiana. *Pluckn. alm.* 67. *Raj. dendr.* 12.

Cortex gaudet fapore Polygalæ Senega Rattle—Snake—root diƈtæ. Occurrit haud procul a Cataraƈtis fluminis Potamock verfus occidentem. *Clayt. n.* 688.

MORUS *foliis fubtus tomentofis, amentis longis dioicis.*

Morus foliis ampliffimis, junioribus fici fimilibus, fruƈtu longo nigro pur-pureo. *Clayt. n.* 778.

Differt hæc a reliquis fui generis fpeciebus Julis five Amentis cylindraceis craffitie pennæ anferinæ, duos transverfos digitos longis.

Folia cordata funt, acuminata, & acute ferrata, fubtus tomentofa: prima integra funt, reliqua valde divifa, ut interdum in reliquis moris, fici modo.

MORUS *foliis latioribus, fruƈtu rubro.* Clayt. n. 781. Eft abfolute varietas Mori albæ *Hort. cliff.* 441. quod docent abunde *flores fæminei.*

MORUS *foliis minoribus, fruƈtu parvo albicante.* Clayt. n. 694.

PENTANDRIA.

XANTHIUM *caule inermi.* Linn. hort. cliff. 443.

Xanthium canadenfe majus, fruƈtu aculeis aduncis munito. *Tourn. inft.* 439.

Xanthium elatius & majus americanum, fruƈtu fpinulis aduncis armato. *Morif. hift.* 111. p. 604. *t.* 2. *f.* 2.

Xanthium majus canadenfe. *Herm. lugdb.* 635.

Lappa canadenfis minori congener fed procerior. *Raj. hift.* 165.

Lappa ftrumaria f. Xanthium virginianum, folio & fruƈtu grandiore. *Pluckn. alm.* 205.

Xanthium foliis amplis fubtus incanis, ftaminibus dilute flavefcentibus, caule maculofo. *Clayt. n.* 502.

AMBROSIA foliis duplicato—pinnatifidis, racemis paniculatis glabris. Linn. hort. upf. 284.

Ambrofia foliis compofito—multifidis, internodiis remotiffimis. *Fl. virg.* 188. *Cold. noveb.* 225.

Ambrofia maritima artemifiæ foliis inodoris elatior. *Herm. lugdb.* 32. *Pluckn. alm.* 28. *Raj. hift.* 1855. *Suppl.* 109.

Ambrofia virginiana elatior & viridior, hortenfis facie. *Morif. hift.* 111. *p.* 4.

Ambrofia maxima inodora, marrubii aquatici foliis tenuiter laciniatis, virginiana. *Pluckn. alm.* 27. *t.* 10. *f.* 5.

Ambrofia altiffima, vix fœtida, foliis Artemifiæ. *Clayt. n.* 512.

AMBROSIA foliis trilobis ferratis. Linn. hort. upf. 284.

Ambrofia foliis palmatis, laciniis lanceolatis ferratis. *Linn. hort. cliff.* 443.

Ambrofia canadenfis altiffima hirfuta, platani foliis. *Tourn. inft.* 439.

Ambrofia virginiana maxima, platani orientalis folio. *Morif. hift.* 111. *p.* 4. *t.* 1. *f.* 4.

Ambrofia giganthea inodora, foliis afperis trifidis. *Raj. fuppl.* 109. *Clayt. n.* 724.

IVA foliis lanceolatis, caule fruticofo. Linn. fpec. 989.

Parthenium foliis lanceolatis ferratis. *Linn. hort. cliff.* 441.

Ageratum peruvianum arboreum folio lato ferrato. *Boerh. ind. alt.* 1. *p.* 125.

Tarchonanthos folio trinervi dentato, floribus pendulis. *Vaill. act.* 1719. *t.* 20. *f.* 16. 17.

Conyza americana frutefcens, foliis fubrotundis nervofis, floribus fpicatis. *Tourn. inft.* 455.

Pfeudo—helichryfum frutefcens, peruvianum, foliis longis ferratis. *Morif. hift.* 111. *p.* 90.

Elichryfo affinis peruviana frutefcens. *Pluckn. phyt.* 27. *f.* 1.

Ambrofia maritima folio craffo ad marginem incifo. *Clayt. n.* 243.

PARTHENIUM foliis ovatis crenatis. Linn. hort. cliff. 442.

Pfeudocoftus virginiana, five Anonymos corymbifera virginiana, flore albo. *Raj. hift.* 363.

Ptarmica virginiana folio helenii. *Morif. blef.* 297.

Ptarmica virginiana, fcabiofæ auftriacæ foliis diffectis. *Pluckn. alm.* 308. *t.* 53. *f.* 5. & *t.* 219. *f.* 1.

Dracunculus latifolius five ptarmica virginiana, folio helenii. *Morif. hift.* 111. *p.* 41.

Partheniaftrum helenii folio. *Dill. elth.* 302. *t.* 225. *f.* 292.

Ptarmica flore albo denfo, in corymbos ftipato, barbulis vix confpicuis, foliis paucis alternis auritis amplis muricatis, odore grato præditis. *Clayt. n.* 263. *pl.* 2.

AMA-

AMARANTHUS floribus triandris conglomeratis axillaribus foliis lanceolatis obtusis. Linn. spec. 990.

Amaranthus floribus lateralibus congestis, foliis lanceolatis obtusis. *Fl. virg.* 116.

Amaranthus græcus sylvestris angustifolius. *Tourn. inst.* 17.

Amaranthus albus, caulibus glabris lucidis succulentis, foliis oblongis minoribus, coma parva non speciosa, ad nodos posita. *Clayt. n.* 442.

AMARANTHUS racemis cylindraceis erectis, alis spinosis. Linn. hort. cliff. 444.

Amaranthus indicus spinosus spica herbacea. *Herm. lugdb.* 31. *t.* 33. *Boerh. ind. alt.* 11. *p.* 97.

Amaranthus major zeylanicus spinosus, flore viridi. *Amm. char.* 105.

Blitum americanum spinosum. *Sloan. fl.* 49.

Blitum monospermum indicum aculeatum, capsula rotunda, seu Amaranthus major spinosus zeylanicus, flore viridi. *Breyn. prod.* 1. *p.* 18.

Amaranthus ad alas foliorum spinosus, caule atro—purpureo succulento. *Clayt. n.* 569.

AMARANTHUS inermis, racemis cylindraceis erectis. Linn. hort. cliff. 444. Hort. upf. 286.

Amaranthus sylvestris maximus, novæ angliæ, spicis viridibus. *Raj. hist.* 201.

Amaranthus sylvestris maximus, novæ angliæ totus viridis. *Tourn. inst.* 235. *Boerh. ind. alt.* 11. *p.* 97.

Amaranthus floribus virentibus, densissima spica congestis: foliis amplis rugosis, caule rubro striato. *Clayt. n.* 452.

HEXANDRIA.

ZIZANIA panicula effusa. Linn. spec. 991.

Zizania. *Fl. virg.* 189.

Arundo alta gracilis, foliis e viridi cœruleis, locustis minoribus. *Sloan. jam.* 33. *& Hist.* 1. *p.* 110. *t.* 67.

Elymus, Wild-Oats. *Mitch. nov. pl. gen. n.* 7. *Phyt. collins. n.* 526.

Carex speciosa maxima foliis arundinis: panicula erecta fæminina terminatrice: floribus masculinis panicula late diffusa inferne dispositis, singulis staminibus sex instructis. *Clayt. n.* 574.

Panicula verticillata, erecta, pedalis. Inferiores quatuor vel quinque verticillos subdivisos occupant Flores masculi, superiores vero fæminei, qui maturo fructu discedunt horizontaliter juxta basin: hinc pedunculi versus apicem crassiores obtusi truncati restant in panicula. Panicula fæminea erecta, mascula patens est.

PO.

POLYANDRIA.

SAGITTARIA foliis sagittatis. Linn. fl. lapp. 344.

Sagitta europæa minor latifolia. Morif. hift. 11. p. 618.

Sagitta. Dill. gen. 104. Sloan. jam. 76. Vaill. act. 1719. p. 33.

Sagitta aquatica minor latifolia. Baub. pin. 194.

Ranunculus paluftris, folio fagittato minori. Tourn. inft. 46.

Sagittaria aquatica flore tripetalo albo, foliis amplis longis muricatis yuccæ æmulis, fed margine glabris. Clayt. n. 278.

QUERCUS foliis lanceolatis integerrimis glabris.

Quercus an potius Ilex Marilandica folio longo angufto falicis. Raj. dendr. 8.

Willow—Oak. Catesb. car. 1. t. 16.

Quercus lini aut falicis foliis. Banift. virg.

Quercus folio falicis, nonnunquam hieme miti non deciduo. Clayt. n. 780.

QUERCUS foliis oblique pinnatifidis, finubus angulisque obtufis. Linn. fpec. 996.

Quercus foliis fuperne latioribus oppofite finuatis, finubus angulisque obtufis, Fl. virg. 117.

Quercus alba. Banift. virg.

Quercus alba virginiana. Park. White—Oak. Catesb. car. 1. t. 21.

Quercus alba, foliis ad modum anglicanæ incifis. Clayt. n. 467.

QUERCUS foliis cuneiformibus obfolete trilobis, intermedio æquali. Fl. virg. 117. Linn. fpec. 995.

Quercus forte marilandica folio trifido ad Saffafras accedente. Black—Oak. Raj. & Catesb. car. 1. t. 19.

Quercus nigra folio trilobato. Clayt. n. 789.

QUERCUS foliis cuneiformibus obfolete trilobis, intermedio productiore.

Quercus aquatica folio non finuato ad finem triangulato. Clayt. n. 782.

QUERCUS foliis obverfe ovatis, utrinque acuminatis ferratis, denticulis rotundatis uniformibus. Linn. hort. cliff. 448.

Quercus caftaneæ folio. Banift. virg. Chefnut—Oak. Catesb. car. 1. p. 18.

Quercus caftaneæ foliis, procera arbor virginiana. Pluckn. alm. 309. t. 54. f. 3. Raj. hift. 1916.

Quercus caftaneæ foliis, glandibus maximis. Clayt. n. 777.

QUERCUS foliis obtufe finuatis fetaceo—mucronatis. Linn. fpec. 996.

Quercus foliorum finubus obtufis, angulis lanceolatis, feta terminatis, integerrimis, vix divifis. Fl. virg. 117.

Quercus Efculi divifura, foliis amplioribus aculeatis. Pluckn. alm. 309. t. 54. f. 4. Red—Oak. Catesb. car. 1. t. 23.

Quercus rubra feu Hifpanica hic dicta, foliis amplis varie profundeque incifis. Cortex ad corium depfendum utiliffimus. Clayt. n. 785.

QUER-

QUERCUS pumila bipedalis: foliis oblongis finuatis fubtus tomentofis. Clayt. n. 628.

Quercus pumila. *Banift. virg.*

JUGLANS foliolis lanceolatis tomentofis acute ferratis, fuperioribus minoribus. Linn. hort. cliff. 449. Hort. upf. 287.

Nux Juglans virginiana nigra. *Herm. lugdb. 452. t. 453. Catesb. car. 67.*

Nux Juglans virginiana major, fructu rotundo craffo fulcato, tuberculis exafperato, nigro. *Pluckn. alm. 264.*

Juglans nigra fructu rotundo profundiffime infculpto. *Clayt. n. 743.*

Folia minus tomentofa funt, fed hæc nota facile variat.

JUGLANS foliolis lanceolatis glabris acute ferratis acuminatis, pedunculorum longitudine, fere æqualibus.

Juglans alba, fructu ovato compreffo, profunde infculpto duriffimo: cavitate intus minima, plerumque apyrena. Anglice White Walnuts. *Clayt. n. 747.*

JUGLANS alba, fructu ovato compreffo, nucleo dulci, cortice fquamofo. Clayt.

JUGLANS alba fructu minori, cortice glabro. Clayt.

Juglans virginiana alba minor, fructu nucis mofcatæ fimili, cortice glabro, fummo faftigio veluti in aculeum producto. *Pluckn. alm. 265. t. 309. f. 2.*

JUGLANS alba, procerior, fructu minimo, putamine teneriori, pinnis foliorum minoribus. Clayt.

JUGLANS foliolis lanceolatis ferratis, fuperioribus majoribus.

Juglans alba cortice glabro, fructu minore, fapore rancido. Common Hiccory Anglis. *Clayt. n. 744.*

Amenta rancida fub fingulo flofculo gerunt bracteam fubulatam flofculo multoties longiorem.

FAGUS foliis ovatis undulatis obfolete ferratis. Linn. hort. cliff. 447.

Fagus. *Bauh. pin. 419. Dod. pempt. 382.*

FAGUS foliis lanceolato—ovatis acute ferratis, amentis filiformibus nodofis. Flor. virg. 118. Linn. fpec. 998.

Caftanea pumila virginiana racemofo fructu parvo, in fingulis capfulis echinatis unico. *Banift. virg. Pluckn. alm. 90.*

Chinquapin—bush. *Catesb. car. 1. t. 9.*

Caftanea humilior ramofa, fructu in fingulis capfulis unico parvo fubrotundo acuminato. *Clayt. n. 927.*

Folia ex lanceolata figura in ovatam tranfeunt obtufiusculam vel minus acuminatam, parum acute & profunde plicata, fed diftincte ferrata, fubtus leviter tomentofa, fuperne lævia, petiolis breviffimis infidentia. Ex fingula

folio-

foliorum ala nafcitur Amentum mafculinum filiforme folitarium, folio longius, tectum capitulis feu noduli_ex pluribus flofculis congeflis confertim pofitis.

Caftanea fruïtu dulciori. Clayt. 784. Eft fola varietas Caftaneæ Dod. pempt. 814. quæ Fagus foliis lanceolatis acuminate—ferratis infcribitur a Linnæo in hort. cliff. 447.

CORYLUS nucleo rotundiori & duriori. Clayt.

CORYLUS fylveftris calyce longiore, fructum etiam maturum omnino tegente. Anglice Filberts. Crefcit in the Dragon Swamps. Clayt. n. 747.

CARPINUS fquamis ftrobilorum planis, foliis ovato—oblongis duplicato-ferratis, ramis diffufis.
Ulmus virginiana fructu lupulino. D. Banifter. Pluckn. alm. 393. Raj. fuppl. dend. 13.
Ulmus fructu lupulino. Clayt. n. 566.

CARPINUS fquamis ftrobilorum inflatis. Linn. hort. cliff. 447.
Carpinus humilior, foliis ulmo nonnihil fimilibus. Clayt.
Noftratibus Iron—wood, Belgis Noveboracenfibus Yzerhout. Cold. nov. 227.

CARPINUS fquamis ftrobilorum inflatis, foliis ovatis, duplicato—ferratis, ramis approximatis.
Carpinus virginiana florefcens. Pluckn. phyt. t. 156. f. 1.
Aceris cognata Oftrya dicta florefcens. Pluckn. alm. 7.
Fagus florefcens virginiana, carpini foliis. Kigg. hort. beaum. 16.
Carpinus orientalis folio minori, fructu brevi. Tourn. cor. 40.
Carpinus humilior foliis ulmi. Clayt. n. 944.

PLATANUS foliis lobatis. Linn. hort. cliff. 447.
Platanus occidentalis. Catesb. car. 1. t. 56. Act. phil. n. 333. vol. 27. n. 88.
Platanus occidentalis aut virginienfis. Park. theat. 1472.
Platanus novi orbis, foliis vefpertilionum alas referentibus, globulis parvis. Pluckn. alm. 300. Clayt. n. 471.

LIQUIDAMBAR foliis palmato—angulatis. Linn. fpec. 999.
Liquidambar. Clayt. n. 487. & 531. Linn. hort. cliff. 486.
Noftratibus Gum—wood, Belgis Noveboracenfibus Byl fteel. Cold. noveb. 228.
Platano affinis aceris folio. Fl. virg. 41.
Liquidambari arbor feu Styraciflua, aceris folio, fructu tribuloide. Pluckn. alm. 224. t. 42. f. 6. Catesb. car. 11. t. 65.
Styrax aceris folio. Raj. hift. 1681. 1799.
Platano affinis aceris folio arbor, gummi odoratum fundens, pilulis fphæricis echinatis, pediculo longo infidentibus, feminibus nigricantibus lucidis alatis repletis. Sweet—gum. White—gum. Hujus arboris Gummi cum Balfamo Peruviano viribus convenit. Clayt.

MO.

MONADELPHIA.

PINUS foliis singularibus.

Pinus fetis brevioribus viridioribus, conis minoribus in congerie paucioribus. Spruce—pine. *Clayt. Cold. noveb.* 232.

PINUS foliis geminis, squamis conorum oblongorum aculeatis.

Pinus virginiana binis brevioribus & craffioribus fetis, minori cono, fingulis fquamarum capitibus aculeo donatis. *Pluckn. alm. p.* 297.

Pinus ftatura humilior, conis minoribus, foliis duobus faturate viridibus, ex eadem theca exeuntibus. The common Yerfay—Pine. *Clayt. n.* 495.

Pinus foliis longiffimis ex una theca binis. The Yellow Pine. *Cold. noveb.* 231.

PINUS foliis ternis. Fl. virg. 190. Linn. fpec. 1000.

Pinus foliis longiffimis, ex una theca ternis. The black Pine, vel Pitch Pine. *Cold. noveb.* 230.

Pinus virginiana tenuifolia tripilis f. ternis plerumque ex uno folliculo fetis, majoribus. *Pluckn. alm.* 297. *Raj. dendr.* 8.

Pinus americana paluftris Parifiis obfervata. *Linn.*

Pinus elatior conis agminatim nafcentibus foliis longis, ternis ex eadem theca. *Clayt. n.* 496.

> *Conus ovato—oblongus, conftans fquamis apice patentibus, horizontalibus, depreffo—acutis, utrinque parum convexis.*

PINUS foliis quinis cortice glabro. (male *foliis fcabris* Löfling. diff. de gemm. arb. p. 42.)

Pinus americana quinis ex uno folliculo fetis longis tenuibus triquetris, ad unum angulum, per totam longitudinem minutiffimis crenis afperatis. *Pluckn. amalth. p.* 171.

Larix americana foliis quinis ab eodem exortu. Plum. *Tourn. inft.* 586.

Pinus præalta fetis glaucis longioribus ex una theca quinque, conis longis, cortice glabro. Plagis montofis occidentalibus fpeciatim ad Fluminis in Comit. Annæ cataractas, ubi alpes pervadit, crefcit. *Clayt. n.* 871. & 899.

Pinus foliis longiffimis, ex una theca quinis: The white Pine Tree noftratibus. *Cold. noveb.* 229.

The white Pine. *Dudl. everg. num.* 1.

> OBS. *Species hæc longitudine & numero foliorum ex fingula theca convenit cum* Cedro Sibirica *five* Pinu foliis quinis cortice rimofo: *differens tantum foliorum latitudine & cortice rimofo.*

PINUS foliis folitariis fubemarginatis, fubtus linea duplici punctata. Linn. fpec. 1002.

Abies foliis folitariis confertis obtufis membranaceis. *Fl. virg.* 191.

Abies minor pectinatis foliis virginiana, conis parvis fubrotundis. *Pluckn. alm.* 2. t. 121. f. 1. *Raj. dendr.* 8.

Abies

Abies minor taxi foliis, conis parvis fubrotundis, deorfum fpectantibus. Hemlok Spruce—Firr. *Clayt. n.* 547.

Folia linearia, plana, tenuiffima, carinata, obtufa, confertim nata, folitaria. Coni magnitudine Fragæ, ovati, acuminati, fquamis numerofis planis fubrotundis obtufiffimis.

ABIES foliis fafciculatis acuminatis fetaceis cinereis. Larix minor Americana. *Clayt. n.* 851.

CUPRESSUS foliis diftiche patentibus. Linn. hort. cliff. 449. Hort. upf. 289. Cupreffus virginiana, foliis acaciæ deciduis. *Comm. hort. amft.* 1. *p.* 113. *t.* 50. Herm. lugdb. 107. Catefb. car. 1. *t.* 11.
Cupreffus virginiana, foliis acaciæ cornigeræ parvis & deciduis. *Pluckn. alm.* 125. *t.* 85. *f.* 6.
Cupreffus foliis anguftis ramofis acaciæ fimilibus, fructu fphærico. Scandulæ, quibus hic loci omnia ædificia teguntur, hoc ligno conficiuntur. *Clayt. n.* 384.

THUJA ftrobilis lævibus, fquamis obtufis. Linn. hort. cliff. 449.
Thuya Theophrafti. *Bauh. pin.* 448.
Thuiæ genus tertium, arbor vitæ Gallis. *Dal. hift.* 60.
Cedrus Lycia. *Lob. hift.* 630.
Arbor vitæ. *Cluf. hift.* 1. *p.* 36. *Dod. pempt.* 630.
Arbor vitæ five Paradifiaca vulgo dicta odorata ad fabinam accedens. *Bauh. hift.* 1. *p.* 286.
Thuja ftrobilis lævibus odoratis: fquamis obtufis. Prope Dunvernes ultra cataractas fluminis Jacobi ad aquæ marginem infra ripam e fiffura rupis crefcit, aliisque faxofis apud montes. *Clayt. n.* 812.

ACALYPHA involucris femineis cordatis incifis, foliis ovato—lanceolatis petiolo longioribus. Linn. fl. zeyl. 342. Hort. upf. 290.
Acalypha foliis ovato—lanceolatis, involucris femineis obtufis. *Linn. hort. cliff.* 495.
Mercurialis tricoccos hermaphroditica, feu ad foliorum juncturas ex foliolis criftatis julifera fimul & fructum ferens. Banift. *Pluckn. alm.* 248. *t.* 99. *f.* 4.
Mercurialis foliis alternis acuminatis, ex alis foliorum fpicatim florens, flore cauleque rubente, feminibus duobus vel tribus ad fpicæ imum capfula foliofa cohærentibus. *Clayt. n.* 201. Confer *Act. phil. vol.* 17. *n.* 198.

CROTON foliis cordatis, ferratis, petiolatis, alternis; floribus fpicatis.
Manihot minima chamædry—folia. *Plum. fpec.* 20.
Ricinoides foliis urticæ, fructu tricocco. *Clayt. n.* 455.

RICINUS foliis maximis in altitudinem 6. aut 7. pedum affurgens, fructu oleofo tricocco. *Clayt.*

JATROPHA foliis palmatis dentatis retrorfum aculeatis. Linn. hort. cliff. 445.

Ricinus frutefcens fici foliis. *Banift. virg.*

Ricinus lactefcens fici foliis fpinulis mordacibus armatis. *Pluckn. alm.* 320. *t.* 220. *f.* 3.

Ricinus tithymaloides americanus lactefcens & urens, floribus albis. *Comm. hort. amft.* 1. *p.* 19. *t.* 10.

Ricinoides qui Ricinus tithymaloides &c. *Boerh. ind. alt.* 11. *p.* 267.

Frutex anonymus pungens & urens. *Marcgr. braf.* 79 *f.* 2.

Manihot fpinofiffima, folio vitigineo. *Plum. fpec.* 20. *Tourn. inft.* 656.

Juffievia herbacea fpinofiffima urens. *Houft.*

Ricinoides flore perfecto monopetalo fpeciofo albo odorato, foliis Fici fpinulis rigidis armatis, fructu echinato tricocco ad ramulorum divaricationes pofito. Tota plantae fuperficies fpinulis urentibus obfita eft. *Clayt. n.* 86.

SYNGENESIA.

SICYOS foliis ternatis. Linn. hort. cliff. 452.

Sicyoides americana, fructu echinato, foliis angulatis. *Tourn. inft.* 103.

Bryonioides canadenfis, villofo fructu, monofpermos. *Herm. parad.* 108.

Cucumis canadenfis monofpermos, fructu echinato. *Herm. parad. t.* 133.

Convolvulo affinis planta parva procumbens: foliis trilobatis, lobis (praecipue lateralibus) incifis, petiolis longis infidentibus: floribus albis parvis cyathiformibus monopetalis, pedunculis longis tenuibus, e geniculis caulis egreffis, affixis: calyce pentaphyllo, extus hirfuto: capfula pulla, leviter pilofa, uniloculari, bivalvi, femen unicum ovatum (vel bina) continente: valvulis fingulis intus glabris, vi elaftica per maturitatem dehifcentibus. *Clayt. n.* 652.

Claffis XXII.

DIOECIA

DIANDRIA.

SALIX *vulgaris.* Clayt.

TETRANDRIA.

VISCUM foliis obverfe ovatis.

Vifcus. *Clayt. n.* 945.

MT.

MYRICA foliis lanceolatis subserratis, fructu baccato.

Myrica foliis lanceolatis, fructu baccato. *Linn. hort. cliff.* 455. *Hort. upf.* 295.

Coriotragematodendros feu arbor carolinienfis elæagni Cordi foliis, fructu faccharati fpecie & magnitudine coriandri. *Pluckn. amalth.* 65.

Myrtus brabanticae fimilis carolinienfis baccata, fructu racemofo feffili monopyreno. *Pluckn. alm.* 250. *t.* 48. *f.* 9. Candle—berry Myrtle. *Catesb. car.* 1. *t.* 69.

E fuperficie ebullientis aquae hifce baccis faturatæ cera viridis fragans defpumatur, qua candelas elegantiffimas conficiunt. *Clayt. n.* 692.

Hujus varietas foliis latioribus magisque ferratis ac planta humiliori eft Myrtus Brabanticæ fimilis carolinienfis humilior foliis latioribus & magis ferratis. *Catesb. ib. t.* 13. *Clayt. n.* 816.

MYRICA foliis oblongis alternatim finuatis. Linn. hort. cliff. 456. Cold. noveb. 224.

Myrtus brabanticæ affinis americana, foliorum laciniis afplenii modo divifis, julifera fimul & fructum gerens. *Pluckn. alm.* 250. *t.* 100. *f.* 6 & 7.

Myrica foliis afplenii. In comitatu Lancaftriæ crefcit, & ad ripam faxofam præruptam fluminis Northantoniæ, in opacis fub abietum tegmine initio Junii absque indiciis fructificationis reperi. *Clayt. n.* 984 & 719.

P E N T A N D R I A.

ACNIDA. Mitch. gen. 28. Linn. amœn. 111. 19. Spec. 1027. Ludw. defin. 1165.

Cannabis foliis fimplicibus. *Fl. virg.* 192.

Cannabis virginiana. *Bauh. pin.* 320.

Cannabis foliis fimplicibus, longis, lanceolatis, petiolatis, alternis: caule petiolifque rubentibus, glabris, lucidis. Antheræ in mare luteæ, in forma literæ X. Pericarpium in femina quinquefulcatum. Paludibus falfis copiofe Augufto invenienda. *Clayt. n.* 599.

Folia lineari—lanceolata, integerrima, longa, alterna; racemi florum in alis folitarii, fæpe fimplices, interdum ramofi, nudi, laxi, erecti.

HUMULUS. Linn. hort. cliff. 458.

Lupulus mas. *Bauh. pin.* 298.

Lupulus femina. *Bauh. pin.* 298.

Lupulus fylveftris. In infula Alcena pinguibusque convallibus montium juxta rivulos copiofe crefcit. *Clayt.* 887.

H E X A N D R I A.

SMILAX caule tereti inermi, foliis cordato—ovatis acutis inermibus, petiolis bidentatis. Linn. hort. cliff. 459.

Smilax virginiana, fpinis innocuis armata, latis canellæ foliis, radice

arun-

arundinacea craffa nodofa & carnofa. *Pluckn. alm.* 349. *t.* 110. *f.* 1.
Smilax humilior, floribus dilute luteis, baccis rubris. *Clayt. n.* 82.

S M I L A X caule angulato aculeato, foliis dilatato—cordatis inermibus acutis.
Linn. hort. cliff. 459.
Smilax viticulis afperis virginiana, folio hederaceo leni, Zarza nobiliffima.
. *Pluckn. alm.* 348. *t.* 111. *f.* 2. *Raj. fuppl.* 345.
Mecapatli. *Hern. mex.* 288.
Smilax late fcandens Bryoniæ nigræ foliis, caule fpinofo, flore albicante,
baccis atro—purpureis. *Clayt. n.* 81.

S M I L A X caule fpinofo tereti, foliis ovate—oblongis, trinerviis inermibus.
Fl. virg. 193.
Smilax lævis lauri folio, baccis nigris. *Catesb. car.* 1. *t.* 15.
Smilax fempervirens lauri folio craffo: floribus parvis herbaceis: caule fpi-
nis rigidiffimis armato, baccis nigricantibus. *Clayt. n.* 617. —

S M I L A X caule angulato inermi, foliis ovatis inermibus. Fl. virg. 193.
Smilax laevis marilandica foliis hederæ nervofis, prælongis pediculis infidentibus, flofculis minimis in umbellam parvam congeftis. *Raj. fuppl.* 345.
Smilax claviculata hederæ folio, tota laevis e terra mariana. *Pluckn. alm.*
348. *t.* 110. *f.* 4.
Smilax annua inermis, caule fufco purpureo glabro claviculis plurimis teneris veftito, foliis Tamni vel Diofcoreæ, e quorum alis pedunculus communis teres glaber virefcens femipedalis exoritur, floresque pallide lu-
tefcentes odore fœtido rancido præditos in capitulum globofum collectos
ferens. Ad attitudinem fex vel feptem pedum affurgit. Radix perennis. *Clayt. n.* 541.
Folia quinquenervia integerrima. Cirri plerumque ex fingula ala bini.
Petioli fimplices, longitudine foliorum.

S M I L A X caule tereti inermi: foliis inermibus, caulinis cordatis, ramorum
lanceolatis; pedunculis longiffimis.
Smilax annua. Femina mare humilior planta, iisdem foliis, pedunculo
minore, capitulis floriferis denfioribus, fed etiam minoribus. Omnes
fructificationis partes ut in Smilace Linnæi Gener. n. 992. Stylos vero
non potui nudis oculis difcernere. Sed Stigmata tria oblonga reflexa pubefcentia fatis confpicua inveni. A Tamno differt germine fupra calycem, claviculis plurimis, & nectarii abfentia. Ad finem Maji floret.
vide Ivapecangæ defcriptionem a Pifone traditam. *Clayt. n.* 541. 561.
& 630.

DIOSCOREA foliis cordatis alternis oppofitisque, caule lævi. Linn. fpec. 1033.
Diofcorea foliis cordatis acuminatis, nervis lateralibus ad medium folii terminatis. *Fl. virg.* 121.
Bryoniæ nigræ fimilis floridana, mufcofis floribus quernis, foliis fubtus lanugine

nugine villofis , medio nervo in fpinulam abeunte. *Pluckn. amalth.* 46. *t.* 375. *f. 5.*

Lupuli fpecies late fcandens , foliis cordiformibus venofis , alia flore, alia femine fœcunda, flores albos fteriles in fpica pendula ferens , feminibus membranis extantibus alatis, vafculo quoque feminali membranaceo triquetro inclufis , plurimis in racemos ad modum Lupulorum denfe congeftis. *Clayt. n.* 94.

OCTANDRIA.

POPULUS foliis deltoidibus acuminatis ferratis. Linn. hort. cliff. 460.
Populus nigra. *Baub. pin.* 429.
Populus nigra five Aigeros. *Baub. hift.* 1. *p.* 155.
An Populi quædam fpecies. *Clayt. n.* 679.

POPULUS foliis cordatis fubrotundisque, prioribus villofis. Linn. fpec. 1034.
Populus foliis cordatis obfolete ferratis, infimis ferraturis glandulofis, petiolis lateraliter utrinque planis. *Wachend. ultr.* 294.
Populus magna foliis amplis, aliis cordiformibus, aliis fubrotundis, junioribus tomentofis. Femina. *Clayt. n.* 532.

POPULUS tremula, vulgo Afpen—Tree di&a. Clayt.

MONADELPHIA.

JUNIPERUS foliis bafi aduatis: junioribus imbricatis, fenioribus patulis. Linn. hort. cliff. 464. Hort. upf. 299.
Juniperus virginiana, foliis inferioribus juniperinis, fuperioribus fabinam vel cupreffum referentibus. *Boerh. ind. alt.* 11. *p.* 208.
Juniperus barbadenfis , cupreffi folio, ramis quadratis. *Pluckn. alm.* 201. *t.* 197. *f.* 4. *amalth.* 125.
Juniperus barbadenfis cupreffi folio, arbor præcelfa tetragonophyllos five foliatura quadrangulari. *Pluckn. mant.* 109.
ʹJuniperus maxima, cupreffi folio minimo, cortice exteriore in tenues philyras fpirales ductili. *Sloan. jam* 128. *Hift.* 11. *p.* 2. *t.* 157. *f.* 3. *Raj. dendr.* 12.
Juniperus major americana. *Raj. hift.* 1413.
Juniperus foliis anguftis acutis aculeatis: bacca atro—cœrulea pulvere refinofo albicante tecta, officula tria continente. Vulgo Cedrus & Sabina vocatur. *Clayt. n.* 884.

Claffis

Claſſis XXIII.

POLYGAMIA
MONOECIA.

VERATRUM racemo ſimpliciſſimo, foliis ſeſſilibus. Linn. ſpec. 1044.
Veratrum caule ſimpliciſſimo. Fl. virg. 195.
Veratrum caule ſimpliciſſimo, ſpica ante floreſcentiam incurvata, noſtratibus Unicorns—horn. Cold. noveb 80.
Reſeda foliis lanceolatis caule ſimpliciſſimo. Fl. virg. 59. Kiernand. rad.
ſeneg. 12.
Anonymos floribus albis ſpicatim denſe ſtipatis, caule ſingulari: foliis plantagineis humiſtratis; vaſculo tricapſulari: radice magna tuberoſa contorta, maſticata nauſeam movente. Rattle—Snake—Root. Hujus flores & ſemina iterato examini ſubjiciens, veratri genuinam ſpeciem eſſe deprehendi, quæ flores maſculos in eadem ſpica infra hermaphroditos fert. Clayt.
n. 299.

CELTIS foliis oblique ovatis ſerratis acuminatis. Linn. ſpec. 1044.
Celtis procera foliis ovato—lanceolatis ſerratis, fructu pullo. Clayt. n. 624.
Celtis fructu obſcure purpuraſcente. Tourn. inſt. 612.
Lotus arbor virginiana fructu rubro. Raj. hiſt. 1917.

Ab hac ſolo fructus colore differunt Celtis foliis ovato—lanceolatis mollibus rugoſis ſerratis, ſuperne viridioribus, fructu atro purpuraſcente ſubdulci, aprili florens n. 822. & Celtis foliis lanceolatis ad margines integris, fructu nigricante ſucculentiori. Clayt.

ANDROPOGON panicula nutante, ariſtis tortuoſis lævibus, glumis calycinis hirſutis. Linn. ſpec. 1045.
Andropogon folio ſuperiore ſpathaceo, pedunculis lateralibus oppoſitis unifloris: ariſtis globoſis. Fl. virg. 133.
Gramen avenaceum, panicula minus ſparſa, glumis alba ſericea lanugine obductis. Sloan. jam. 35. Hiſt. I. p. 44. t. 14. f. 2.
Hordeum ſpica tenuiore e latere ſpathæ longæ erumpente, valvula inferiore in ariſtam longiſſimam deſinente. Clayt. n. 621.

ANDROPOGON panicula laxa, ariſtis tortuoſis. Linn. ſpec. 1095.
Andropogon culmo paniculato. Fl. virg. 133.
Gramen dactylon alopecuroidis facie, panicula longiſſima e ſpicis plurimis tomentoſis conſtante. Sloan. jam. 3. Hiſt. I. p. 113. t. 70. f. 1.

Luga-

Lagurus altiffimus ad altitudinem feptem pedum plerumque affurgens, panicula ampla unica erecta e plurimis fpiculis, fetis fericeis purpuro—argenteis denfe veftitis compofita, culmum terminante: antheris purpureis : valvula unica intra calicem ariftata : foliis radicalibus latis longis erectis rigidis concavis acuminatis. In fylvis folo lutofo præditis Autumno floret. *Clayt. n.* 601.

Flores Arundinis more in paniculam digeruntur : fingulus flos lana longa cingitur bafi horizontaliter facileque difcedens.

ANDRAPOGON pedunculis conjugatis in medio pilofis, fpicis lana brevioribus. Roy. prodr. 53.
Gramen ifchæmum fpicis plumofis ariftatis , e foliorum alis exeuntibus. *Clayt. n.* 460.

ANDROPOGON paniculæ fpicis conjugatis, flofculis bafi lanatis folio fpataceo obvolutis. Linn. fpec. 1046.
Lagurus fpicis oblongis pedunculatis , e fingula ala pluribus. *Linn. hort ₁ cliff.* 25.
Gramen dactylon bicorne tomentofum maximum fpicis numerofiffimis. *Sloan. hift.* 1. *p.* 42.
Graminis decima fpecies Cupaboba brafilianis. *Marcgr. braf.* 2.
Lagurus fpicis inter folia brevia ad culmi fummitatem denfe fafciculatim congeftis. *Clayt. n.* 606.

ANDROPOGON fpicis conjugatis, calycibus birfutis. Roy. prodr. 53.
Feftuca junceo folio, fpica gemina. *Bauh. pin.* 9. *Prodr.* 19.
Gramen dactylon fpica gemina. Tourn. *Scheuchz. gr.* 95.
Gramen dactylon ficulum, multiplici panicula, fpicis ab eodem exortu geminis. *Pluckn. alm.* 175. *t.* 92. *f.* 1.
Lugurus fpicis purpurafcentibus. *Clayt. n.* 602.

ANDROPOGON foliis arundinaceis.
Lagurus foliis arundinaceis. *Clayt. n.* 687.

ANDROPOGON fpica oblonga, floribus lanatis remotis divaricatis: arifta flexuofa nuda. Linn. fpec. 1045.
Lagurus humilior, panicula conica laxa nutante, culmum terminante. *Fl. virg.* 135.
Glumæ fufcæ duræ lucidæ, villis brevioribus paucioribus obfitæ. Antheræ flavæ. Semen arifta longiffima fufca lucida undulata coronatum. Folia longa angufta. *Clayt. n.* 600.

HOLCUS glumis glabris bifloris muticis acuminatis, panicula filiformi debili. Linn. fpec. 1048.
Aira calycibus trivalvibus trifloris. *Fl. virg.* 136.
Poa fpiculis bifloris & trifloris cordatis, culmo tenui pendulo. *Clayt. n.* 589.

A

A Poa fpiculis fubulatis, panicula rara contracta Linn. flor. lapp. §. 54. differt calyce trivalvi trifloro: flofculis acuminatis diftichis muticis: panicula ampliffima: foliis latiusculis: caule tenui longo.

HOLCUS glumis ftriatis bifloris muticis acuminatis, panicula conferta oblonga. *Linn,* fpec. 1048.

Aira panicula oblonga, floribus muticis, hermaphrodito mafculoque, calycibus triphyllis. *Fl. virg.* 135.

Melica paluftris fcapis tenuiffimis & capillaceis: locuftis unifloris: glumis magnis muticis, in panicula plurimis, denfe congeftis. *Clayt. n.* 590.

Panicula angufta oblonga valde contracta flores gerit muticos oblongos bifloros, comprebenfos calyce communi oblongo triphyllo, foliolo extimo minimo. Intra hunc calycem Flofculi duo, hermaphroditus & mafculus.

CENCHRUS capitulis fpinofis tomentofis.

Gramen aculeatum curaffavicum. *H. R. Par.*

Gramen americanum fpica echinata, majoribus glumis. *Sch. bot. par. Morif. hift.* II. p. 195.

Gramen americanum fpica echinata, majoribus locuftis. *Pluckn. alm.* 177. t. 92. f. 3.

Gramen echinatum maximum fpica rubra. *Sloan. jam.* 30. *Hift.* I. p. 108. *Raj. fuppl.* 603.

Gramen locuftis tumidioribus echinatis. *Scheuchz. gr.* 77.

Panicaftrella americana major annua, fpica laxa, purpurafcente. *Michel. gen.* 36. t. 21.

Gramen fpicatum maritimum, locuftis echinatis. *Clayt. n.* 206.

ATRIPLEX caule annuo (herbaceo fl. fuec. 826.) *foliis deltoideo—lanceolatis obtufe dentatis, fubtus farinaceis.* Linn. hort. cliff. 469.

Atriplex maritima. *Bauh. hift.* II. p. 974.

Atriplex maritima laciniata. *Bauh. pin.* 120. *Morif. hift.* II. p. 607. t. 32. f. 17. *Clayt.*

Atriplex marina. *Dod. pempt.* 615. *Dalech. hift.* 537.

Atriplex marina repens. *Lob. hift.* 128.

ATRIPLEX caule fruticofo, foliis deltoidibus integris. Linn. hort. cliff. 469.

Atriplex latifolius five Halimus fruticofus latifolius. *Morif. hift.* II. p. 607.

Halimus latifolius five fruticofus. *Bauh. pin.* 120.

Halimus. *Cluf. hift.* I. p. 53. *Bauh. hift.* I. p. 227.

Halimum alterum. *Cæfalp. fyft.* 160.

Atriplex maritima foliis craffis, albedine tectis: caule rubente. *Clayt. n.* 571.

ATRIPLEX frutefcens, foliis parvis incanis finuatis, flores plurimos in fummis caulibus ferens. *Clayt.*

ACER

ACER foliis quinquelobis fubdentatis fubtus glaucis, pedunculis fimpliciffimis
aggregatis. Linn. fpec. 1055.

Acer foliis quinquelobis acuminatis acute ferratis, petiolis teretibus. *Linn.*
hort. upf. 94.

Acer folio palmato—angulato, flore fere apetalo feffili, fruĉtu pedunculato
corymbofo. *Fl. virg.* 41. *Cold. noveb.* 85.

Acer virginianum, folio fubtus incano, flofculis viridi—rubentibus. *Herm.*
parad. 1. *t.* 1.

Acer occidentale, folio minore fubtus incano: fupra atro—virente. *Raj.*
hift. 1701.

Acer virginianum folio majore, fubtus argenteo, fupra viridi, fplendente. *Pluckn. alm.* 7. *t.* 2. *f.* 2. *Catesb. car.* 1. *t.* 62.

Acer floribus rubris, folio majori, fuperne viridi, fubtus argenteo fplendente. *Clayt.*

ACER foliis compofitis. Linn. hort. cliff. 144.

Acer maximum, foliis trifidis & quinquefidis, virginianum. *Pluckn. alm.*
7. *t.* 123. *f.* 4. 5.

Acer fraxini foliis. *Clayt. n.* 530.

ACER foliis acutioribus, utrinque pallide virentibus & lanatis, angulis la-
teralibus fere obfoletis. Mitch.

Acer facchariferum canadenfe vulgo. *Geoffr. veg. exot. p.* 754.

Acer foliis majoribus trilobatis erofis, floribus albis, theca majore erumpentibus, cortice albicante. Sugar—tree vulgo. *Clayt. n.* 821.

D I OE C I A.

GLEDITSIA Claytoni apud Linn. char. ed. 11. n. 908.

Caefalpinoides foliis pinnatis ac duplicato—pinnatis. *Linn. hort. cliff.* 489.

Melilobus. *Mitch. gen.* 15.

Acacia americana, abruae folio, triacanthos, five ad axillas foliorum
fpina triplici donata. *Pluckn. mant.* 1. *Mill. hort. angl. t.* 21.

Acacia abruae folio, triacanthos, capfula ovali unicum femen claudente.
Catesb. car. 1. *p.* 43.

Acacia triacanthos, filiquis latis fufcis, pulpa virefcente fubdulci. Honey-
locuft. Hiemali tempore legumina pecori grata praebet. *Clayt. flor.*
virg. 59.

FRAXINUS petiolis communibus teretibus, foliolis petiolatis.

Fraxinus carolinenfis, foliis anguftioribus utrinque acuminatis, pendulis.
Catesb. car. 1. *t.* 80.

Fraxinus mas & femina: foliis utrinque acuminatis, feminibus alatis. *Clayt.*

X

n. 619.

n. 619. & 742.

OBS. *Vulgaris Fraxinus pedunculum communem habet canaliculatum &*
. *folia sessilia.*

FRAXINUS foliolis integerrimis. Fl. virg. 122.
Fraxinus foliis utrinque acuminatis, seminibus alatis pendulis. *Clayt. n.*
619. & 740.

DIOSPYROS foliorum paginis concoloribus. Linn. spec. 1057.
Diospyros floribus dioicis. *Fl. virg.* 156.
Diospyros foliis utrinque concoloribus. *Linn. hort. cliff.* 149.
Guajacana. *Catesb. car.* 11. *t.* 76.
Guajacana loto arbori seu guajaco patavino affinis, virginiana Pishamin
. dicta Parkinsono. *Pluckn. alm.* 180..
Guajacana; Pishamin virginiana. *Boerh. ind. alt.* 11. *p.* 220.
Guajacana virginiana Pishamin dicta. *Raj. hist.* 1018.
Loti africanae similis indica. *Baub. pin.* 448.
Palmae sanctae similis arbor. *Lob. adv.* 394. *Dalech. hist.* 1750.

NYSSA foliis integerrimis. Linn. hort. cliff. 462.
Nyssa pedunculis multifloris. *Fl. virg.* 121.
Nyssa foliis integerrimis. *Linn. hort. cliff.* 462.
Arbor in aqua nascens, foliis latis acuminatis & non dentatis, fructu Elae-
agni minore. Tupelo—Tree. *Catesb. car.* 1. *t.* 41.

NYSSA pedunculis unifloris. Fl. virg. 121.
Cynoxylum americanum folio crassiusculo molli & tenaci. *Pluckn. alm.* 127.
t. 172. *f.* 6.
Arbor in aqua nascens, foliis latis acuminatis & dentatis, fructu Elaeagni
majore, Water—Tupelo. *Catesb. car.* 1. *t.* 60. Black—Berry—Bearing—
Gum. *Clayt. n.* 49.
· Huic *Flosculi tres in receptaculo communi.* Embryones *ovati.* Calyx *quin-*
quefolius minimus, singulo embryoni insidens. Pistillum *unicum erectum fili-*
forme. Stigma *simplex incurvum.* Priori *Flores in corymbum dispositi.* Calyx *in decem tenuissima segmenta divisus.* Stamina *decem cum apicibus*
testiculatis.

PANAX foliis ternis quinatis. Fl. virg. 147.
Araliastrum quinquefolii folio majus, Ninzin vocatum D. Sarrasin. *Vaill.*
serm. p. 43.
Aureliana canadensis, Sinensibus Gin—zeng, Iroquoeis Garent—Oguen. *Laf-*
tau Ginz. 56. *Breyn. add. ad Dissert. de Rad. Gin—sem. p.* 51. *Catesb.*
car. app. t. 16.
Panax vel Araliastrum Ninzin vel Gin—zing vocatum. Convallibus ferti-
· libus & umbrosis montium Majo mense collegit *Clayt. n.* 838.

Ad

Ad Sinum Dellawar Penſilvaniæ hanc invenit Joh. Bartramus, qui radices ſeminaque ad Petrum Collinſonum miſit, in cujus horto feliciter creſcunt. Eandem in Canada, Nova Anglia & Marilandia naſci notavit Dillenius in Hort. eltb. p. 392.

PANAX *foliis ternis ternatis, quandoque quinatis, pumila.*

Aralia foliis ternis ternatis, quandoque quinatis. *Fl. virg.* 35. 147.

Naſturtium marianum anemones ſylvaticae foliis enneaphyllon, floribus exiguis. *Pluckn. mant.* 135. *t.* 435. *f.* 7.

Araliaſtrum fragariæ folio, minus. *Vaill. ſerm. p.* 43. *n.* 3.

Anonymos puſilla flore albo, foliis in uno pediculo ternis. Madidis Aprili floret. *Clayt. n.* 329. *Cold. n.* 52.

In Phytophylacio Collinſoniano occurrunt duo Specimina, quorum ſingulum duobus foliis ternatis, & tertio quinato inſtruitur. Hinc ſuſpicari licet, ſpeciem hanc ab Araliaſtro quinquefolii folio minori D. Sarraſin. Vaill. ſerm. p. 43. *non eſſe diverſam, ſed meram varietatem, quod inquirendum.*

Claſſis XXIV.

CRYPTOGAMIA.

FILICES.

EQUISETUM *ſcapo fructificante nudo, caule ſterili, ramis compoſitis.* Linn. fl. ſuec. 833.

Equiſetum arvenſe. *Linn. fl. lapp.* 390.

Equiſetum arvenſe longioribus ſetis. *Bauh. pin.* 16.

Equiſetum minus terreſtre. *Bauh. hiſt.* 111. *p.* 730.

Hippuris minor cum flore. *Dod. pempt.* 73.

Equiſetum vulgare ramoſum. *Clayt. n.* 341.

EQUISETUM *caule nudo ſcabro, baſi ſubramoſo.* Linn. fl. ſuec. 838.

Equiſetum nudum non ramoſum ſeu junceum. *Bauh. pin.* 16.

Equiſetum ſcapo nudo ſimpliciſſimo. *Roy. prodr.* 496.

Equiſetum hiemale. *Linn. fl. lapp.* 394.

Equiſetum non ramoſum. *Clayt. n.* 657. *pl.* 2.

ONOCLEA. Linn. amœn. 111. 20. Spec. 1062.

Angiopteris. *Mitch. gen.* 29.

Osmunda frondibus pinnatis: foliolis ſuperioribus baſi connatis; omnibus lanceolatis, pinnato—ſinuatis. *Linn. hort. cliff.* 472.

X 2

Filix

Filix mariana ofmundæ facie racemifera. *Pluckn. mant.* 80. *t.* 404. *f.* 2.

Polypodium virginianum majus, ofmundae facie tenerius. *Morif. bift.* 111. *p.* 563. *t.* 2. *f.* 10.

Filix feu Polypodium indianum, foliis profunde finuofis marrubii aquatici æmulis. *Pluckn. alm.* 153. *t.* 30. *f.* 3.

Herba viva foliis polypodii. *Baub. pin.* 359.

Osmunda fronde pinnata: foliolis longiffimis crenatis afplenii inftar ad coftæ apicem præcipue decurrentibus: furculis feminiferis e radice nudis albicantibus, in fummitate ramulos capfularum quinquefariam dehifcentium, duplicem feriem onuftos proferentibus. Initio Octobris fructificationes oftendit: crefcens fecus viam publicam inter pontes rivuli Draconis, Anglice the Dragon—Bridges. *Clayt. n.* 674. & 714.

OPHIOGLOSSUM radice repente. Clayt.

OSMUNDA fcapo caulino folitario, fronde fupra decompofita. Linn. fpec. 1064.

Osmunda fronde pinnatifida caudata, fructificationibus fpicatis. *Fl. virg.* 196.

Osmunda afphodeli radice. *Plum. fil.* 136. *t.* 159.

Lunaria matricariæ folio, angl. Fern Rattle—Snake root. *Clayt. n.* 8.

OSMUNDA fronde pinnata, pinnis pinnatifidis apice coarctato—fructificantibus. Linn. fpec. 1066.

Osmunda frondibus pinnatis ex adverfo binis: foliolis oppofitis integris decurrentibus: fpicis feminiferis e fuperiore parte caulis ad modum & formam frondium binatim egreffis. In plagis montofis ad finem Aprilis reperitur. *Clayt. n.* 870.

Singularis omnino fpecies, quæ ab utraque parte frondium fructificationes gerit, quod in nulla nota fpecie obtinet.

OSMUNDA frondibus pinnatis, foliolis omnibus bafi connatis lanceolatis, margine leviter ferratis.

An Polypodium majus aureum. Plum. fil. *t.* 76. *Clayt. n.* 829? *Verum huic Polypodio fructificationes in puncta fubrotunda fparfa digeftæ, unde merito ad Polypodii genus refertur a Clariff. Linnæo bort. cliff. p.* 475.

OSMUNDA fronde bipinnata, apice racemifera. Linn. fpec. 1065.

Osmunda arborea foliis alternis pinnatis; foliolis integris obtufis decurrentibus, furculis feminiferis radicalibus. *Fl. virg.* 123.

Filix non dentata florida, foliis alternis & in fummo caule feminibus occultatis. *Pluckn. alm.* 156. *t.* 181. *f.* 1.

Filix botryites, five floridana major virginiana, pinnulis non dentatis alternatim pofitis. *Morif. bift.* 111. *p.* 593.

Osmunda regalis altiffima, feu Filix florida foliis alternis pinnatis: foliolis integris obtufis decurrentibus: furculis feminiferis e radicibus egreffis.

Vefi-

Veficulæ feminales colorem cinnamomi referunt. Caulis pilofus. Ad finem Maji furculos profert. *Clayt. n.* 686. & 709. *Hujus varietas eft* OSMUNDA *foliis oppofitis pinnatis; foliolis integerrimis obtufis decurrentibus.* Filix minor Adianti facie, foliolis ad margines integris. *Clayt. n.* 828.

ACROSTICHUM *fronde pinnatifida, pinnis linearibus integerrimis patentibus connatis.* Linn. amoen. 1. p. 271.
Acroftichum fronde pinnata; foliolis linearibus alternis feffilibus, terminatrice plerumque trifida. *Fl. virg.* 198.
Polypodium minus virginianum, foliis brevibus fubtus argenteis. *Morif. hift.* 111. *p.* 563. *t.* 3. *f.* 5.
Polypodium minus pinnulis raris fubtus cinereis. *Sloan. jam.* 16. & *Hift.* 1. p. 79.
Filix Polypodium dicta minima jamaicenfis, foliis averfa parte ferrugineo pulvere, afplenii ritu, circumquaque refperfis. *Pluckn. alm.* 153. *t.* 289. *f.* 1.
Polypodium fronde pinnata, foliolis linearibus alternis feffilibus, terminatrice plerumque trifida. Octobris ad finem veficulæ feminales in averfa foliorum fuperficie confpiciendæ. In multarum arborum exoletarum ramis & truncis, & in montium rupibus crefcit. An Polypodium Plumier. de Filic. tab. 77. *Clayt. n.* 685.

ACROSTICHUM *fronde pinnata, pinnis alternis linearibus, apice ferratis.* Fl. virg. 124. Linn. fpec. 1069.
Filix mariana pinnulis feminiferis anguftiffimis. *Petiv. act. phil. n.* 246. *p.* 398. Polypodium. *Clayt. n.* 11. *pl.* 2.
Areolæ floriferæ nervo longitudinali folii diftinguuntur in duas phalanges, • & *transverfim quoque ad fingulum latus difponuntur in plures partes.*

ACROSTICHUM *frondibus alternatim pinnatis, foliolis ovatis crenatis feffilibus furfum arcuatis.* Fl. virg. 123. Linn. fpec. 1069.
Filix Polypodium dicta minima virginiana platyneuros. *Pluckn. alm.* 153. *t.* 289. *f.* 2. *Raj. fuppl.* 58.
Afplenium virginianum polypodii facie. *Raj. fuppl.* 59.
Polypodium minus virginianum, foliis brevibus fubtus argenteis. *Morif. hift.* 111. *p.* 563. *t.* 2. *f.* 5.
Trichomanes foliis minoribus, caule nigro fplendente. *Clayt. n.* 111.

PTERIS *fronde decompofita pinnata, pinnis lanceolatis, terminalibus longioribus.* Linn. fpec. 1076.
Pteris Adianti facie, caule ramulis petiolisque politiore nitore nigricantibus: foliis adverfis linearibus, ad bafin nonnunquam auriculatis, fuperne faturate viridibus, infra pallidis: impari longiffimo: veficulis feminalibus rufefcentibus, fub pinnarum limbi complicatione denfe congeftis.

X 3   Ad

Ad ripam fluminis Rappahanock in umbrofo loco ad Juniperi radicem juxta promontorium Anglice Point—look—out dictum. *Clayt. n.* 682. *Refpondet* Filici Floridanæ Thalictri Monfpelienfium foliis rugofis, pediculo nigro, limbo pinnarum pulverulento. *Pluckn. amalth.* 93. *t.* 401. *f.* 3.

PTERIS *fronde fupradecompofita, foliolis pinnatis, pinnis linearibus, infimis pinnato—dentatis, imparibus longiffimis.* Linn. hort. cliff. 473.
Filix ramofa pinnulis longiufculis, partim auriculatis. *Plum. amer.* 14. *t.* 22. *Fil.* 23. *t.* 29.
Filix femina feu ramofa major, pinnulis anguftis obtufis non dentatis: impari furculum terminante longiffima. *Sloan. jam.* 24. *Hift.* I. *p.* 201.
Filix femina ramofiffima jamaicenfis, pinnula alas claudente longiffima. *Pluckn. alm.* 156.
Filix femina racemofa, impari in extrema cofta pinnula longa caudata. *Clayt. n.* 489.

LONCHITIS *parva, foliis ad bafin auriculatis, alternatim coftæ nigra fplendenti affixis.* Clayt.

ASPLENIUM *frondibus cordato—enfiformibus indivifis, apice filiformi radicante.* Linn. amœn. II. *p.* 337.
Phyllitis parva faxatilis per fummitates folii prolifera. *Banift. Raj. hift.* II. *p.* 1927.
Phyllitis non finuata minor, apice folii radices agente. *Sloan. jam.* 14. *Hift.* I. *p.* 71. *t.* 26. *f.* I. *Morif. hift.* III. *p.* 557.
Lingua cervina anguftifolia faxatilis per fummitates foliorum prolifera. *Morif. ibid. tab.* I. *f.* 14.
Filicifolia Phyllitis parva faxatilis virginiana per fummitates foliorum radicofa. *Pluckn. alm.* 154. *t.* 105. *f.* 3. & *Raj. fuppl.* 51.
Lingua cervina virginiana, cujus foliorum apex radices agit. *Tourn. inft. p.* 544.
Phyllitis faxatilis frondibus enfiformibus, per quarum apices filiformes longiffimos fe propagat, & per rupium fiffuras repit. *Clayt. n.* 871.

Folium fimplex triangulare acuminatum, acumine longo lineari ad bafim excavatum, auriculatum auriculis etiam fæpe acuminatis petiolo longo infiftens. *Radix* fibrofa. *Fructificationes* per totum folii difcum adverfum in acervis oblongis irregulariter difperfæ. *Fructificatio* microfcopio infpecta apparet congeries vafculorum minimorum globoforum. *Colden. noveb.* 260.

Plantæ miffæ a Claytono & Coldeno refpondent iconibus Plucknetii & Morifoni; minime vero iconi a Sloane traditæ. Hinc procul dubio Phyllitis non finuata minor apice folii radices agente Sloanei alia planta, conveniens cum Phyllitide non finuata minore apice folii radices agente Pluckn. mant. p. 81.

POLT.

PO LYPODIUM fronde pinnata lanceolata , foliolis lunulatis ciliato—ferra-tis declinatis, petiolis ſtrigoſis. Linn. hort. cliff. 475. Spec. 1088.
Lonchitis aſpera major. *Moriſ. biſt.* 111. *p. 566. t.* 2. *f.* 1.
Lonchitis aſpera. *Bauh. pin.* 359.
Lonchitis altera, cum foliis denticulatis , ſive Lonchitis altera matthioli. *Bauh. biſt.* 111. *p.* 744.
Lonchitis maxima , coſta viridi hirſuta. *Clayt. n.* 322.

POLYPODIUM fronde bipinnata , pinnis horizontalibus integerrimis obtu-ſis , terminalibus lanceolatis. Linn. ſpec. 1093.
Filix taxi foliis major & minor. *Petiv. fil. t.* 2. *f.* 5, 6.
Polypodium ſeu Filix maſculina Raji , frondibus pinnatis, inferioribus op-poſitis , ſuperioribus alternis: foliolis oblongis obtuſis integris decurren-tibus: quorum averſam ſuperficiem ſeminalia exanthemata ferruginea in duplicem macularum ordinem Octobris initio occupant. Filix taxiformis minor. *Plum. de Filic. p.* 15. *Clayt. n.* 676.

POLYPODIUM, quod Pteris ramoſa, fronde duplicato—pinnata: fo-liolis dentatis petiolatis, ſuperioribus ſeſſilibus , pinnulis acuminatis. Montibus Allegary dictis creſcit. *Clayt. n.* 903.

POLYPODIUM fronde duplicato—pinnata, foliolis crenatis.
Filix mas vulgari ſimilis, pinnatis crenatis ex inſula Johanna. *Pluckn. mant.* 80. *t.* 406. *f.* 3.
Filix minor adianti nigri facie. *Clayt.* 482.

ADIANTUM fronde pedata: foliolis pinnatis , pinnis antice gibbis inciſis fructicantibus. Linn. ſpec. 1095.
Adiantum fronde bifida: foliolis alternis pinnatis, pinnis obtuſis recurvis ſu-perne inciſis multifloris. *Roy. prodr.* 500,
Adiantum fruticoſum americanum ſummis ramulis reflexis , & in orbem expanſis. *Pluckn. alm.* 10. *t.* 124. *f.* 2. *Moriſ. biſt.* 111. *p.* 588. *t.* 5. *f.* 12.
Adiantum fruticoſum braſilianum. *Bauh. pin.* 355. *Prodr.* 150.
Adiantum fronde ſupra—decompoſita bipartitia, foliis partialibus alternis , foliolis trapeziiformibus obtuſis. *Fl. virg.* 123.
Adiantum americanum. *Corn. canad.* 7.
Adiantum verum ſurculoſum , pinnulis tenuibus obtuſis, caule ramuliſque nigricantibus & lucidis. Ad omnes Tuſſes valet. *Clayt. n.* 320 & 321. *Cold. noveb.* 236.

ADIANTUM foliis ſubtus lanatis.
Adiantum rupeſtre foliis quercinis mollibus lanuginoſis, caule lucido nigri-cante. In fiſſuris rupium. *Clayt. n.* 875.
   Facies Polypodii alicujus fronde duplicato—pinnata , foliolis ſupremis mi-nimis. Caulis atro—purpureus.

MUSCI.

MUSCI.

LYCOPODIUM radiatum dichotomum. Dill. musc. 474. t. 67. fig. 12.
Crescit in summis alpibus cœruleis. *Clayt. n.* 833.

LYCOPODIUM trichotomum clava singulari depressa.
Lycopodium montanum ramosum, foliis rigidis acutis lanceolatis confertis, clava straminei coloris in singulis pedunculis singula. *Clayt. n.* 902.

LYCOPODIUM caule erecto dichotomo. Linn. fl. lapp. 420. Fl. suec. 857.
Selago vulgaris abietis rubræ facie. Dill. musc. 435. t. 56. f. 1.
Selago foliis & facie abietis. Raj. *Clayt. n.* 831.

LYCOPODIUM alopecuroides flagellorum extremitatibus radicosis. Dill. musc. 454. t. 62. f. 8.
Lycopodium ramis reflexis apicibus radicatis, foliolis subulatis basi ciliatis. Linn. hort. cliff. 476.
Lycopodium terrestre repens, caule rotundo, foliis dense obsito, radices ad summitatem emittens, & se late propagans. *Clayt. n.* 27.

LYCOPODIUM foliis setaceis tenuissimis.
Lycopodium. *Clayt. n.* 433.
   Quotquot viderim specimina, clavis erant destituta. Hinc suspicor genuinam Lycopodii speciem non esse, sed solummodo caules Filicis sarmentosæ bifrontis Pluckn. tab. 290. foliis destitutos.

SPHAGNUM ramis deflexis. Linn. fl. lapp. 415. Fl. suec. 864.
Sphagnum palustre molle deflexum, squamis cymbiformibus. Dill. musc. 240. t. 32. f. 1.
Muscus aquaticus thuyæ vel sabinæ foliis, cacumine sæpe rubente. An Sphagnum. *Clayt. n.* 337.

SPHAGNUM caulibus ramosis, foliis undique imbricatis capsulas obtegentibus. Linn. fl. suec. 865.
Sphagnum subhirsutum obscure virescens, capsulis rubellis. Dill. musc. 245. t. 32. f. 4.
Hypnum saxatile. *Clayt. n.* 890.

POLYTRICHUM capsula parallelipeda. Linn. fl. suec. 868.
Polytrichum caule simplici. *Linn. fl. lapp.* 395.
Polytrichum quadrangulare vulgare, juccæ foliis serratis. Dill. musc. 420. t. 54. f. 1.
Polytrichum majus, sive Muscus aquaticus foliis Juniperi. De viribus confer *Plum. de Filic. Amer. p.* 2. *Præf. tab.* 13. *f.* 6. *Clayt. n.* 363.

POLYT-

POLYTRICHUM parvum aloës folio ferrato, capfulis oblongis. Dill. mufc. 429. t. 55. f. 7.

Adiantum aureum medium in ericetis proveniens. *Vaill. parif.* 131. t. 29. f. 11.

Mufcus adianti aurei facie humilis, capitulo rotundo turgido, calyptra villofa incana. *Buxb. cent.* 1. p. 43. t. 63. f. 1.

Mufcus terreftris acetabulis in fummitate caulis rubentibus. *Clayt. n.* 371. Fl. virg. 128.

MNIUM caule fimplici, geniculis inflexo. Linn. fl. lapp. 414. Spec. 1110.

Bryum paluftre fcapis teretibus ftellatis, capfulis magnis fubrotundis. *Dill. mufc.* 340. t. 44. f. 2.

Polytrichum caule fimplici femininum. An Mufcus capillaceus ftellaris prolifer. Tourn. inft. 551. an Polytrichum caule fimplici. Linn. fl. lapp. 395. *Clayt. n.* 776.

MNIUM caule procumbente fubfimplici, foliis imbricatis integerrimis alternis antice appendiculatis. Linn. fl. fuec. 914.

Lichenaftrum alpinum purpureum, foliis auritis & cochleariformibus. *Dill. mufc.* 479. t. 69. f. 1.

Sphagnum molle ramofum foliis exilibus confertis plumæformibus. *Clayt. n.* 902.

BRYUM capfulis erectis fphæricis. Linn. fl. fuec. 888.

Bryum capillaceum capfulis fphæricis. *Dill. mufc.* 379. t. 44. f. 1.

Bryum caule erecto, foliis fetaceis, capitulis globofis. *Linn. fl. lapp.* 400.

Bryum foliis capillaceis, capitulis viridibus nudis rotundis, pediculis brevibus rubris infidentibus. *Clayt. n.* 348.

BRYUM foliis capillaceis, capitulis fufcis, petiolis brevibus. Clayt. n. 690. fp. 8.

BRYUM juniperi foliis rugofis, capfulis rectioribus. Dill. mufc. 362. t. 46. f. 19.

Bryum foliis anguftis, capitulis fufcis longis nudis, pediculis longis infidentibus. *Clayt. n.* 347.

BRYUM capfula erecta, foliis fetaceis fecundis. Linn. fl. fuec. 895.

Bryum heteromallum. *Dill. mufc.* 375. t. 47 f. 37.

Hypnum terreftre erectum, plerumque non ramofum: foliis capillaceis fericeis, unum latus fpectantibus, fummitatibus lutefcentibus, pennarum in cauda galli gallinacei in modum reflexis: capitulis cylindraceis, petiolis longis rubentibus: capitelli poft abfceffionem apertura fphærica, margine denfo denticellis minimis obfito apparent. Martio capitula profert. *Clayt. n.* 699. fp. 2.

Y *BRYUM.*

BRYUM capfulis erectiusculis, pedunculis aggregatis, foliis fecundis recurvatis, caule declinata. Linn. fl. fuec. 898.

Bryum caule inclinato foliis arrectis fubulatis, capitulis erectiusculis. Linn. fl. lapp. 398.

Bryum reclinatum foliis falcatis, fcoparum effigie. Dill. mufc. 357. t. 46. f. 16.

Mufcus capillaceus major, pedunculo & capitulo tenuioribus. Vaill. parif. 132. t. 28. f. 12. Clayt. n. 902.

BRYUM capfulis erectiusculis, foliis fetaceis imberbibus, ficcitate retorquentibus. Linn. fl. fuec. 897.

Bryum cirratum, fetis & capfulis longioribus. Dill. mufc. 377. t. 48. f. 40.

Bryum foliis capillaceis, capitulis erectis, calyptra in pilum definente, pediculis tenuioribus. Clayt. n. 355.

BRYUM cirratum, fetis et capfulis brevioribus et pluribus. Dill. mufc. 378. t. 48. f. 1.

Bryum trichodes, erectis oblongis capitulis, extremitatibus per ficcitatem ftellatis. Raj. fyn. 111. p. 98.

Bryum capitulis cylindricis viridibus erectis, calyptra fufca acuminata. Clayt. n. 345.

BRYUM foliis erectis capillaceis luteo—viridibus, petiolis longiffimis concoloribus, capitulis calyptratis tenuibus, craffitie petiolorum. Ad arborum radices Aprili provenit. Clayt. n. 690. fp. 4.

BRYUM capfulis erectis ovatis, foliis lanceolatis acuminatis imbricato—patulis. Linn. fl. fuec. 893.

Bryum capillaceum breve, pallide & læte virens, capfulis ovatis. Dill. mufc. 380. t. 48. f. 43.

Bryum minimum foliis tenuiffimis virentibus, capitulis parvis pediculis brevibus infidentibus. Clayt. n. 354.

BRYUM foliis anguftis pulchre virentibus, capitulis viridibus, calyptra roftrata oblique tectis, pediculis breviffimis. Clayt. n. 362.

BRYUM capitulis cylindricis deorfum nutantibus. Clayt. n. 342.

BRYUM capfula nutante turbinato—ovata, calyptra reflexa quadrangulari. Linn. fl. fuec. 903.

Bryum bulbiforme aureum, calyptra quadrangulari, capfulis pyriformibus nutantibus. Dill. mufc. 407. t. 52. f. 75.

Bryum capitulis pyriformibus magnis virentibus reflexis, calyptra roftrata, pediculis longiffimis florefcentibus. Clayt. n. 360.

BRYUM paluftre erectum, foliis fubrotundis pellucidis & fere membranaceis, facie alfines minimæ. Fructificationem non obfervavi. Clayt. n. 690. fp. 5.

BRYUM

BRYUM acaulon foliis teneris confertis, capsulis conicis. Dill. musc. 389.
t. 49. f. 56.
Bryum foliis subrotundis in bulbi formam congestis. *Clayt. n.* 690. *sp.* 1.

BRYUM stellare roseum majus, capsulis ovatis pendulis. Dill. musc. 411.
t. 52. f. 77.
Selaginis species. *Clayt. n.* 353.

HYPNUM taxiforme minus basi capsulifera. Dill. musc. 263. t. 34. f. 2.
Muscus pinnatus capitulis adianti. *Vaill. parif.* 136. t. 24. f. 11.
Lichenastrum foliis erectis incisis saturate viridibus. *Clayt. n.* 364.

HYPNUM ramulis pinnatis teretiusculis remotis inaequalibus. Linn. fl. lapp.
408. Fl. suec. 874.
Hypnum lutescens alis subulatis tenacibus. *Dill. musc.* 280. t. 35. f. 17.
Hypnum cupressiforme. *Clayt. n.* 369.

HYPNUM ramis pinnato—sparsis subulatis, foliis ovatis obtusis conniventibus. Linn. fl. suec. 876.
Hypnum ramis inaequalibus sparsis, foliis ovatis imbricatis, capitulis obliquis. *Linn. fl. lapp.* 410.
Hypnum cupressiforme vulgare, foliis obtusis. *Dill. musc.* 309. t. 40. f. 45.
Clayt. n. 330. *sp.* 2.

HYPNUM julaceum, perichaetio setas paene aequante. Dill. musc. 321. t.
41. f. 56.
Hypnum sabinae foliis, capitulis albo—fuscis, pediculis brevibus. *Clayt.*
n. 361.

HYPNUM julaceum erectum, bryi argentei habitu. Dill. musc. 322. t. 41.
f. 58.
Hypnum foliis squamosis sabinae arcte conjunctis, capitulis & pediculis
parvis rubentibus. *Clayt. n.* 349.

HYPNUM trichodes serpens, setis & capsulis longis erectis. Dill. musc. 329.
t. 42. f. 64.
Bryum ramosum foliis angustis, capitulis viridibus nonnihil reflexis, pediculis rubris longis tenuibus insidentibus. *Clayt. n.* 358. &
Hypnum ramosum repens; foliis minimis capillaceis brevissimis, capitulis
cylindricis, calyptra parva obtusa obscure flavescente, pediculis longis
rubris insidentibus. *Clayt. n.* 359. &
Hypnum foliis caulibusque tenuissimis, capitulis virentibus calyptratis,
paululum reflexis. *Clayt. n.* 365.

HYPNUM ramis proliferis plano—pinnatis. Linn. fl. lapp. 405. Fl. suec. 872.
Hypnum filicinum, tamarisci foliis minoribus non splendentibus. *Dill.*
musc. 276. t. 35. f. 14. Clayt. n. 902. *sp.* 4.

HYP.

HYPNUM ramis pinnatis, ramulis diflantibus, foliolis imbricatis incurvis acutis fecundis. Linn. fl. fuec. 875.
Hypnum repens filicinum crifpum. *Dill. mufc.* 282. t. 36. f. 19.
Mufcus erectus foliis tenuibus longis mollibus fericeis lucidis, caule non-nunquam dichotomo. Montibus cœruleis reperi. *Clayt.* n. 912. fp. 5.

HYPNUM foliis latioribus, capitulis cylindricis rubentibus. *Clayt.* n. 366.

HYPNUM pufillum terreftre ramofum, ramulis fericeis rotundis: foliis filiformibus minimis: capitulis oblongis tenuibus petiolis longis rubris infidentibus. *Clayt.* n. 690. fp. 3.

HYPNUM ramofum aquaticum, capitulis viridibus falcatis: ramulis & foliis fericeis mollibus. *Clayt.* n. 690. fp. 7.

ALGÆ.

JUNGERMANNIA furculis procumbentibus fubtus imbricatis, foliolis cordatis acutis. Linn. fpec. 1134.
Lichenaftrum arboris vitæ facie, foliis minus rotundis. *Dill. mufc.* 501. t. 72. f. 32.
Lichenaftrum trichomanoides imbricatum, capitulis atro—fufcis, in quatuor fegmenta fe aperientibus, pedicellis argenteis pellucidis tenerrimis infidentibus. *Clayt.* n. 350.

JUNGERMANNIA acaulis linearis ramofa extremitatibus furcatis obtufiusculis. Linn. fl. fuec. 928.
Lichenaftrum tenuifolium furcatum, thecis globofis pilofis. *Dill. mufc.* 512. t. 74. f. 45.
Mufcus erectus foliis capillaceis minimis. *Clayt.* n. 346.

MARCHANTIA calyce communi quadripartito, laciniis tubulofis. Linn. hort. cliff. 477.
Lichen feminifer lunulatus, florifer pileatus, tandem cruciatus. *Dill. mufc.* 521. t. 75. f. 5.
Lichen terreftris folii averfa parte radices agente. *Clayt.* n. 10.

MARCHANTIA calyce communi hemifphærico apiculato, margine radiato. Linn. fpec. 1137.
Lichen pileatus parvus carinatus, capitulis fimbriatis. *Dill. mufc.* 521. t. 75. f. 4.
Lichen terreftris pileatus. Adverfus morfum canis rabidi pipere nigro commixtus laudatur. *Clayt.* n. 377.

LICHEN fcyphifer fimplex crenulatus, tuberculis fufcis. Linn. fl. fuec. 971.
Coralloides fcyphiforme tuberculis fufcis. *Dill. mufc.* 79. t. 14. f. 6.

Liche-

Lichenoides terreftre tubulofum molle cinereum. *Clayt. n.* 336.

LICHEN fcyphifer fimplex integerrimus, ftipite cylindrico, tuberculis coccineis. Linn. fl. fuec. 972.
Coralloides fcyphiforme tuberculis coccineis. *Dill. mufc.* 82. *t.* 14. *f.* 7.
Mufcus pyxidatus acetabulis coccineis. *Clayt.*

LICHEN fcyphifer fimplex folio breviore, tuberculis coccineis. Linn. fl. fuec. 974.
Coralloides fcyphiforme, marginibus radiatis & ciliatis. *Dill. mufc.* 85. *t.* 14. *f.* 9.
Lichenoides pyxidatum proliferum. Pro fpecifico habetur in Tuffi ferina infantum. *Clayt. n.* 352.

LICHEN fruticulofus perforatus ramofiffimus, ramulis nutantibus. Linn. fl. fuec. 980.
Coralloides montanum fruticuli fpecie, ubique candicans. *Dill. mufc.* 107. *t.* 16. *f.* 29.
Coralloides terreftris. *Clayt. n.* 334.

LICHEN filamentofus pendulus, ramis implexis, fcutellis radiatis. Linn. fl. fuec. 984.
Usnea vulgaris loris longis implexis. *Dill. mufc.* 56. *t.* 11. *f.* 1.
Usnea five Mufcus arboreus. Lichnoides. *Clayt. n.* 327.

LICHEN filamentofus ramofus erectus, fcutellis radiatis. Linn. fl. fuec. 991.
Usnea vulgatiffima tenuior & brevior cum orbiculis. *Dill. mufc.* 69. *t.* 13. *f.* 13.
Lichenoides cruftaceum arboreum, acetabulis majoribus intus fufcis, extra albefcentibus. *Clayt. n.* 690. *fp.* 2.

LICHEN purpurafcens lufitanicus, capillaceo folio major. Tourn. inft. 550.
Usnea dichotoma compreffa, fegmentis capillaceis teretibus. *Dill. mufc.* 72. *t.* 13. *f.* 15. *Clayt.*

LICHEN olivaceus fcutellis lævibus.
Lichenoides olivaceum fcutellis lævibus. *Dill. mufc.* 182. *t.* 24. *f.* 77.
Lichenoides pufillum obfolete viride, fubtus albefcens, conico—convexum: fcutellis in medio fafciatim congeftis, planis, fuperficie fufcis, infra albefcentibus. In Pinis folummodo hinc inde fere orbiculatim nafcitur. *Clayt. n.* 760.

LICHEN foliaceus repens lobatus obtufus planus, fubtus venofus villofus, pelta marginali adfcendente. Linn. fl. fuec. 961.
Lichenoides digitatum cinereum, lactucæ foliis finuofis. *Dill. mufc.* 200. *t.* 27. *f.* 102.
Lichenoides viride cruftaceum, averfa foliorum fuperficie albefcente; pel-

tis

tis fpadiceis plicatis erectis. Arboribus putridis inter mufcos adnafcitur. Octobri peltas oftendit. *Clayt. n.* 773.

LICHENOIDES foliis glaucis crinitis , fcutellis amplis perforatis. Dill. mufc. p. 545. t. 82. f. 3.
Lichenoides arboreum verrucofum: foliis finuatis, marginibus fimbriatis, pilis nigricantibus obfitis, quorum fuprema fuperficie albida, tuberculis pilofis interftincta, averfa verò pulla. *Clayt. n.* 689.

ULVA filiformis fubramofa æqualis.
Ulva marina fafciata ramulis capillaceis & latis viridibus inter fe complicatis conftans. Ubique in littoribus marinis arenæ & truncis putridis adnafcens ad finem Martii reperitur. *Clayt. n.* 736.

ULVA tubulofa fimplex. Linn. fl. lapp. 458. Spec. 1163.
Tremella marina tubulofa, inteftinorum figura. *Dill. mufc.* 47. *t.* 9. *f.* 7.
Ulva gelatinofa viridis, fubftantiæ tenerrimæ. *Clayt. n.* 357.

ULVA fubrotunda tubulofa conglomerata. Fl. virg. 204.
Ulva terreftris fufca tubulofa; cujus maffulæ cornua offa plumasve vi ignis tumefactas referunt. *Clayt. n.* 661.

CONFERVA recta ramofa fetacea lævis.
Conferva fluviatilis capillacea viridis ramofa, faxis & lapillis ad rivulorum imum adnafcens. A cervis avidiffime æftate devoratur. *Clayt. n.* 711.

CONFERVA recta ramofiffima, ramulis hinc inde coadunatis.
Fucoides carneum, non nihil pellucidum, cochleigerum, crifpum, & erectum fub aqua, fed per ficcitatem contractum flaccidum: caule fetis minimis obfito, ramofo. Locis vadofis prope Promontorium Point—Confort Comit. Gloceftriæ in fafciculos congeftum Augufto vidi. *Clayt. n.* 731.

BYSSUS gelatinofa fulva , non cito fugax, juniperis (Cedar & Savin vulgo) poft pluvias innafcens. Clayt.

SPONGIA ramis erectis teretibus confertis obtufis. Fl. virg. 206.
Spongia tenax rubra, ramis plurimis teretibus erectis. Interdum ramorum apicibus folummodo rubris, bafi fufca reperitur. Adcrefcit Oftreorum teftis, pifcemque olet. *Clayt. n.* 612.

SPONGIA flavefcens ramis teretiusculis funiformibus & coalefcentibus, in fummitate nonnullis hinc inde feparatis. In fluminum littoribus inter rejectamenta fluxus maris. Clayt. n. 761.

F U N G I.

FUNGUS autumnalis efculentus, fuperne albus, inferne rubens. Pafcuis pinguibus ad finem Augufti inveniendus. Clayt.

FUN-

FUNGUS pileolo lato convexo, superne viridi—flavescente, subtus nigricante. Ad arborum radices. Clayt.

FUNGUS silvestris pusillus, pileo & petiolo rubris. Clayt.

FUNGUS murini coloris, pileo conico, lamellis concoloribus, petiolo tenui erecto longo. Octobri sylvis subhumidis viget. Clayt.

FUNGUS pileolo tenui cæruleo, ad marginem fimbriato, fere pellucido, petiolo albefcente. Clayt.

FUNGUS brevis crassus pileo, lamellis, & petiolo extra castanei coloris, intus sulphureus, non lactescens. Novembri pinis putridis decorticatis adnafcens reperitur. Clayt.

FUNGUS pileo concavo, superne ad centrum sanguineo, marginibus aurantii faturate coloris, subtus pallide sulphureo, petiolo longitudinis mediocris crasso; pilei averfa superficiei colore quadrante. Post pluvias medio Augusti sylvis umbrofis inveniendus. Hic etiam iisdem locis species alia occurrit (vel varietas potius) pileo conico. Clayt.

FUNGI minores plurimi e truncis arborum decorticatis putridis simul fasciculatim nascentes turbinati, exterius subfulvi, lamellis & petiolis cinereis. Novembri ubique inveniendi. Clayt.

AGARICUS cinereus durus squamosus imbricatim lignis & asseribus putridis adnafcens, marginibus primariis undulatis. Clayt.

AGARICUS coriaceus juglandicus. Ad nodos juglandium vulgo Hiccory intra lignum nafcitur. Fomes ad ignem citissime concipiendum toto terrarum orbe frequentissimus. Punck hic vulgo dictus. Clayt.

AGARICUS rigidus ostrearum testarum figura & colore, subtus fuscus. Interdum variat margine albo. Pinis putridis non decorticatis innascitur. Clayt.

AGARICUS orbiculatus circulatim cristatus, intus viridi—flavescens. Indian Corck. Clayt.

AGARICUS substantiæ tenellæ gelatinæ, auriculæ forma. Jews Ear. Clayt.

BOLETUS 'esculentus rugofus scrobiculis excavatus, pileo cinereoalbicante. Umbrosis ad arborum radices Aprili inveniendus. Anglice Morilie. Clayt.

PHALLUS rubens foetidus, cui glans fusca, maculis lucidis limosis, quafi limacis viscofitate tectis hinc inde notata. Clayt.

PEZIZA calyce campanulato. Linn. hort. cliff. p. 479.
Peziza extus cinerea, intus pulla: femina (vel corpufcula feminiformia orbi-

orbicularia compressa in cavitate continens. Accrescit assulis cariosis læterumque frustulis in solo calido arenoso aprico, mense Augusti. *Clayt.* *n.* 662.

CLAVARIA clavata integerrima, capite squamosa. Guet. stamp. 1. p. 8. Clavaria militaris crocea. *Vaill. paris.* 39. *t.* 7. *f.* 4. *Fl. virg.* 128. Fungoides aquaticum, clava aurea, pediculo pellucido argenteo. *Clayt.* *n.* 373.

LYCOPERDON solidum. Linn. fl. lapp. 526. Fl. suec. 1116. Tuber brumale, pulpa obscura odorata. *Mich. gen.* 221. *t.* 102. Tubera terræ maxima, externe pulla & scabra, intus candida. Ad panem conficiendum Indi utuntur, vulgo Tuckahoo. *Clayt.*

LYCOPERDON pyriforme maximum dehiscens, pulvere purpureo repletum. Clayt.

LYCOPERDON minus. Clayt.

* * * * *

LITHOXYLUM virgis longissimis simplicioribus, tuberculis undique prominentibus. Linn. hort. cliff. 480. Corallina fructicosa elatior, ramis quaquaversum expansis. *Sloan. hist.* 1. p. 57. *Catesb. car.* 11. *t.* 13. Ms flexilis tenax rubra rugosa ramosa, caule canaliculato. Hæc corichæ adnascens forcipe ostreario e fundo cujusdam sinus quatuor circiter milliaribus a promontorio Comitatus Glocestriæ distantis extracta fuit. *Clayt. n.* 762.

ISIS ramosa flexilis, ramulis setaceis rotundis erectis. Fucus coralloides erectus Doody. *Raj. syn.* 11. app. 330. & *Syn.* 111. *p.* 51. Isis capillaris candescens ramosa plicata, per ariditatem haud fragilis ramosa. Ad sellas equestres sarciendas aptissima. *Clayt. n.* 615.

ISIS capillaris flexilis purpurea ramosa compressa. Clayt. n. 615. Fucus teres albus tenuissime divisus Doody. *Raj. syn.* 11. app. 329. & *syn.* 111. *p.* 50.

SERTULARIA ramosa ramulis falcatis. Fl. virg. 206. Fucus plumosus obsolete candicans, foliis juniperi vel sabinæ, caule fusco. *Clayt. n.* 616.

MADREPORA obsolete albicans simplex ramosa, ramis obtusis, superficie reteformi, stellis magnitudine diversis undique tecta. Clayt.

MADREPORA alba aggregata concava, stellis dissimilibus. In littore fluminis Jacobi haud procul ab urbe Warwick invenitur. *Clayt.*

INDEX

INDEX ALPHABETICUS.

Z   Blad-

INDEX ALPHABETICUS.

via, 6.

INDEX ALPHABETICUS.

EMENDANDA.

Pag. 13. lin. 22. *Pet.* lege *Petiv.*
— . — 28. *teat.* lege *Theat.*
— 22. — 3. *gen. 96.* lege *gen. 94.*
— 64. — penult. *affinis legg* affinis,
— 55. — 22. *tritici longe*, lege *tritici inftar longe*,
— 93. — 15. *Pet.* lege *Petiv.*
— 111. — penult. *Mith.* lege *Mitch.*
— 126. — 33. *affinis* lege *affinis*
— 128. — 30. *maximo* lege *maximi*
— 131. — 20. *ternatis.* lege *ternatis.*
— 152. in fronte lege MONOECIA MONADELPHIA.

CPSIA information can be obtained at www.ICGtesting.com
Printed in the USA
BVOW051727060812

297123BV00006B/4/P